高等学校"十一五"规划教材

新编工程材料

（第2版）

耿洪滨　吴宜勇　编著

雷廷权　主审

哈尔滨工业大学出版社

内容提要

本书以较有系统地全面介绍了晶体学基础知识,金属与合金的凝固理论及合金相图,塑性变形与再结晶,固态相变理论,为材料冷加工及设计类各领域提供了材料的强化理论,同时也奠定了坚实的工艺理论基础。在此基础上着重于介绍工程材料的成分、组织结构、性质与用途,为材料的选择提供了完整的技术资料。本书是按照教育部1998年修订的高等院校专业目录为机械设计及自动化、热能与动力工程、测控技术与仪器以及交通运输等工科专业编写的技术基础课教材,也可作为金属材料与工程、材料成型及控制等相关专业的学生和各类机械制造行业工程技术人员的参考书。

图书在版编目(CIP)数据

新编工程材料/耿洪滨编著. —2 版. —哈尔滨:哈尔滨
工业大学出版社,2007.7(2020.1 重印)
ISBN 978－7－5603－1544－7

Ⅰ. 新… Ⅱ. 耿… Ⅲ. ①工程材料 Ⅳ. ①TB3

中国版本图书馆 CIP 数据核字(2007)第 113069 号

责任编辑　王超龙
封面设计　卞秉利
出版发行　哈尔滨工业大学出版社
社　　址　哈尔滨市南岗区复华四道街 10 号　邮编 150006
传　　真　0451－86414749
网　　址　http://hitpress.hit.edu.cn
印　　刷　肇东市一兴印刷有限公司
开　　本　787mm×1092mm　1/16　印张 17.5　字数 467 千字
版　　次　2000 年 9 月第 1 版　2007 年 7 月第 2 版
　　　　　2020 年 1 月第 10 次印刷
书　　号　ISBN 978－7－5603－1544－7
定　　价　30.00 元

序

　　《新编工程材料》一书是按照教育部 1998 年修订的高等院校专业目录为机械设计及自动化、热能与动力工程、测控技术与仪器以及交通运输等专业编写的技术基础课教材，也可作为金属材料与工程、材料成型及控制等相关专业的学生和各类机械制造行业工程技术人员的参考书。

　　本书是两位具有丰富教学经验的耿洪滨教授、博士生导师和吴宜勇教授、博士生导师共同撰写的。他们锐意改革，在仔细研究过去多次修改的教学大纲及多种版本教材的基础上，确定了以材料的强韧化方法为主线来讲授材料科学与工程的基础理论和基本知识，阐明材料的成分、组织结构和加工处理与性能之间的关系，为学生奠定坚实的材料选择及冷、热加工工艺理论基础。书中对传统的钢铁材料内容作了必要的删减，适当增加了陶瓷、高分子和复合材料的章节，并简要介绍了常用功能材料，反映了工程材料的全貌。为了培养学生分析问题和解决问题的能力，各章提供了学习要求、课堂讨论题和课后习题。尤其重要的是，针对教学内容的重点和难点，如晶体结构与晶体缺陷、相图与相变、差排与塑性变形、各种基本工艺方法以及工程材料的应用实例等，采用大量的图片、三维动画、视频影像等制作了与教材相配套的多媒体教学软件，力求生动形象、深入浅出、通俗易懂。本教材（包括学生版教学软件）内容丰富、但所需教学时数少，在本科教学实践中已经收到了较好的效果。我衷心希望本书的出版与使用能对该课程的教学改革以及多媒体教学法的普及起到积极的推动作用，能得到更多师生的喜爱。

中国工程院院士

哈尔滨工业大学教授

2000 年 7 月 18 日

前　言

　　加强素质教育，培养具有创新意识的人才，是我国高等教育所面临的长期任务。特别在教育改革的今天，我国高等教育改革在人才培养模式上正朝着加强基础、拓宽专业、提高能力的方向发展。比如，按系设置多广道领域、优化课程体系、更新教学内容、反映最新科技成果、实现多学科理论的交叉与渗透是高等院校教学体系、教学内容改革所极待解决的新课题。根据这一实际需要，作为一项重大教学改革，我们精心设计与研究，在三年教学实践的基础上编写了供材料冷加工类及设计类各专业使用的《新编工程材料》一书。为了加强基础，本书简要、系统地阐述了材料科学与工程的基本概念和基础理论。说明了材料的成分、结构、组织和加工步骤与性能之间的关系，能为材料冷加工类及设计类各专业奠定坚实的工艺理论基础，增强对专业变动的适应能力。考虑到专业特点的需要，对钢铁材料的内容作了必要的删减，适度加强了陶瓷、高分子和复合材料的内容，并简要介绍了常用功能材料，反映了工程材料的全貌，同时还扼要地介绍了粉末冶金方法，表面工程技术等内容。本书既提供了常用材料的基本性能数据和工艺参数，又针对一些教学难点与重点，如晶体结构与晶体缺陷、位错与塑性变形、相图与相变机制以及工程材料的应用实例等。

　　本教材授课时数为 44 学时，实验为 6 学时。学习本教材前，学生应学完物理、化学课程，并进行过金工实习，具有初步的生产方面的感性知识。本书共十四章，一、二、三、四、五、六、十二章由耿洪滨教授、博士生导师撰写；七、八、九、十、十一、十四由吴宜勇教授、博士生导师撰写；十三章由崔约贤教授撰写。全书由雷廷权院士主审，并为此书作序。本书在撰写过程中得到哈尔滨工业大学何世禹教授、李仁顺教授的热情指导，并提出许多宝贵意见。在此表示诚挚谢意。由于编者水平有限，加之时间仓促，书中难免有疏漏和不妥之处，敬请读者批评指正。

编　者

2007 年 8 月

目　录

绪 论

0.1 工程材料及其分类

0.1.1 工程材料的重要性

广义的材料包括人类思想意识之外的所有物质。工程材料是指在机械、电器、建筑、化工以及航空航天等工程领域内广泛应用的材料。

材料是人类生产、生活的物质基础。它与每一个人的衣、食、住、行都息息相关。人类使用材料的品种、数量和质量也无疑是人类社会文明程度的重要标志之一。对材料的认识和利用的能力，决定着社会的形态和人类生活的质量。历史学家就是按人类使用材料的种类来划分历史时代的。从某种意义上说，一部人类社会文明史也可以称之为世界材料发展史。我们只要考察一下从石器时代、青铜器时代、铁器时代，直到目前的信息时代发展的历程，就可以明显地看出材料在社会进步中的巨大作用。每一种新材料的应用，都会给社会生产和人类生活带来巨大变化，把人类文明推向前进。

近年来，一场全方位、多层次的新技术革命正在全世界范围内蓬勃兴起，它以信息科学、生命科学和材料科学作为基础，对材料的性能提出了更新、更高的要求。如核反应技术要求有耐辐射、耐腐蚀材料；微电子技术要求有高纯度、超薄的半导体材料；航空航天技术要求有低密度、高强度材料和能耐数千度高温的抗烧蚀材料及涂层材料。在历史上起过革命性作用的钢铁材料已经远远无法满足这些要求。这也是新材料得以发展的直接动力。在这些需求的推动下，新型材料作为新技术革命的支柱随之得到了迅速发展。其中非金属材料发展尤其神速。从 1909 年贝克兰首次采用化学方法合成酚醛树脂算起，至今还不到 100 年的时间，合成橡胶、合成塑料、合成纤维等新型高分子材料以及奇妙的新型陶瓷材料和高性能的复合材料，就如雨后春笋般地涌现出来。如今，新材料已成为当代社会经济的先导，是科技进步的关键。

0.1.2 工程材料的结构、组织与性能的含义

化学成分不同的材料其性能也不相同。但对于同一成分的材料，通过不同的加工工艺也可以使其性能发生极大的变化。可见，除化学成分外，材料内部的结构和组织状态也是决定材料性能的重要因素。

1. 结构

材料的结构是指构成材料的基本质点(离子、原子或分子等)是如何结合与排列的，它表明材料的构成方式。

2. 组织

材料的组织是指借助于显微镜所观察到的材料微观组成与形貌——通常称为显微组织。

3. 性能

工程材料的性能主要是指材料的使用性能和工艺性能。

(1) 使用性能

材料的使用性能是指在使用条件下，能保证安全可靠工作所必备的性能，其中包

括材料的力学性能、物理性能和化学性能。

①力学性能:主要包括工程材料的强度、硬度、塑性、韧性、蠕变和疲劳性能。

②物理性能:主要包括工程材料的熔点、密度以及电、磁、光和热性能。

③化学性能:是指工程材料在环境作用下的耐腐蚀和抗老化性能。

(2)工艺性能

材料的工艺性能是指材料的可加工性。

利用材料的加工工艺可以将未经成型的坯料加工成零件所要求的形状、尺寸,并具有相应的性能。常用的加工工艺有:

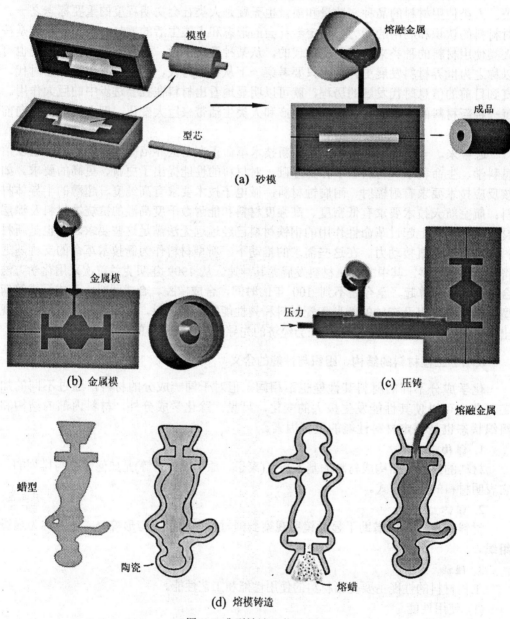

图 0-1 典型铸造工艺示意图

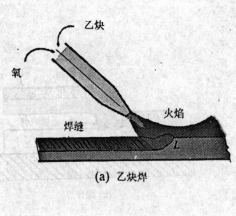

(a) 乙炔焊

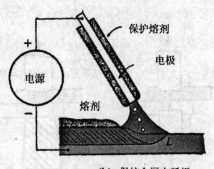

(b) 保护金属电弧焊

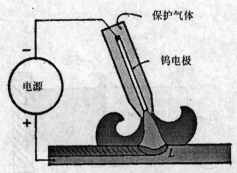

(c) 气体-钨极电弧焊

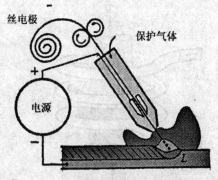

(d) 气体-金属极电弧焊

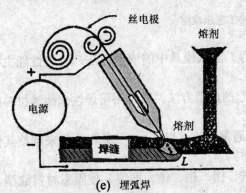

(e) 埋弧焊

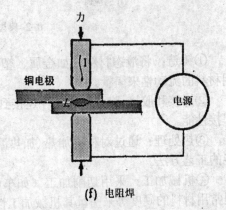

(f) 电阻焊

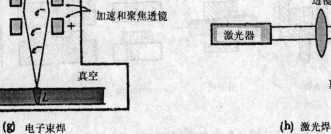

(g) 电子束焊

(h) 激光焊

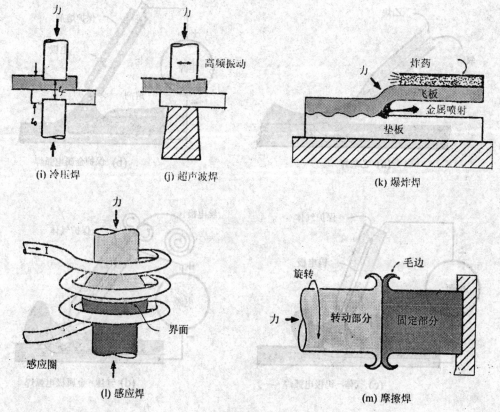

(i) 冷压焊　　(j) 超声波焊　　　　　　　　(k) 爆炸焊

(l) 感应焊　　　　　　　　　(m) 摩擦焊

0-2 典型焊接工艺示意图

①铸造：将液态材料（如金属、塑料等）注入模具中的成型方法。铸造性能主要用材料的流动性来衡量。

②焊接和胶接：将分离的部件连接到一起的成型方法。通常用可焊性来衡量材料的焊接性能。

③热处理：通过对材料加热（加热温度通常在熔点以下）、保温和冷却来调整其性能的工艺方法。

④机械加工：采用切削加工（如车、铣、钳、刨、镗、磨等）使固态材料成型。通常用材料的硬度等来衡量其机械加工性能。

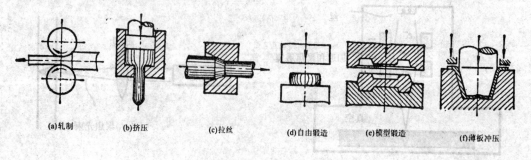

(a)轧制　　(b)挤压　　(c)拉丝　　(d)自由锻造　　(e)模型锻造　　(f)薄板冲压

图 0-3 典型塑性加工工艺示意图

⑤粉末冶金：将材料粉末经压制、烧结成固体的成型方法。

⑥塑性加工：利用材料的延展性，在外力(如锻、拉、挤、轧、弯)作用下将固态材料加工成型的方法。塑性加工性主要用材料的变形抗力、变形开裂倾向来衡量。

材料的性能取决于材料的内部结构与组织，这就如同电子产品的功能取决于其内部的元件、器件和线路一样。材料的加工工艺影响材料的结构和组织，从而也改变了材料的性能。例如用铸造方法生产出来的钢棒，其组织与用塑性加工工艺制造的钢棒完全不同。假如在使用过程中，材料的结构、组织没有变化，那么它将永远保持这些性能。反过来，如果在使用过程中，材料的结构、组织发生变化，那么可以肯定地说材料的性能也会发生相应的变化。这就解释了为什么当橡胶暴露在阳光和空气中时会逐渐地硬化；为什么普通钢的钻头不能像高速钢钻头那样高速地切削；为什么磁性材料在射频场中会失去磁性。另一方面，材料原始组织和性能决定了采用何种加工工艺将材料加工成所需要的形状。高硬度材料不适合用切削加工方法，而像铅那样的软材料又会粘着切削工具。同样，高强度材料尤其是脆性材料不适于塑性加工。因此，对不同的材料应采用不同的加工工艺来达到成型、调整和改善性能的目的。

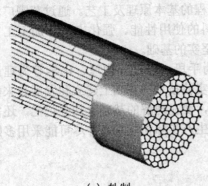　　　　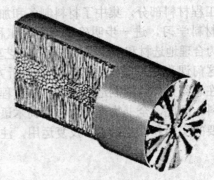

(a) 轧制　　　　　　　　　　　　　(b) 铸造

图 0-4 轧制与铸造的金属棒材组织差异示意图

0.1.3 工程材料的分类

工程材料种类繁多，按其性能特点和用途可分为两大类。一类是结构材料，主要是强调利用材料的力学性能来满足工程结构上的需要；另一类称为功能材料，主要强调材料具有光、电、磁、热等特殊的物理性能。根据材料中原子之间的键合特点又可将工程材料分为金属材料、陶瓷材料和高分子材料。

1. 金属材料

金属是具有正的电阻温度系数的物质，通常具有良好的导电性、导热性、延展性、高的密度和高的光泽，包括纯金属和以金属元素为主的合金。在工程领域又把金属及其合金分成两部分：(1)黑色金属——铁和以铁为基础的合金；(2)有色金属——黑色金属以外的所有金属及其合金。金属材料在工程领域是应用最广泛的材料。

2. 陶瓷材料

陶瓷材料是金属和非金属元素间的化合物，如砖、玻璃、各种绝缘材料和磨料等。陶瓷材料通常具有很高的强度和硬度，较低的导电、导热性，延性、成型性及耐冲击性都很差。但有一些陶瓷材料除具有极好的耐高温和耐腐蚀特性外，还有一些独特的光学、电学和热学性能。

3. 高分子材料

只含有非金属元素的材料可共有电子而构成大分子材料称为高分子材料。每个大分子由许多结构相同的单元相互连接而成,因此高分子材料又称为聚合物。它具有较高的强度、良好的塑性、较强的耐腐蚀性、绝缘性和低密度等优良性能。

4. 复合材料

复合材料是由两种或两种以上材料组成的,其性能是它的组成材料所不具备的。复合材料可能具有非同寻常的刚度、强度、高温性能和耐蚀性。复合材料按其基体材料的种类分为金属基复合材料、陶瓷基复合材料和聚合物基复合材料;按组织强化方式分为颗粒增强复合材料、纤维增强复合材料和层状复合材料。复合材料是一类独特的工程材料,具有广阔的发展前景。

0.2 学习目的与要求

《新编工程材料》一书包括晶体学基础、结晶理论、形变理论、固态相变理论和常用工程材料部分,集中了材料制备和加工过程的基本原理及工艺。通过范围广泛的工程材料学习,进一步明确现有各类工程材料的使用性能、强化方法和加工工艺特性,为合理地选材和制订零件的加工工艺奠定坚实的基础。

这门课程是以组织结构及性能分析方法为手段,以近代物理、化学等为理论基础,在总结人类长期制造、使用材料过程中的实验技术的基础上建立和发展起来的一门学科。因此,全书物理概念、名词术语较多,要在理解的基础上加强记忆,还需进行必要的实验和课堂讨论,反复运用,注重与生产实际相联系。并尽可能采用多媒体教学。

学习要求

1. 熟悉常用术语和基本概念,包括工程材料的结构、组织与性能的含义,常用的材料加工工艺名称。
2. 牢固建立材料的性能决定于材料的组织、结构这一概念。
3. 掌握工程材料的分类及各类工程材料的主要性能特点。

小结

材料的性能决定于材料的组织、结构,而材料的加工技术影响材料的结构和组织,从而也改变了材料的性能。根据性能特点和用途可将工程材料分为两大类,一类是结构材料,另一类称为功能材料。根据材料中原子之间的键合特点又可将工程材料分为金属材料、陶瓷材料、高分子材料和复合材料。金属材料通常具有良好的导电性、导热性、延展性、高的密度和高的光泽。陶瓷材料通常具有很高的强度和硬度,较低的导电、导热性,其延性、成型性及耐冲击性都很差。但有一些陶瓷材料除具有极好的耐高温和耐腐蚀特性外,还有一些独特的光学、电学和热学性能。高分子材料又称为聚合物,它具有较高的强度、良好的塑性、较强的耐腐蚀性、绝缘性和低密度等优良性能。复合材料可能具有非同寻常的刚度、强度、高温性能和耐蚀性。

课堂讨论题

1. 考察一块木材，描述其结构特性并指出它们是怎样影响材料性能。
2. 指出在机械工程和电机工程领域中常用的材料。
3. 观察白炽灯泡，说出其中有多少种不同类型的材料，对每一种材料的性能各有什么要求。

第一章 材料的内部结构

材料的结构可以从三个层次来考查，一是组成材料的单个原子结构，其原子核外电子的排布方式显著影响材料的电、磁、光和热性能，还影响到原子彼此结合的方式，从而决定材料的类型。二是原子的空间排列。金属、许多陶瓷和一些聚合物材料有非常规整的原子排列，称为晶体结构，材料的晶体结构显著影响材料的力学性能。其它一些陶瓷和大多数聚合物的原子排列是无序的，称为非晶态，其性能与晶态材料有很大不同，例如非晶态的聚乙烯是透明的，而结晶聚乙烯则是半透明的。三是显微组织，包括晶粒的大小、合金相的种类、数量和分布等参数。

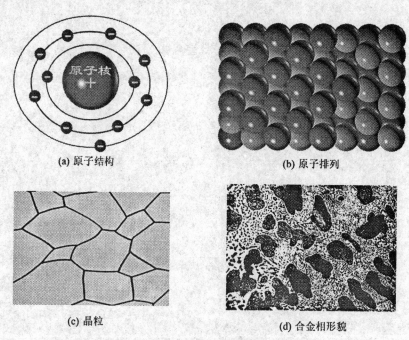

(a) 原子结构   (b) 原子排列

(c) 晶粒   (d) 合金相形貌

图 1-1 材料不同层次的结构

1.1 材料的原子键结及其特性

1.1 材料的原子键合及其特性

原子结构理论表明：原子是由带正电的原子核和带负电的核外电子组成的。原子间的作用力是由原子的外层电子排布结构造成的。氖、氩等惰性气体原子间作用力很小，因为这些原子的电子外层轨道具有稳定的八电子排布结构。而其它元素与惰性元素不同，它们的外层轨道必须通过以下两种方式来达到电子排布的相对稳定结构：

(1) 接受或释放额外电子，形成具有净负电荷或正电荷的离子。

(2) 共有电子。

这使得原子间产生如下较强的键合力。

1.1.1 离子键

离子键是由于正、负离子间的库仑引力而形成的。例如，当钠和氯原子相互接触时，由于各自的外层轨道上的电子一失一得，使它们各自变成正离子和负离子，二者靠静电作用结合起来，形成氯化钠（图 1-2）。氯化钠的这种结合方式称为离子键。离子的电荷分布呈球形对称，在任意方向上都可以吸引电荷相反的离子，可见离子晶体中的离子通常都有较高的配位数。形成离子键时正负离子相间排列，这就要求离子键合材料中的正负电荷数相等，所以氯化钠的组成为 NaCl，氯化镁的组成为 $MgCl_2$。离子键的键能（破坏这些键所需要的能量）

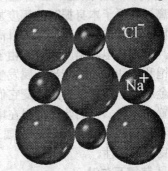

最高，结合力很大，外层电子被牢固地束缚在离子的外围，因而，以离子键结合的材料的性能表现为硬度高、强度大、热膨胀系数小，在常温下的导电性很差。在熔融状态下，因所有离子均可运动，在高温下又易于导电。在外力作用下，离子之间将失去电的平衡，而使离子键破坏，宏观上表现为材料断裂。所以通常表现为脆性较大。许多陶瓷材料是完全地或部分地通过离子键结合的。

图 1-2 NaCl 离子键示意图

1.1.2 共价键

共价键是由于相邻原子共用其外部价电子，形成稳定的电子满壳层结构而形成。两个相邻的原子只能共用一对电子。故一个原子的共价键数，即与它共价结合的原子数最多只能有 8-N，N 表示这个原子最外层的电子数。可见共价键具有明显的饱和性，各键之间有确定的方位（图 1-3）。共价键的结合力也很大。这一点在金刚石中表现得尤其突出。金刚石是自然界中最硬的材料，其熔点也极高。通常以共价键结合的材料，其性能也表现为硬度高、熔点高、强度大，延展性和导电性都很差。许多陶瓷和聚合物材料是完全地或部分地通过共价键结合的。

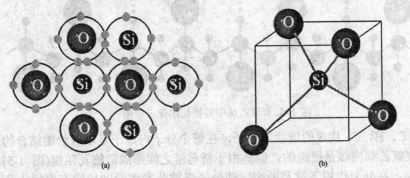

(a)　　　　　　　　　　(b)

图 1-3 氧化硅中硅氧原子间共价键示意图

1.1.3 金属键

金属原子结构特点是最外层电子数少，一般不超过 3 个。这些外层电子与原子核的结合力较弱，很容易脱离原子核的束缚而变成自由电子。当金属原子处于聚集状态时，几乎所有的原子都将它们的价电子贡献出来，为整个原子集体所共有，形成所谓

"电子云"。这些自由电子己不再只围绕自己的原子核运动,而是与所有的价电子一起在所有的原子核周围按量子力学规律运动着。贡献出价电子的原子成为正离子,与公有化的自由电子间产生静电作用而结合起来,这种结合方式称为金属键,它没有饱和性和方向性。根据金属键的本质,可以解释固态金属的一些基本特性。例如,在外加电场作用下,金属中的自由电子能够沿着电场方向定向运动,形成电流,显示出良好的导电性。自由电子和正离子的振动使金属具有良好的导热性。随着温度的升高,正离子和原子本身振动的幅度加大,可阻碍电子的定向运动,使电阻升高,因而金属具有正的电阻温度系数。由于金属键没有饱和性和方向性,当金属发生变形时,即金属原子或离子企图改变它们彼此间的位置关系时,它们始终沉浸在电子云中,并不使金属键破坏,所以金属表现为具有良好的塑性。

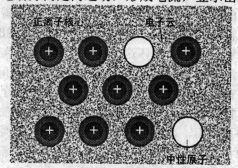

图 1-4 金属键模型示意图

1.1.4 范德瓦尔键

一些高分子材料和陶瓷,它们的分子往往具有极性,即分子的一部分往往带正电荷,而另一部分则往往带负电荷。一个分子的正电荷部位和另一个分子的负电荷部位间的微弱静电吸引力将两个分子结合在一起,这种结合方式称为范德瓦尔键,也称为分子键。范德瓦尔键可在很大程度上改变材料的性能。例如高分子材料聚氯乙烯(PVC

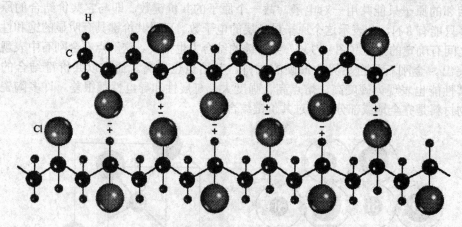

图 1-5 聚氯乙烯中范德瓦尔键示意图

塑料)是由 C、H、Cl 构成的链状大分子,在每个分子内原子是以共价键结合的,据此可以预料聚氯乙烯应该是很脆的。但是由于链与链之间形成范德瓦尔键(图 1-5),而这种键合较弱,在外力作用下键易断裂,使分子链彼此发生滑动导致产生很大变形,结果使聚氯乙烯实际上有很高的塑性。

工程材料中只有一种键合机制的材料很少,大多数工程材料是以金属键、共价键、离子键混合方式结合的。但金属材料以金属键为主,陶瓷材料以离子键为主,高分子材料以共价键为主。

1.2 材料的原子排列

原子排列可分为无序排列、短程有序和长程有序。

1.2.1 原子排列短程有序及非晶态

通常将原子排列规律性只局限在邻近区域原子（一般在分子范围内）的排列方式，称为短程有序排列。若构成材料的质点（原子、离子或分子）在三维空间呈无序或短程有序排列，则称此材料为非晶态材料。有些工程材料的原子以共价键、范德瓦尔键结合，它们的原子在分子范围内按一定规律排列，而分子与分子之间则随机地、无规律地连接在一起。例如 SiO_2，是四个氧原子与一个硅原子以共价键结合，为了满足共价键的方向性要求，氧和硅原子构成四面体结构(参见图 1-3(b))。但是 SiO_2 的四面体单元可随机地结合在一起，形成所谓非晶态玻璃。图 1-6 是 B_2O_3 玻璃的结构，其中每一个硼原子位于三个氧原子之间，而每个氧原子位于两个硼原子之间。大多数聚合物都具有短程有序的原子排列。

图 1-6 B_2O_3 玻璃的结构示意图

1.2.2 原子排列长程有序及晶体概念

通常将整个材料内部原子具有规律性的排列，称为长程有序。原子呈长程有序排列时即构成晶体。例如金属、许多陶瓷和部分高分子材料，其原子在三维空间呈规律性排列，即组成这些材料的质点（原子、离子或分子）构成了晶体。

1.2.3 晶体结构与空间点阵

晶体结构是指构成晶体的基元（原子、离子、分子等）在三维空间的具体的规律排列方式。晶体结构的最突出特点就是基元排列的周期性。一个理想晶体可以看成是由完全相同的基元在空间按一定的规则重复排列得到的。基元可以是单个原子，也可以是彼此等同的原子群或分子群。周期重复的排列用点阵来描述。点阵是一个几何概念，它由一维、二维或三维规则排列的阵点组成。三维点阵又称空间点阵。并有

$$晶体结构 = 空间点阵 + 基元$$

将阵点用一系列平行直线连接起来，构成一空间格架叫晶格。从晶格中取出一个能保持点阵几何特征的基本单元叫晶胞。显然晶胞作三维堆砌就构成了晶格。

布拉菲在 1948 年根据"每个阵点环境相同"的要求，用数学分析法证明晶体的空间点阵只有 14 种，故这 14 种空间点阵称为布拉菲点阵，分属 7 个晶系。空间点阵虽然只有 14 种，但晶体结构则是多种多样、千变万化的。

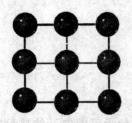 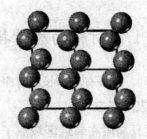 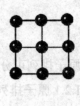

图 1-7 二维周期重复结构及其点阵

晶胞的尺寸和形状可用点阵参数来描述，它包括晶胞的各边长度和各边之间的夹角。

1.2.4 晶面指数与晶向指数

通常用晶胞的边长作为单位长度的右旋坐标系来确定原子在晶胞中的位置。

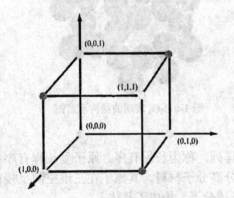 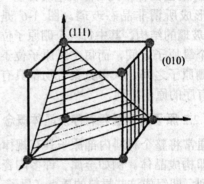

图 1-8 原子在晶胞中的位置坐标　　　　图 1-9 低指数晶面示意图

在晶体中，由一系列原子所组成的平面称为晶面，原子在空间排列的方向称为晶向。晶体的许多性能都与晶体中的特定晶面和晶向有密切关系。为区分不同的晶面和晶向，采用晶面和晶向指数来标定。

1. 立方晶系的晶面和晶向指数

(1)晶面指数的确定方法

①在以晶胞的边长作为单位长度的右旋坐标系中取该晶面在各坐标轴上的截距。

②取截距的倒数。

③将倒数约成互质整数，加一圆括号。

(2)晶向指数的确定方法

①建立以晶胞的边长作为单位长度的右旋坐标系。

②定出该晶向上任两点的坐标。

③用末点坐标减去始点坐标。

④将相减后所得结果约成互质整数，加一方括号。

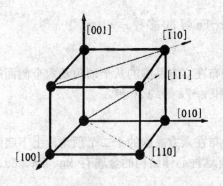
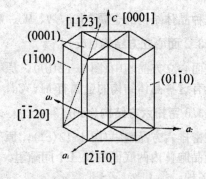

图 1-10 低指数晶向示意图　　　　图 1-11 六方晶系的晶面和晶向指数

2.晶系的晶面和晶向指数

(1)密氏指数

六方晶系的晶面和晶向指数也用三轴坐标系法标定。此时，取 a_1、a_2、c 为晶轴，a_1 与 a_2 夹角为 120°，c 轴与 a_1、a_2 轴相垂直。但这样表示有缺点，如晶胞的六个柱面是等同的，但按上述三轴坐标系，其指数却分别为(100)、(010)、($\bar{1}$10)、($\bar{1}$00)、(010)、（110），指数不相似。为了克服这一缺点，通常采用如下专用于六方晶系的指数。

(2)密布氏指数

根据六方晶系的对称特点，通常采用 a_1、a_2、a_3 及 c 四个坐标轴，a_1、a_2、a_3 之间的夹角均为 120°。其晶面指数表示为（hkil），晶向指数表示为[uvtw]。用这种标定方法，等同的晶面、晶向可以从指数上反映出来。例如，上述六个柱面的指数分别为：(10$\bar{1}$0)、(01$\bar{1}$0)、($\bar{1}$100)、($\bar{1}$010)、(0$\bar{1}$10)、(1$\bar{1}$00)。在三维空间中独立的坐标轴只有三个。因而应用此方法标定的指数形式上是四个，但前三个指数中只有两个是独立的，它们之间有如下关系 $i = -(h+k)$；$t = -（u+v）$。这种标定方法标定晶向时比较麻烦，比较方便而容易的方法是先用三个坐标轴求出晶向指数[UVW]，然后再根据如下关系换算成四指数。

$$u = 1/3(2U - V); \quad v = 1/3(2V - U); \quad t = -（u + v）; w = W \qquad (1-1)$$

反过来，

$$U = u - t; V = v - t; W = w \qquad (1-2)$$

1.3 金属的典型晶体结构

金属元素除了少数具有复杂的晶体结构外，绝大多数都具有比较简单的晶体结构，其中最典型、最常见的晶体结构有三种类型：体心立方结构、面心立方结构和密排六方结构。

1.3.1 体心立方结构 (bcc)

在体心立方晶胞中（图 1-12(a)），原子分布在立方晶胞的八个顶角及其体心位置。

具有这种晶体结构的金属有 Cr、V、Mo、W 和 α-Fe 等 30 多种。

1.3.2 面心立方结构（fcc）

在面心立方晶胞中（图 1-12(b)），原子分布在立方晶胞的八个顶角及六个侧面的中心。具有这种晶体结构的金属有 Al、Cu、Ni 和 γ-Fe 等约 20 种。

1.3.3 密排六方结构（hcp）

在密排六方晶胞中（图 1-12(c)），原子分布在六方晶胞的十二个顶角，上下底面的中心及晶胞体内两底面中间三个间隙里。具有这种晶体结构的金属有 Mg、Zn、Cd、Be 等 20 多种。

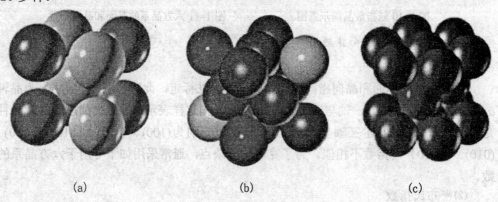

(a)　　　　　　　　(b)　　　　　　　　(c)

图 1-12 金属晶体三种典型晶胞

1.3.4 晶胞特征

由于金属的晶体结构类型不同，导致金属的性能也不相同。而具有相同晶胞类型的不同金属，其性能亦不相同，这主要是由晶胞特征不同决定的。常用如下参数来表征晶胞的特征：

1.晶胞原子数

晶胞原子数是指一个晶胞内所包含的原子数目。体心立方晶胞每一个角上的原子是同属于与其相邻的 8 个晶胞所共有，每个晶胞实际上只占有它 1/8，而立方体中心

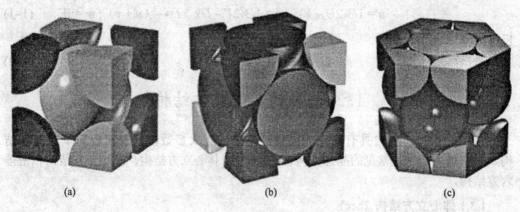

(a)　　　　　　　　(b)　　　　　　　　(c)

图 1-13 典型晶胞中的原子数

结点上的原子却为晶胞所独有，所以每个晶胞中实际所含的原子数为 2 个。同理，可求得面心立方晶胞中的原子数为 4 个。密排六方晶胞中原子数为 6 个(图 1-13)。

2. 原子半径

原子半径 r 通常是指晶胞中原子密度最大的方向上相邻两原子之间平衡距离的一半，与晶格常数 a 有一定的关系。在体心立方晶胞中，体对角线[111]晶向上的原子彼此相切，因而有 $4r = \sqrt{3}a$，即 $r = \sqrt{3}a/4$；在面心立方晶胞中，面对角线[110]晶向上的原子彼此相切，其原子半径 $r = \sqrt{2}a/4$；在密排六方晶胞中，上下底面的中心原子与周围六个角上的原子相切，所以其原子半径 $r = a/2$(图 1-14)。

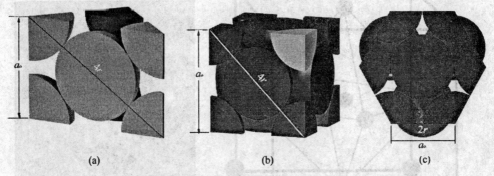

(a)   (b)   (c)

图 1-14 典型晶胞中晶格常数与原子半径关系示意图

3. 配位数

配位数是指晶格中任一原子最邻近、等距离的原子数。显然晶体中原子配位数愈大，晶体中的原子排列愈紧密。体心立方晶体结构的原子配位数为 8。面心立方和密排六方晶体结构原子配位数均为 12(图 1-15)。

4. 致密度

常用致密度对晶体原子排列紧密程度进行定量比较。致密度记为 K，是指晶胞中所含全部原子的体积总和与该晶胞体积之比，

$$K = nv / V \tag{1-3}$$

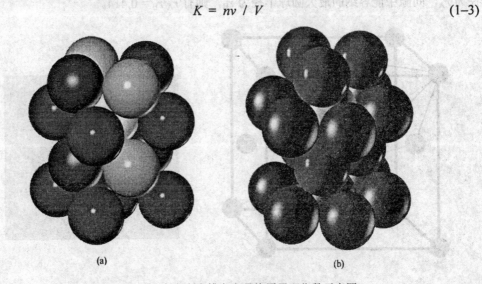

(a)   (b)

图 1-15 面心立方和密排六方晶格原子配位数示意图

式中，n——晶胞中的原子数；v——单个原子的体积；V——晶胞体积。

由此可计算出体心立方晶胞的致密度为 0.68，面心立方和密排六方晶胞均为 0.74。此数值说明，具有体心立方结构的金属晶体中，有 32% 是间隙体积。这些间隙对金属的性能、合金的相结构、扩散及相变等都有重要影响。

1.3.5 晶胞中的间隙

从晶体的刚球模型可以看出，在球与球之间存在许多间隙。

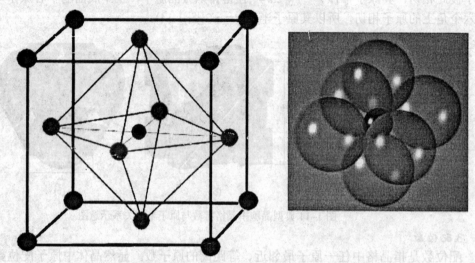

图 1-16 面心立方晶格中的八面体间隙示意图

1. 面心立方晶格中的间隙

(1)八面体间隙

位于晶胞中心及棱边中点，即由六个原子所组成的八面体中心(图 1-16)。设原子半径为 r_A，间隙中能容纳的最大圆球半径为 r_B，则有 $r_A/r_B = 0.414$。

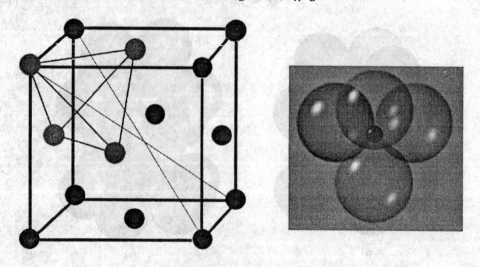

图 1-17 面心立方晶格中的四面体间隙示意图

(2)四面体间隙

位于晶胞体对角线上靠结点 1/4 处(图 1-17),即由四个原子所组成的四面体中心。$r_A/r_B = 0.225$。

2. 体心立方晶格中的间隙

(1)八面体间隙

位于晶胞六面体的面中心及棱边中点,即由六个原子所组成的八面体中心(图 1-18(a))。设原子半径为 r_A,间隙中能容纳的最大圆球半径为 r_B,则有 $r_A / r_B = 0.15$。

(2)四面体间隙

即由四个原子所组成的四面体中心 (图 1-18(b))。$r_A / r_B = 0.29$。

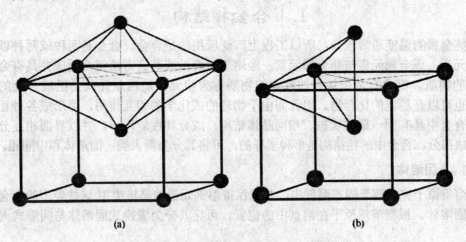

图 1-18 体心立方晶格中的间隙位置示意图

1.3.6 多晶型

有些金属如 Fe、Mn、Ti、Co 等具有两种或几种晶体结构,即具有多晶型性。当

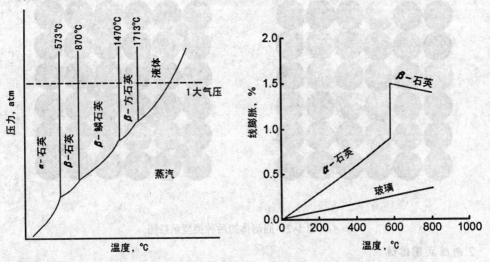

图 1-19 SiO₂ 的结构与压力和温度关系曲线 　　　　图 1-20 SiO₂ 的膨胀曲线

外部的温度和压强改变时，这些金属会由一种晶体结构向另一种晶体结构转变，称之为多晶型转变，又称为同素异构转变。例如，

$$
\begin{array}{ccccc}
 & 912℃ & & 1394℃ & \\
\alpha\text{-Fe} & \Leftrightarrow & \gamma\text{-Fe} & \Leftrightarrow & \delta\text{-Fe} \\
\text{bcc} & & \text{fcc} & & \text{bcc}
\end{array} \tag{1-4}
$$

又如，SiO_2 也存在多晶型转变(图1-19)。

当发生多晶型转变时，材料的许多性能如密度、塑性、强度、磁性、导电性等将发生突变(图 1-20)。多晶型转变对于材料能否通过热处理来改变其性能具有重要的意义。

1.4 合金相结构

纯金属的强度通常较低，所以工程上广泛应用的是合金。合金是两种或两种以上金属元素，或金属元素与非金属元素，经熔炼、烧结或其它方法组合而成并具有金属特性的物质。组成合金最基本的独立的物质称为组元。通常组元就是组成合金的元素，也可以是稳定的化合物。组元间由于物理的或化学的相互作用，可形成各种相。相是合金中具有同一聚集状态、相同晶体结构，成分和性能均一，并以界面相互分开的组成部分。合金中的相结构是多种多样的，可将其分为两大类：固溶体和中间相。

1.4.1 固溶体

溶质原子完全溶于固态溶剂中，并能保持溶剂元素的晶格类型,这种类型的合金相称为固溶体。根据溶质原子在溶剂中的位置，可将其分为置换式固溶体与间隙式固溶体。

1.置换式固溶体

置换式固溶体是指溶质原子占据了溶剂原子晶格结点位置而形成的固溶体(图 1-21(a))。金属元素彼此之间通常都形成置换式固溶体。

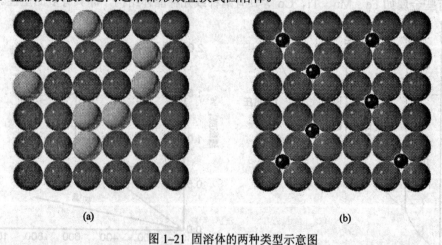

|(a)|(b)|

图 1-21 固溶体的两种类型示意图

2.间隙式固溶体

一些原子半径小于 0.1nm 的非金属元素如 C、N 等作为溶质原子时，通常处于溶

剂晶格的某些间隙位置而形成间隙式固溶体(图 1-21(b))。

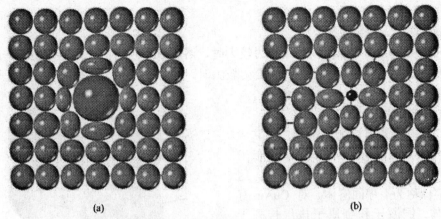

(a)   (b)

图 1-22 固溶体中大、小溶质原子所引起的晶格畸变示意图

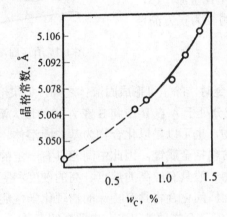

图 1-23 奥氏体晶格常数与含碳量关系曲线

3. 固溶体的结构

虽然固溶体仍保持着溶剂的晶格类型，但与纯溶剂组元相比，结构已发生了很大的变化，主要表现为：

(1)晶格畸变

由于溶质与溶剂的原子半径不同，因而在溶质原子附近的局部范围内形成一弹性

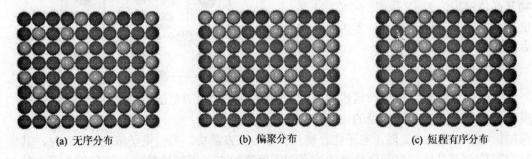

(a) 无序分布   (b) 偏聚分布   (c) 短程有序分布

图 1-24 固溶体中溶质原子分布示意图

应力场，造成晶格畸变(图 1-22)。晶格畸变程度可通过溶剂晶格常数的变化反映出来(图 1-23)。

(2)溶质原子偏聚与短程有序

研究表明，当同种原子间的结合力较大时，溶质原子倾向于成群地聚集在一起，形成许多偏聚区；当异种原子间的结合力较大时，溶质原子在固溶体中的分布呈现短程有序(图 1-24)。

(3)溶质原子长程有序

某些具有短程有序的固溶体，当其成分接近一定原子比（如 1:1）时，可在低于某一临界温度时转变为长程有序结构。这样的固溶体称为有序固溶体。对 CuAu 有序固溶体，铜原子和金原子按层排列于（001）晶面上。由于铜原子比金原子小，故使原来的面心立方晶格畸变为正方晶格(图 1-25)。

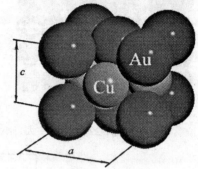

图 1-25 有序固溶体的晶体结构

1.4.2 中间相

两组元 A 和 B 组成合金时，除了可形成固溶体之外，如果溶质含量超过其溶解度时，便可能形成新相，其成分处于 A 在 B 中和 B 在 A 中的最大溶解度之间，故称为中间相。中间相可以是化合物，也可以是以化合物为基的固溶体。它的晶体结构不同于其任一组元，结合键中通常包括金属键。因此中间相具有一定的金属特性，又称为金属间化合物。金属间化合物一般具有较高的熔点、高的硬度和脆性，通常作为合金的强化相。此外还发现有些金属间化合物具有特殊的物理化学性能，可用作新一代的功能材料或者耐热材料。金属间化合物种类很多，主要介绍三种。

1.正常价化合物

正常价化合物是指符合化合物原子价规律的金属间化合物。它们具有严格的化合比，成分固定不变。它的结构与相应分子式的离子化合物晶体结构相同，如分子式具有 AB 型的正常价化合物其晶体结构为 NaCl 型(图 1-26)。正常价化合物常见于陶瓷材料，多为离子化合物。

2.电子化合物

电子化合物是指按照一定价电子浓度的比值组成一定晶格类型的化合物。

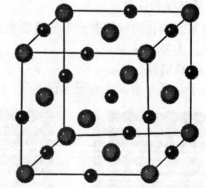

图 1-26 AB 型正常价化合物的晶体结构示意图

例如价电子浓度为 3/2 时，电子化合物具有体心立方晶格。当价电子浓度为 7/4 时，其具有密排六方晶格。电子化合物的熔点和硬度都很高，而塑性较差，是有色金属中的重要强化相。

3.间隙相和间隙化合物

(1)间隙相

当非金属原子半径与金属原子半径的比值小于 0.59 时，将形成具有简单晶体结构的金属间化合物，称为间隙相。在晶隙相晶格中金属原子位于晶格结点位置，而非金属原子则位于晶格的间隙处。间隙相具有极高的熔点和硬度，同时其脆性也很大，是高合金钢和硬质合金中的重要强化相。此外，通过化学热处理或气相沉积等方法，在钢的表面形成一薄层致密的间隙相，可显著提高钢的耐磨性或耐腐蚀性。

(2)间隙化合物

当非金属原子半径与金属原子半径的比值大于 0.59 时，将形成具有复杂晶体结构的金属间化合物，其中非金属原子也位于晶格的间隙处，故称之为间隙化合物。例如 Fe_3C 是铁碳合金中的重要组成相，称为渗碳体，具有复杂的正交晶格。其晶胞中含有 12 个铁原子和 4 个碳原子。在间隙化合物中，部分金属原子往往会被另一种或几种金属原子所置换，形成以间隙化合物为基的固溶体。例如 Fe_3C 中的 Fe 原子可以部分地被其它金属原子（Mn、Cr、Mo、W）所置换，形成(Fe、Mn)$_3$C 等，称为合金渗碳体。间隙化合物也具有很高的熔点和硬度，脆性较大，也是钢中重要的强化相之一。但与间隙相相比，间隙化合物的熔点和硬度以及化学稳定性都要低一些。

1.5 陶瓷的相结构

陶瓷的性能除了与结合键和化学组成有关外，还取决于相组成和相结构。陶瓷中的相组成较为复杂，常见的相有晶相、玻璃相和气相。

1.5.1 晶相

晶相是陶瓷材料的主要组成相，常见结构有氧化物结构和硅酸盐结构。

1.氧化物结构

这类物质的结合键以离子键为主。尺寸较大的氧离子 (O^{2-}) 占据结点位置组成密排晶格(如面心立方或密排六方)，尺寸较小的金属离子（如 Al^{3+}、Mg^{2+}、Ca^{2+} 等）处于晶格间隙之中。例如氧离子占据面心立方晶格结点位置，金属离子占据全部八面体间隙，则氧离子与金属离子数之比为 1：1，即构成 AX 型（如 NaCl）结构；若金属离子占据全部四面体间隙，则氧离子与金属离子数之比为 1：2，即构成 AX$_2$ 型（如 CaF$_2$）结构。这些结构也是正常价化合物的常见晶体结构(图 1-27)。

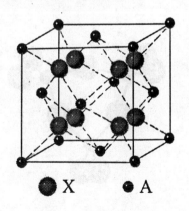

X   A

图 1–27 AX$_2$ 型结构示意图

2.硅酸盐结构

硅酸盐的结构特点是硅、氧离子组成四面体，硅离子位于四面体中心(图 1-28(a))。硅氧四面体 SiO_4^{4-} 之间又以共有顶点的氧离子相互连接起来。由于连接方式不同而形成多种硅酸盐结构，如岛状、环状、链状和层状等。

(1)岛状结构单元

当每一个 SiO_4^{4-} 四面体只与其它正离子连接时，就形成了孤立的硅酸盐结构，又称原硅酸盐。橄榄石族的一系列化合物都属于此类。当两个硅酸盐四面体共用一个角而结合在一起时，产生一种双四面体(图 1-28(b))，即 $Si_2O_7^{6-}$ 离子群，这个离子群又只与其它正离子相结合，生成双四面体化合物，称为热解硅酸盐。黄长石就是此种类型结构。

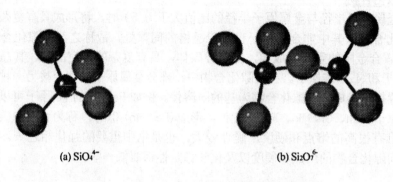

(a) SiO_4^{4-} (b) $Si_2O_7^{6-}$

图 1-28 二氧化硅四面体的岛状结构单元示意图

(2)环状结构单元

当每个硅氧四面体有两个顶角的氧离子为相邻两个四面体所共有时，就会形成环状结构单元(图 1-29)，其化学式为 $(SiO_3)_n^{2n-}$，式中 n 为结构单元中 SiO_3^{2-} 的数目。例如，当 n = 3 时为蓝锥石[$BaTi(SiO_3)_3$]，n = 6 时为绿柱石[$Be_3Al_2(SiO_3)_6$]。

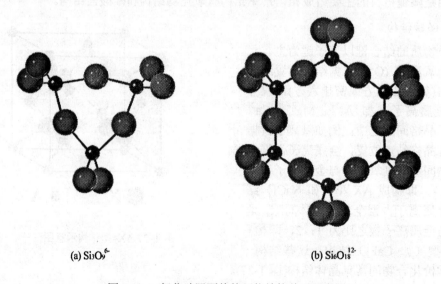

(a) $Si_3O_9^{6-}$ (b) $Si_6O_{18}^{12-}$

图 1-29 二氧化硅四面体的环状结构单元示意图

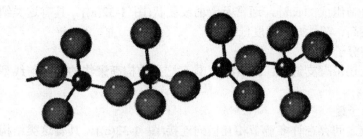

图 1-30 二氧化硅四面体的链状结构单元示意图

(3)链状结构单元

当环状结构单元中包含很多硅氧四面体时，就形成细长的直链状，其化学式与环状的相同(图 1-30)。一大批陶瓷材料具有这种单链结构单元，这类材料又称辉石。

(4)层状结构单元

当每个硅氧四面体同一平面三个顶角上的氧离子分别为三个相邻的四面体所共有时，就会形成层状结构单元，氧与硅原子数之比为 10:4，其化学式为 $Si_2O_5^{2-}$ (图 1-31)。由于每个硅氧四面体还有一个氧可供键合，因此，可以和其它类型的层状结构键合。如粘土矿、云母矿、滑石矿等都具有这类结构。

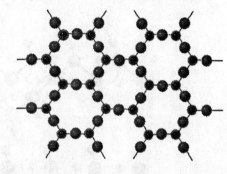

图 1-31 二氧化硅四面体层状结构单元示意图

1.5.2 玻璃相

玻璃相是在陶瓷烧结时形成的一种非晶态物质，其结构是由离子多面体（如硅氧四面体）构成的无规则排列的空间网络。如非晶态石英的结构。玻璃相热稳定性差，在较低温度下即开始软化。玻璃相的作用是粘结分散的晶相、降低烧结温度、抑制晶相的粗化。

1.5.3 气相

气相是指陶瓷中的气孔，它是在陶瓷生产过程中形成并被保留下来的。气孔的存在降低了陶瓷的密度，能吸收震动，并进一步降低了导热系数。但也导致陶瓷强度下降，介电损耗增大，绝缘性降低。

1.6 高分子化合物的结构

高分子材料种类繁多，性能各异。高分子化合物的结构也比较复杂，可从两个方面加以考查，一是分子内结构（高分子链结构），一是分子间结构（聚集态结构）。

1.6.1 高分子链结构

1.高分子链的形态

高分子链可以呈不同的几何形状，一般可分为以下三种类型：

(1)线型分子链

由许多链节组成的长链，通常是卷曲线团状(图 1-32(a))。具有这类结构的高聚物的特点是弹性高、塑性好、硬度低。

(2)支链型分子链

在主链上还带有支链(图 1-32(b))。具有这类结构高聚物的性能与线型分子高聚物接近。

(3)体型分子链

在分子链之间存在许多链节相互横向连接(图 1-32(c))。具有这类结构的高聚物的弹性和塑性极低，脆性大，硬度高。

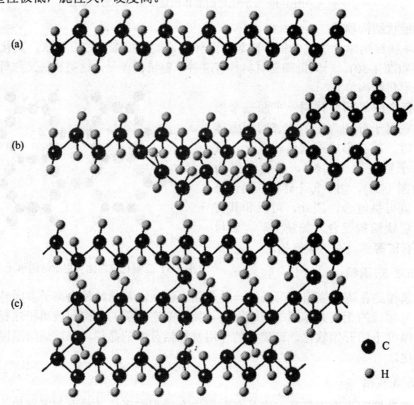

C

H

图 1-32 高分子链形状示意图

2.高分子链的构型

高分子链的构型是指高分子链中原子或原子团在空间的排列方式。高分子通常含有不同的取代基。由于取代基所处位置的不同使高分子形成不同的立体构型。例如乙烯类高分子链，若用 R 代表取代基，通常有以下三种立体构型：

(1)全同立构：取代基 R 全部位于主链的一侧(图 1-33(a))。

(2)无规立构：取代基 R 在主链两侧作无规律地分布(图 1-33(b))。

(3)间同立构：取代基 R 相间分布在主链两侧(图 1-33(c))。

高分子链的构型不同，其性能亦不同。例如，全同立构聚苯乙烯的结构比较规整，能结晶，熔点约为 240℃；而无规立构的聚苯乙烯的结构不规整，不能结晶，软化温度约为 80℃。

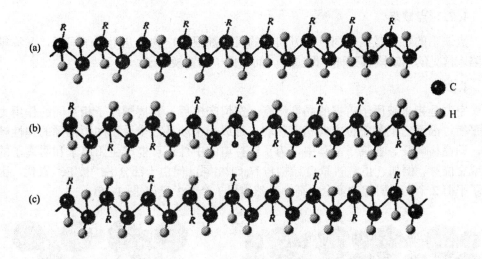

图 1-33 乙烯类高聚物构型示意图

(a) 全同立构；(b) 无规立构； (c) 间同立构

1.6.2 高分子的聚集态结构

高聚物的聚集态结构是指高聚物内部高分子链之间的几何排列和堆砌结构，也称为超分子结构。根据分子在空间排列的规整性可将高聚物分为结晶型、部分结晶型和非晶型三类(图 1-34)。通常线型聚合物在一定条件下可以形成晶态或部分晶态，而体型聚合物为非晶态。

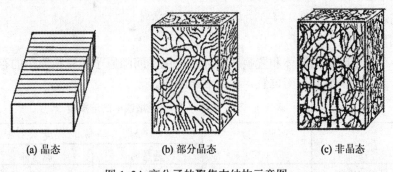

(a) 晶态   (b) 部分晶态   (c) 非晶态

图 1-34 高分子的聚集态结构示意图

1.7 晶体缺陷

前面所讲的晶体结构都是理想晶体的结构。在实际应用的晶体材料中，原子的排列不可能像理想晶体那样规则和完整，总是不可避免地存在一些原子排列不规则，形成结构不完整性的区域，这就是晶体缺陷。晶体缺陷对晶体材料的性能有很大影响，特别是对塑性变形、扩散、相变和强度等起着决定性作用。根据晶体缺陷的几何特征，将它们分为点缺陷、线缺陷和面缺陷三类。

1.7.1 点缺陷

点缺陷的特点是在空间三维方向上的尺寸都很小，约为几个原子间距，又称零维缺陷。常见的点缺陷有三种，即空位、间隙原子和置换原子。

1.空位

空位是指未被原子占据的晶格结点。空位产生后，其周围原子相互间的作用力失去平衡，因而它们朝空位方向稍有移动，形成一个涉及几个原子间距范围的弹性畸变区，即晶格畸变。在离子晶体中，为了维持电的中性还可能产生阳离子和阴离子的空位或空位对。例如，正常的 FeO 结构与 NaCl 相同，但由于部分 Fe^{2+} 被 Fe^{3+} 取代，因此为了平衡 2 个 Fe^{3+} 引起的多余电荷，必然出现 1 个 Fe^{2+} 空位(图 1-35)。

(a) 正离子空位　　　　　　　　　　　　　(b) 离子空位对

图 1-35 空位示意图

2.间隙原子和置换原子

主要存在于间隙固溶体和置换固溶体中。由于间隙原子和置换原子的存在，使其周围邻近原子也将偏离其平衡位置，造成晶格畸变。

表 1-1　碳、氮原子在 γ 铁和 α 铁中的溶解度

	温 度 (℃)	溶 解 度	
		重量%	原子%
C在 γ 铁中	1150	2.04	8.8
	723	0.80	3.6
C在 α 铁中	723	0.02	0.095
	20	<0.00005	<0.00012
N在 γ 铁中	650	2.8	10.3
	590	2.35	8.75
N在 α 铁中	590	0.10	0.40
	20	<0.0001	<0.0004

点缺陷是一种热平衡缺陷，即在一定温度下有一平衡浓度。对于置换原子和异类的间隙原子来说，常将这一平衡浓度称为固溶度或溶解度(表 1-1)。通过某些处理，例

如高能粒子辐照、高温淬火及冷加工等，可使晶体中点缺陷的浓度高于平衡浓度而处于过饱和状态。这种过饱和点缺陷是不稳定的，当温度升高而使原子获得较高的能量时，点缺陷的浓度便下降到平衡浓度。

1.7.2 线缺陷

线缺陷就是各种类型的位错。它是指晶体中的原子发生了有规律的错排现象。其特点是原子发生错排的范围只在一维方向上很大，是一个直径为 3～5 个原子间距，长数百个原子间距以上的管状原子畸变区。位错是一种极为重要的晶体缺陷，对金属强度、塑性变形、扩散和相变等有显著影响。位错包括两种基本类型：刃型位错和螺型位错。

1. 刃型位错

刃型位错的模型如图 1-36 所示。设有一简单立方晶体，有一原子面在晶体内部中断，犹如用一把锋利的钢刀将晶体上半部分切开，沿切口硬插入一额外半原子面一样，将刃口处的原子列(AD)称之为刃型位错。可见，位错线上部临近范围内原子受到压应力，下部临近范围内原子受到拉应力，离位错线较远处原子排列恢复正常。刃型位错有正负之分，若额外半原子面位于晶体的上半部，则此处的位错线称为正刃型位错，反之，若额外半原子面位于晶体的下半部，则称为负刃型位错。

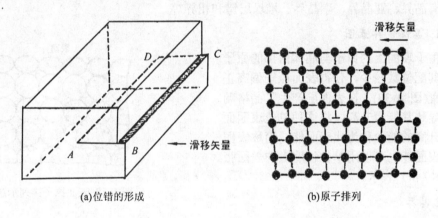

(a)位错的形成　　　　　　　　(b)原子排列

图 1-36 简单立方结构晶体中的刃型位错示意图

2. 螺型位错

设想在立方晶体右端施加一切应力(图 1-37)，使右端上下两部分沿滑移面发生了一个原子间距的相对切变，于是就出现了已滑移区和未滑移区的边界 BC，BC 就是螺形位错线。从滑移面上下相邻两层晶面上原子排列的情况可以看出在 aa′ 的右侧，晶体的上下两部分相对错动了一个原子间距，但在 aa′ 和 BC 之间，则发现上下两层相邻原子发生了错排和不对齐的现象。这一地带称为过渡地带，此过渡地带的原子被扭曲成了螺旋型。如果从 a 开始，按顺时针方向依次连接此过渡地带的各原子，每旋转一周，原子面就沿滑移方向前进一个原子间距，犹如一个右旋螺纹一样。由于位错线附近的原子是按螺旋型排列的，所以这种位错叫做螺型位错。根据位错线附近呈螺旋型排列的原子的旋转方向的不同，螺型位错可分为左螺型位错和右螺型位错两种。通常用拇指代表螺旋的前进方向,而以其余四指代表螺旋的旋转方向，凡符合右手法则的称为右螺型位错，符合左手法则的称为左螺型位错。

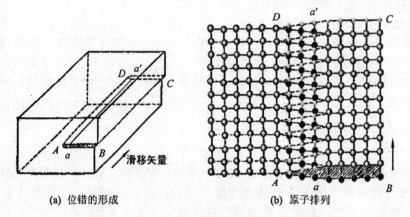

(a) 位错的形成　　　　(b) 原子排列

图 1-37 简单立方结构晶体中的螺型位错示意图

1.7.3 面缺陷

晶体的面缺陷包括晶体的外表面（表面或自由界面）和内界面两类，其中的内界面又有晶界、亚晶界、孪晶界、堆垛层错和相界等。

1. 晶体的外表面

由于表面上的原子与晶体内部的原子相比其配位数较少，使得表面原子偏离正常位置(图 1-38)，在表面层产生了晶格畸变，导致其能量升高。将这种单位表面面积上升高的能量称为比表面能，简称表面能。表面能也可以用单位长度上的表面张力（N／m）表示。

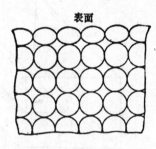

图 1-38 表面原子排列示意图

2. 晶界

若材料的晶体结构和空间取向都相同则称该材料为单晶体。金属和合金通常都

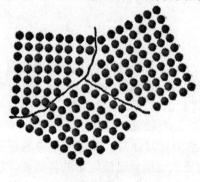

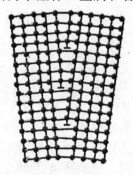

(a) 大角度晶界　　　　　　　　　　　(b) 小角度晶界

图 1-39　晶界结构示意图

是多晶体。多晶体由许多晶粒组成，每个晶粒可以看作一个小单晶体。晶体结构相同但位向不同的晶粒之间的界面称为晶粒间界，或简称晶界(图1-39)，每个晶粒内的原子排列总体上是规整的，但还存在许多位向差极小的亚结构，称为亚晶粒。亚晶粒之间的界面叫亚晶界。当相邻晶粒的位向差小于 10 ℃时，称为小角度晶界；位向差大于 10 ℃时，称为大角度晶界。亚晶界属于小角度晶界。晶粒的位向差不同，则其晶界的结构和性质也不同，现已查明，小角度晶界基本上由位错构成，大角度晶界的结构却十分复杂。金属和合金中的晶界大都属于大角度晶界。

3.相界

在多相组织中，具有不同晶体结构的两相之间的分界面称为相界。相界的结构有三类，即共格界面，半共格界面和非共格界面(图1-40)。

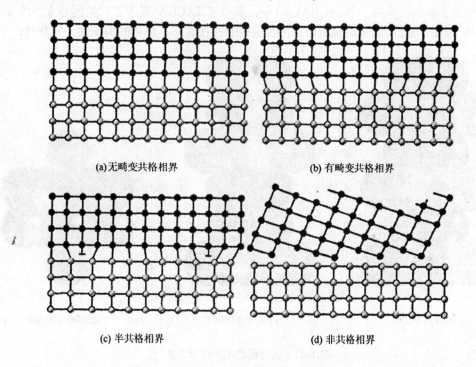

(a)无畸变共格相界　　　　　　　　(b)有畸变共格相界

(c)半共格相界　　　　　　　　(d)非共格相界

图1-40 相界结构示意图

(1)共格界面

所谓共格界面是指界面上的原子同时位于两相晶格的结点上，为两种晶格所共有。界面上原子的排列规律既符合这个相内原子排列的规律，又符合另一个相内原子排列的规律。在相界上，两相原子匹配得很好，几乎没有畸变，显然，这种相界的能量最低，但这种相界很少。一般两相的晶体结构或多或少地会有所差异，因此，在共格界面上，由于两相的原子间距存在着差异，从而必然导致弹性畸变，即相界某一侧的晶体（原子间距大的）受到压应力，而另一侧（原子间距小的）受到拉应力。界面两边原子排列相差越大，则弹性畸变越大，从而使相界的能量提高。

(2)非共格界面

当相界的畸变能高至不能维持共格关系时，则共格关系破坏，变成非共格相界。

(3)半共格界面

介于共格与非共格之间的是半共格相界，界面上的两相原子部分地保持着对应关系，其特征是在相界面上每隔一定距离就存在一个刃型位错。

非共格界面的界面能最高，半共格的次之，共格界面的界面能最低。

4. 堆垛层错

晶体可以看作是由密排晶面上的原子重复堆垛而成，图 1-41(a)是体心立方晶体原子沿(110)面堆垛示意图。但原子密排面堆垛顺序可能发生错误。例如面心立方晶体是以（111）面按 ABCABC…的顺序堆垛起来的(图 1-41(b)、(c))，如果从某一层开始其堆垛顺序发生了颠倒，成为 ABCACBACBA…，其中 CBACBA 属于正常的面心立方堆垛，只是在…CAC…处产生了堆垛层错。堆垛层错的存在破坏了晶体的周期性、完整性，引

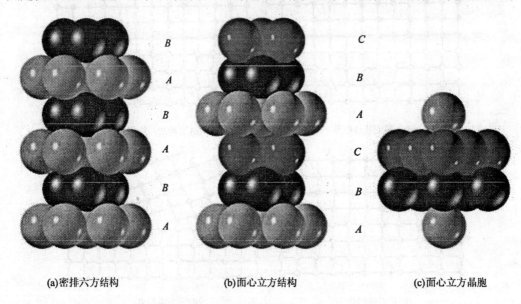

(a)密排六方结构　　　　　　　　(b)面心立方结构　　　　　　　　(c)面心立方晶胞

图 1-41　密排面的不同堆垛方式

起能量升高。通常把产生单位面积层错所需的能量称为层错能。金属的层错能越小，则层错出现的几率越大，如在奥氏体不锈钢和 α-黄铜中，可以看到大量的层错，而在铝中则根本看不到层错。

5. 孪晶界

孪晶是指相邻两个晶粒中的原子沿一个公共晶面(孪晶面)构成镜面对称的位向关系。孪晶之间的界面称为孪晶界(图 1-42)。

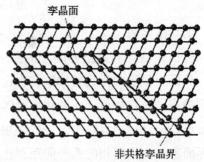

图 1-42 孪晶界示意图

学习要求

1. 理解重要的术语和基本概念，包括主价键（离子键、共价键、金属键）、晶体结构、空间点阵、晶面指数、晶向指数、多晶型、固溶体、中间相、点缺陷、线缺陷、面缺陷等。
2. 明确材料的性能与主价键的定性关系。
3. 掌握金属的典型晶体结构、合金相结构、陶瓷的相结构、高分子化合物的结构以及晶体缺陷。并明确原子排列及排列中的缺陷是决定材料性能的重要因素。

小结

原子的外层电子排布结构对于决定原子间的键合方式起着重要作用。因此，可以根据外层电子排布结构来确定材料的一般性能。金属材料由于以金属键为主，因而具有良好的延性和导电性。陶瓷和许多聚合物以离子键和共价键为主，通常它们的延性和导电性都很差。某些聚合物具有良好的塑性是因为其分子间是以范德瓦尔键结合的。

原子排列可分为无序排列、短程有序和长程有序。若构成材料的质点（原子、离子或分子）在三维空间呈无序或短程有序排列，则构成非晶态材料。大多数聚合物都具有短程有序的原子排列。原子呈长程有序排列时即构成晶体。例如金属、许多陶瓷和部分高分子材料都是晶体。晶体缺陷主要有点缺陷（即空位、间隙原子和置换原子）、线缺陷（即刃型位错和螺型位错）、面缺陷（包括外表面、晶界、亚晶界、孪晶界、堆垛层错和相界等）

课堂讨论题

1. 考察硅四面体中共价键之间的精确夹角。
2. 铁在加热到 912℃时由体心立方结构转变为面心立方结构，在转变温度下，体立方结构铁的晶格常数为 0.2863nm，面心立方结构铁的晶格常数为 0.3591nm，试确定发生此转变时的体积变化率，说明是膨胀还是收缩。
3. 图 1-43 是金属、离子晶体和含有范德瓦尔键材料的能量与原子间距关系曲线，试将曲线与三种材料相对应。

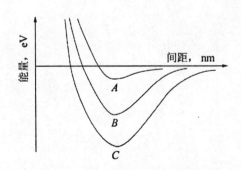

图 1-43 材料的能量与原子间距关系曲线示意图

习题

1. 体心立方钨的原子半径是 0.1367nm，试计算:(a) 钨的晶格常数; (b) 钨的密度。
2. 面心立方镍的原子半径是 0.1243nm，试计算:(a) 镍的晶格常数;(b) 镍的密度。
3. 体心立方钼的晶格常数是 0.3147nm，试计算钼的原子半径。
4. 面心立方金的晶格常数是 0.4079nm，试计算金的原子半径。
5. 铬的晶格常数是 0.2884nm，密度是 7.19g/cm³。试通过适当计算确定铬的晶洛类型。
6. 钯的晶格常数是 0.3890nm，密度是 7.19g/cm³。试通过适当计算确定钯的晶格类型。
7. 锶是面心立方结构，其晶格常数为 0.6085nm。当加热到某一温度时将转变为晶格常数是 0.4850nm 的体心立方结构。试计算同素异构转变时体积变化率。
8. 立方晶系的{111}晶面簇构成一个八面体，试作图画出该八面体，注明各晶面的晶面指数，并计算(111)、(110)晶面和[110]、[111]晶向的原子密度。（定义：晶面的原子密度等于单位面积上的原子数；晶向的原子密度等于单位长度上的原子数。）
9. 实际晶体中存在哪几类缺陷？
10. 试比较间隙固溶体、间隙相和间隙化合物的结构和性能特点。
11. 简述陶瓷材料的相组成及常见的相结构。
12. 简述高分子链结构的形态特征以及与性能的定性关系。

第二章 结晶与显微组织

2.1 纯金属的结晶与组织

结晶是指从原子不规则排列的液态转变为原子规则排列的晶体状态的过程。纯金属都有一定的熔点，在熔点温度时液体和固体共存。因此，金属熔点又称平衡结晶温度或理论结晶温度。

2.1.1 金属结晶的基本规律

1.冷却曲线

将待测的纯金属在坩埚内加热熔化，用热电偶测温，然后停止加热缓慢冷却。每隔一段时间记录一次温度。用所得数据绘制液态金属在冷却时的温度和时间的关系曲线，称此曲线为冷却曲线(图 2-1)。

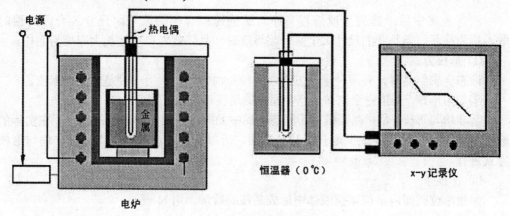

图 2–1 热分析装置示意图

2.结晶潜热

通过冷却曲线(图 2-2)可以看出，当液态金属下降到一定温度时，在冷却曲线上出现了平台。产生这种现象的原因是液态金属结晶时释放出了热量，称此热量为结晶潜热。冷却曲线上往往会出现一个平台，这是由于液态金属结晶时放出的潜热与散失的热量相等，使得坩埚内的温度保持不变。

3.结晶的温度条件

冷却曲线上出现平台时，液态金属正在结晶，这时对应的温度就是纯金属的实际结晶温度。实验表明，纯金属的实际结晶温度总是低于其熔点，这种现象称为过冷。两者之间的差值叫过冷度(图 2-2)。过冷是金属结晶的必要条件。

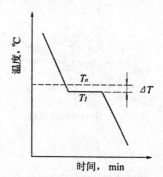

图 2–2 纯金属结晶时的冷却曲线示意图

2.1.2 金属的结晶过程

液态金属结晶时，首先在液体中形成一些极微小的晶体，然后再以它们为核心不断地向液体中长大。这些作为结晶核心的小晶体称为晶核。结晶就是不断地形成晶核和晶核不断长大的过程(图 2-3)。

图 2-3 纯金属结晶过程示意图

1. 形核

液态金属中原子排列呈现短程有序，这些短程有序的原子团尺寸各异，时聚时散，称为晶胚。当晶胚的尺寸大于某一临界值时，晶胚就能自发地长大而成为晶核。

(1) 形核方式

液态金属结晶时，有两种形核方式：一种是均匀形核，另一种是非均匀形核。

①均匀形核：是指完全依靠液态金属中的晶胚形核的过程。

②非均匀形核：是指晶胚依附于液态金属中的固态杂质表面形核的过程。在实际的液态金属中，总是或多或少地含有某些杂质。所以实际金属的结晶主要以非均匀形核方式进行。

(2) 形核率

是指单位时间内单位体积液体中形成晶核的数量。用 N 表示。

2. 长大

结晶过程的进行一方面要依靠新晶核连续不断地产生，另一方面还要依靠已有晶核的不断长大。

(1) 长大方式

晶核长大初期外形比较规则，但随着晶核的长大，晶体形成棱角。由于棱角处散

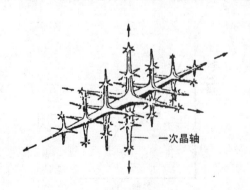

图 2-4 树枝状晶体生长示意图

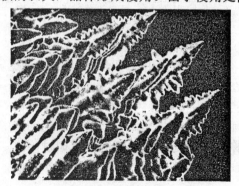

图 2-5 钢锭中的树枝状晶体

热速度快，因而优先长大，如树枝一样先形成枝干，称一次晶轴(图 2-4)，然后再形成分枝，称为二次晶轴，依此类推。晶核的这种成长方式称为树枝状长大(图 2-5)。

(2) 长大速率：是指单位时间内晶核生长的线长度。用 G 表示。

2.1.3 晶粒大小的控制

晶粒的大小称为晶粒度，通常用晶粒的平均面积或平均直径来表示。晶粒的大小取决于形核率和长大速率的相对大小，即 N/G 比值越大，晶粒越细小。可见，凡是能促进形核、抑制长大的因素，都能细化晶粒。在工业生产中通常采用如下几种方法：

1. 控制过冷度

形核率和长大速率都随过冷度的增大而增大。但两者的增加速率不同，形核率的增长率大于长大速率的增长率，如图 2-6 所示。在通常金属结晶时的过冷度范围内，过冷度越大，则 N/G 比值越大，因而晶粒越细小。增加过冷度的方法是提高液态金属的冷却速度。例如，选用吸热和导热性较强的铸型材料（用金属型代替砂型）；采用水冷铸型；降低浇注温度等。但这些措施只对小型或薄壁的铸件有效。

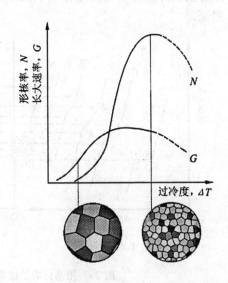

图 2-6 形核率和成长速率与过冷度的关系曲线

2. 变质处理

是在浇注前往液态金属中加入某些难熔的固态粉末（变质剂），促进非均匀形核来细化晶粒。例如在铝和铝合金以及钢中加入钛、锆等。但是铝硅合金中加入钠盐不光是起形核作用，主要作用是阻止硅的长大来细化合金晶粒。

3. 振动、搅拌

对正在结晶的金属进行振动或搅动，一方面可依靠外部输入的能量来促进形核，另一方面也可使成长中的枝晶破碎，使晶核数目显著增加。

2.2 二元合金相图与合金组织

合金在成分、温度变化时，其状态可能发生变化。合金相图就是用图解的方法表示不同成分、温度下合金中相的平衡关系。由于相图是在极其缓慢的冷却条件下测定的，又称为平衡相图。根据相图可以了解不同成分合金在温度变化时的相变及组织形成规律。二元相图都是由一种或几种基本类型的相图组成的。基本类型的二元相图有：匀晶、共晶和包晶相图。

2.2.1 二元合金相图的建立

建立相图的方法有实验测定和理论计算两种。但目前使用的相图绝大部分都是通过实验测定方法获得的。例如热分析法。以 Cu-Ni 合金为例来说明相图的建立方法及主要步骤(图2-7):

1. 配制一系列成分的合金(例如，①30%Ni+70%Cu; ② 50%Ni+50%Cu;③ 70%Ni+30%Cu);
2. 测出上述合金的冷却曲线;
3. 根据各冷却曲线上的转折点确定合金的临界点;
4. 将这些临界点标在相图坐标系中的相应位置上，最后把各意义相同的临界点联起来。

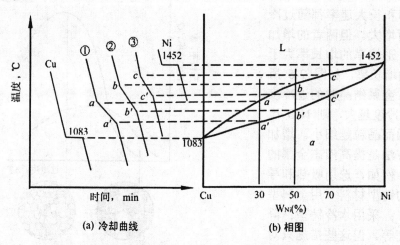

图 2-7 用热分析法建立 Cu-Ni 合金相图

2.2.2 匀晶相图与合金组织

匀晶相图是指两组元在液态和固态均能无限互溶时形成的相图。例如 Cu-Ni、Fe-Cr、Ag-Au、W-Mo 以及陶瓷材料中的 Al_2O_3-Cr_2O_3 相图。下面以 Cu-Ni 合金相图为例进行分析。

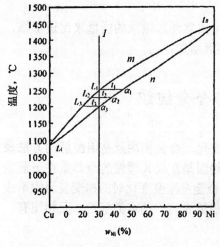

图 2-8 Cu-Ni 合金相图

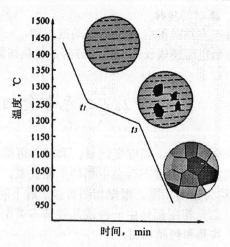

图 2-9 I合金冷却曲线及组织形成示意图

-36-

1. 相图分析

匀晶相图中(图 2-8)，Cu、Ni 代表二个组元。t_A——纯组元 Cu 的熔点；t_B——纯组元 Ni 的熔点；$t_A m t_B$ 线——液相线，在液相线以上为液相区，为均匀液体，用 L 表示；$t_A n t_B$ 线——固相线，在固相线以下为固相区，为均匀固溶体，用 α 表示。在液相线与固相线之间为 $L+\alpha$ 两相区。

2. 合金平衡结晶过程

I 合金结晶过程冷却曲线如图 2-9 所示。当合金从高温缓慢冷却至与液相线相交的 t_1 温度时，开始从液相 L_1 中结晶出成分为 α_1 的固溶体。随着温度的下降，固溶体相不断增多，液相不断减少，并且固溶体相的成分沿着固相线变化，液相的成分沿着液相线变化。当冷却至 t_2 温度时，固溶体 α_2 和液相 L_2 达到平衡。当合金由 t_2 冷至 t_3 时，液相消失，结晶完毕，得到成分为 α_3 的单相固溶体。当合金继续冷至室温过程中，不再发生相和成分的变化。所以合金在室温下的组织为单相 α 固溶体。

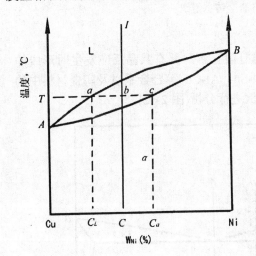
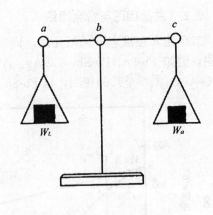

图 2-10 杠杆定律示意图

3. 杠杆定律

在二元相图中，当两相处于平衡共存的两相区时，两相的质量比可以用杠杆定律求得(图 2-10)。例如在 T 温度时，液相 L 和固溶体 α 达到平衡，液、固两相质量百分数分别为 W_L、W_α，则有：

$$W_L / W_\alpha = bc/ab \qquad (2-1)$$

如果把 abc 看作一根杠杆，上式中的 W_L / W_α 恰好与它们的杠杆臂成反比关系。杠杆定律只适用于两相平衡区。

4. 合金非平衡结晶过程

在实际生产条件下，一般冷却速度都较快，固溶体中原子扩散过程不能充分进行。因此先结晶的枝晶主轴含高熔点组元较多，后结晶的分枝含低熔点组元较多。这种在一个枝晶范围内成分不均匀的现象叫枝晶偏析，或晶内偏析(图 2-11)。晶内偏析的存在将使合金的塑性、韧性显著下降。因此通常把具有晶内偏析的合金加热到高温进行长时间的保温，使合金元素进行充分的扩散来消除枝晶偏析，称这种处理为扩散退火。

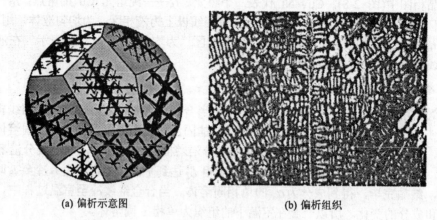

(a) 偏析示意图   (b) 偏析组织

图 2-11 Cu-Ni 合金铸态组织

2.2.3 共晶相图与合金组织

二个组元在液态下无限互溶，而在固态时有限互溶，并有共晶反应发生时形成的相图。例如 Pb-Sn、Pb-Sb、Cu-Ag、Al-Si、Al-Sn、Al-Cu 等合金系以及陶瓷材料中的 MgO-Al$_2$O$_3$ 系都是共晶相图。以 Pb-Sn 相图为例进行分析(图 2-12)。

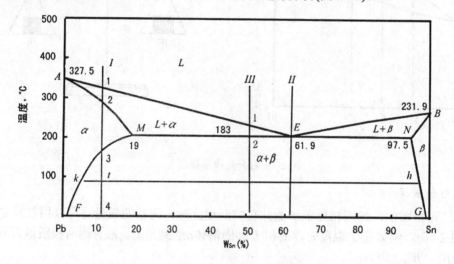

图 2-12　Pb-Sn 合金相图

1.相图分析

α是 Sn 溶于 Pb 中的置换式固溶体，β是 Pb 溶于 Sn 中的置换式固溶体。A 及 B 分别为组元 Pb 和 Sn 的熔点，M、N 点分别是固溶体α、β的最大溶解度点，F、G 点分别是固溶体α、β在室温下的溶解度点，而 MF 和 NG 则代表两固溶体α和β的溶解度曲线。AEB 为液相线，$AMNB$ 为固相线，其中 MEN 一段水平线又称共晶反应线，E 点为共晶点，E 点对应的温度称为共晶温度，成份对应于共晶点的合金称为共晶合金，成份位于 E 以左，M 点以右的合金称为亚共晶合金，成份位于 E 点以右、N 点以左的合

-38-

金称为过共晶合金。具有一定成份的液体（L_E）在一定温度（共晶温度）下同时析出两种成分的固溶体（$\alpha_M + \beta_N$）称为共晶反应，即

$$L_E \rightarrow \alpha_M + \beta_N \qquad (2\text{-}2)$$

结晶产物为共晶体。共晶体的显微组织特征是两相交替分布，其形态与合金的特性及冷却速度有关，通常呈片层状。

2. 典型合金平衡结晶过程及组织

(1) 含 Sn 量小于 M 点的合金(图 2-13)

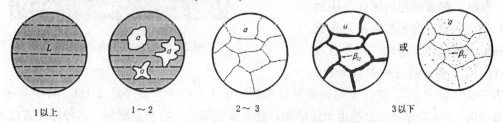

图 2–13 I合金平衡结晶过程

以合金 I 为例。合金在 1～2 点间的结晶过程与匀晶相图上的固溶体结晶完全相同。在 2～3 点之间得到均匀固溶体 α。当合金冷到 3 点温度以下，由于固溶体的溶度超过了它的溶解度限度，将从 α 固溶体中开始析出第二相——β 固溶体，优先沿晶界或晶内呈点状分布。随着温度继续降低 β 的析出量逐渐增多。这种从固溶体中析出的相，称为二

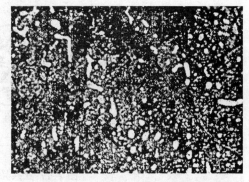

图 2–14 含 10%Sn 的 Pb-Sn 合金显微组织

次固溶体（以区分从液相中析出的固溶体），记为 β_{II}。最终的室温显微组织为 $\alpha + \beta_{II}$ (图 2-14)。

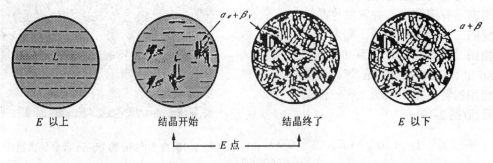

图 2–15 共晶合金平衡结晶过程

(2)共晶合金(图 2-15)

当合金缓慢冷却到 t_E 时，发生共晶转变，$L_E \rightarrow \alpha_M + \beta_N$，转变产物为两相机械混合物。这一转变在恒温下完成。室温组织为 100%的共晶体(图 2-16)。

(3)亚共晶合金

以合金 III 为例。图 2-17 是
该合金在冷却过程中组织变化示
意图。合金自 1 点开始结晶出 α
固溶体。随着温度继续降低，α
相的浓度沿固相线变化，L 相浓
度沿液相线变化。当合金冷却到
2 点时，剩余液相的浓度已达到
E 点的成分，在恒温下按共晶反
应形成共晶体。同理，合金自 2
点温度冷至室温过程中自 α 固溶

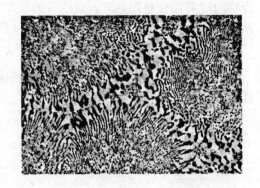

图 2–16 Pb-Sn 共晶合金的显微组织

体中也会析出 β_{II}，故合金的室温显微组织为 α + (α +β)+ β_{II} (图 2-18)。其中，α、
(α +β)、β_{II} 均称为合金的组织组成物，是合金显微组织的独立部分。这种标注方法阐
明了合金的具体结晶过程，反映了相的析出顺序。

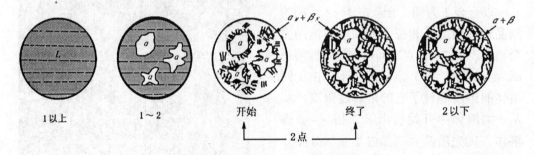

1以上　　　　　　　1～2　　　　　　　开始　　　　　　　　终了　　　　　　　　2以下

$\overline{\qquad\qquad}$ 2点 $\overline{\qquad\qquad}$

图 2–17 亚共晶合金平衡结晶过程

2.2.4 包晶相图与合金组织

两组元在液态无限互溶，在
固态下有限溶解，并发生包晶转
变的二元合金系相图，称为包晶
相图。例如二元合金系 Pt-Ag、
Sn-Sb、Cu-Sn、Cu-Zn 等。这类
相图的特点是，相图上有一恒温
反应(图 2-19):

$$L_C + \alpha_p \rightarrow \beta_D \qquad (2-3)$$

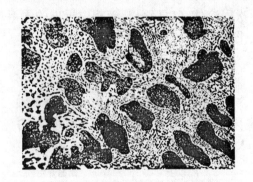

图 2–18 含 50%Sn 的 Pb-Sn 合金显微组织

即在一定温度下，由一定成分的液相 L_C 与一定成分的固相 α_p 转变为另一种固相
β_D。由于两相反应从相界面处开始，即 β_D 相必然包着 α_p 相形成，故称包晶反应。
相图及合金结晶过程分析方法均与上述方法类似。

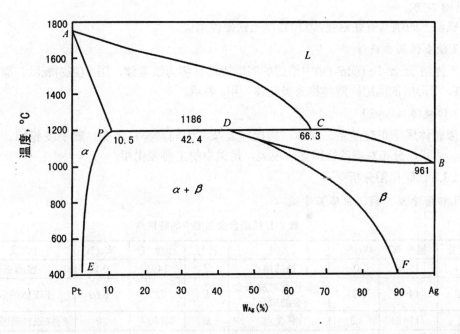

图 2-19 Pt-Ag 合金相图

2.3 铁碳相图

铁碳合金是现代工业使用最广泛的合金。根据其含碳量又分为碳钢和铸铁。碳钢是指含有 0.02%~2.14%C 的铁碳合金。铸铁是指含大于 2.14%C 的铁碳合金。按钢中含碳量的不同，碳钢又分为亚共析钢(含有 0.02%~0.77%C)，共析钢(含有 0.77%C)和过共析钢(含有 0.77%~2.14%C); 铸铁又分为亚共晶白口铁(含有 2.14%~4.3%C)，共晶白口铁(含有 4.3%C)和过共晶白口铁(含有 4.3%~6.69%C)。铁碳相图是研究铁碳合金的重要工具，对于钢铁材料的研究和使用，特别是热加工工艺的制订都有重要的指导意义。

2.3.1 铁碳合金的组元及基本相

1.纯铁

纯铁熔点为 1538℃，具有同素异构转变，α-Fe $\Leftrightarrow$ γ-Fe $\Leftrightarrow$ δ-Fe。固态下的同素异构转变与液态结晶相似，也要经历形核和长大过程。为了与液态结晶相区别，将这种固态下的相变过程称为重

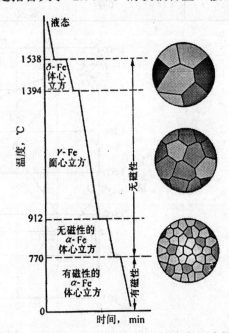

图 2-20 纯铁冷却曲线及重结晶后的组织示意图

结晶(图2-20)。

低温下的铁具有铁磁性，770℃以上铁磁性消失。

2.铁素体与奥氏体

碳固溶于 α-Fe(或δ-Fe)中形成的间隙固溶体称为铁素体，用α(或δ)表示。碳固溶于γ-Fe 中形成的间隙固溶体称为奥氏体，用γ表示。

3.渗碳体（Fe₃C）

渗碳体属于正交晶系，晶体结构比较复杂，无同素异构转变，属于硬脆相。它的数量、形状、分布对钢的性能影响很大，是钢中的主要强化相。

2.3.2 铁碳相图分析

1.相图中点、线、区极其含义

表2-1 铁碳合金相图中的特性点

符号	温度/℃	Wc(%)	含义	符号	温度/℃	Wc(%)	含义
A	1538	0	纯铁的熔点	J	1495	0.17	包晶点
B	1495	0.53	包晶转变时液态合金的成分	K	727	6.69	渗碳体的成分
C	1148	4.3	共晶点	M	770	0	纯铁磁性转变温度
D	1227	6.69	渗碳体的熔点	N	1394	0	γ-Fe $\Leftrightarrow$ δ-Fe转变温度
E	1148	2.11	碳在γ-Fe中的最大溶解度	P	727	0.022	碳在α-Fe中的最大溶解度
G	912	0	α-Fe $\Leftrightarrow$ γ-Fe转变温度	S	727	0.77	共析点
H	1495	0.09	碳在α-Fe中最大溶解度	Q	600	0.006	该温度下碳在 α-Fe中的溶解度

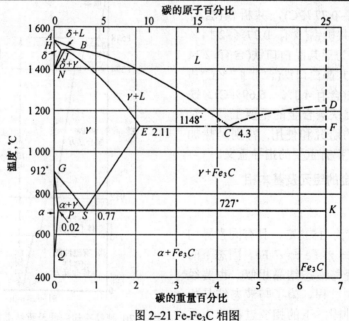

图2–21 Fe-Fe₃C 相图

图 2-21 是 Fe-Fe$_3$C 相图，图中各特性点的温度、碳浓度及意义示于表 2-1 中。*ABCD* 为液相线，*AHJECF* 为固相线。相图中存在五个单相区和七个两相区。

2.三条水平线

相图中存在三个衡温转变：

(1) *HJB* 水平线

在此温度发生包晶转变，其反应式如下：

$$L_B + \delta_H \rightarrow \gamma_J \tag{2-4}$$

(2) *ECF* 水平线

在此温度发生共晶转变，其反应式如下：

$$L_C \rightarrow \gamma_E + Fe_3C \tag{2-5}$$

转变产物为奥氏体与渗碳体的机械混合物，称为莱氏体，记为 Ld。

(3) *PSK* 水平线

在此温度发生共析转变，其反应式如下：

$$\gamma_S \rightarrow \alpha_P + Fe_3C \tag{2-6}$$

即由一定成分的固相在恒温下生成另外两个一定成分的固相。共析转变的相图特征与共晶转变的非常相似，所不同的是反应相不是液相而是固相。转变产物为铁素体与渗碳体的机械混合物，称为珠光体，记为 P。

3.三条曲线

相图中还有三条重要的固态转变线。

(1)*GS* 线

此线是奥氏体析出铁素体的起始温度或铁素体全部转变为奥氏体的终了温度，又称为 *A3* 线。

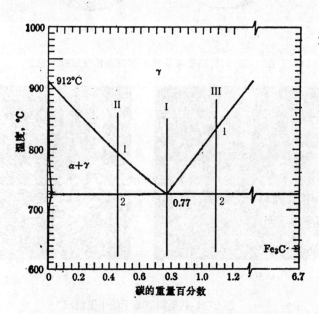

图 2-22 典型碳钢冷却时的组织转变过程分析示意图

(2)ES 线

碳在奥氏体中的溶解度曲线，当温度低于此曲线时，就要从奥氏体中析出渗碳体，通常称之为二次渗碳体，记为 Fe_3C_{II}。ES 线也叫 A_{cm} 线。

(3)PQ 线

碳在铁素体中的溶解度曲线。当温度低于此曲线时，要从铁素体中析出渗碳体，称之为三次渗碳体，记为 Fe_3C_{III}。

2.3.3 碳钢在平衡条件下的固态相变及组织

1.共析钢在平衡条件下的固态相变及组织

共析钢（参见图 2-22 中合金 I）在 S 点温度以上，钢的组织为单相奥氏体（图 2-23）。当冷却到 S 点温度时，奥氏体将发生共析反应，生成片层状的珠光体（图 2-24）。随着温度继续下降，将从铁素体中析出三次渗碳体。由于三次渗碳体数量少，通常可忽略不计。因此，共析钢在室温下的平衡组织为 100%的珠光体。其中铁素体和渗碳体的含量可以用杠杆定律进行计算：

$$W_{Fe3C} = PS/PK = (0.77-0.0218)/(6.69-0.0218) = 11.3\% \tag{2-7}$$

$$W_F = 1- W_{Fe3C} = 88.7\%。\tag{2-8}$$

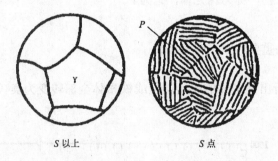

图 2–23 共析钢平衡条件下的固态相变过程示意图

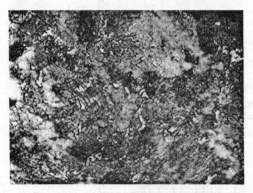

(a) 500×   (b) 1 000×

图 2–24 共析钢室温下的平衡组织

2. 亚共析钢在平衡条件下的固态相变及组织

以合金 II 为例，当奥氏体冷到 1 点温度时，开始析出铁素体(图 2-25)。由于析出了含碳量极低的铁素体，使未转变的奥氏体含碳量增加。随着温度的下降，奥氏体的含碳量沿 GS 线变化，铁素体的含碳量沿 GP 线变化。当合金冷却到 2 点时，剩余奥氏体的含碳量达到共析浓度，在恒温下发生共析转变，生成珠光体。因此，亚共析钢室温下平衡组织由铁素体和珠光体构成(图 2-26)，其中铁素体和珠光体的比例取决于钢的含碳量，钢的含碳量越高，珠光体所占的比例越大。

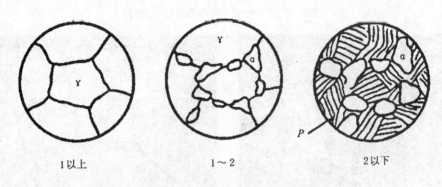

图2-25 亚共析钢平衡条件下的固态相变过程示意图

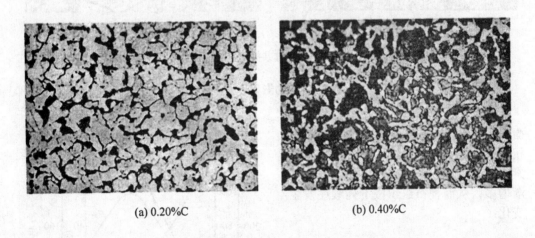

(a) 0.20%C　　　　　　　　　(b) 0.40%C

图 2-26 亚共析钢室温下平衡组织

3. 过共析钢在平衡条件下的固态相变及组织

以合金 III 为例，当奥氏体冷到 1 点温度时，开始沿着晶界析出二次渗碳体(图 2-27)。由于析出了含碳量极高的二次渗碳体，使未转变的奥氏体含碳量减少。随着温度的下降，奥氏体的含碳量沿 ES 线变化。当合金冷却到 2 点时，剩余奥氏体的含碳量达到共析浓度，在恒温下发生共析转变，生成珠光体。因此，过共析钢室温下平衡组织由珠光体和沿晶界析出的网状二次渗碳体构成(图 2-28)。钢的含碳量越高，二次渗碳体所占的比例越大。

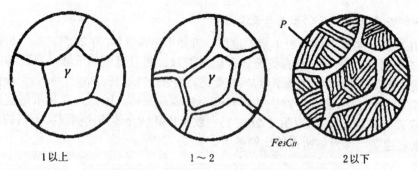

1以上   1～2   2以下

图2-27 过共析钢平衡结晶过程示意图

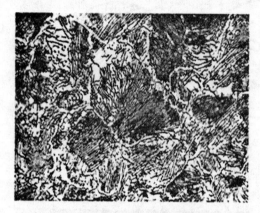

(a) 硝酸酒精侵蚀   (b) 苦味酸钠侵蚀

图2-28 含1.2%C的过共析钢室温下平衡组织

2.3.4 含碳量对碳钢平衡组织和性能的影响

以上分析表明，碳钢在室温下的平衡组织皆由铁素体(F)和渗碳体(Fe3C)两相组成。随着含碳量的增加，碳钢中铁素体的数量逐渐减少，渗碳体的数量逐渐增多，从而使得组织按下列顺序发生变化：

$$F \rightarrow F+P \rightarrow P \rightarrow P+Fe3CII \quad (2-9)$$

铁素体是软韧相，渗碳体是硬脆相。珠光体由铁素体和渗碳体所组成，渗碳体以细片状分布在铁素体的基体上，起了强化作用，因此，珠光体有较高的强度和硬度，但塑性较差。随着含碳量升高，钢的强度、硬度增加，塑性下降。当钢中的含碳量超过 1.0%以后，钢的硬度继续增加，而强度开始下降，

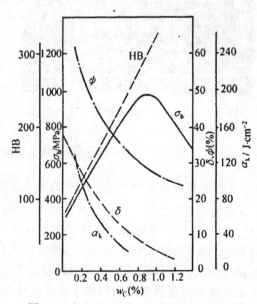

图 2-29 含碳量对平衡状态碳钢机械性质影响

这主要是由于脆性的二次渗碳体沿奥氏体晶界呈网状析出所致(图 2-29)。

2.4 铸锭（件）的组织与缺陷

在实际生产中，液态金属被注入到铸型模具中成型得到铸件，若注入铸造模具中而得到铸锭。对铸件来说，铸态组织直接影响到它的力学性能和使用寿命；对铸锭而言，铸态组织不但影响到它的压力加工性能，而且还影响到压力加工后的金属制品的组织和性能。

2.4.1 铸锭(件)三晶区的形成

不论是铸件，还是铸锭，其宏观组织通常由三部分组成(图 2-30)：

1. 表层细晶区

在浇注时，由于铸型模壁温度较低，有强烈地吸热和散热作用，使靠近模壁的一层液体产生很大的过冷度，加上模壁的表面可以作为非均匀形核的核心，因此，在此表层液体中立即产生大量的晶核，并同时向各个方向生长，而形成表面很细的等轴晶粒区。

2. 柱状晶区

在表层细晶区形成后，型壁被熔液加热至很高温度，使剩余液体的冷却变慢，并且由于细晶区结晶时释放潜热，故细晶区前沿液体的过冷度减小，使继续形核变得困难，只有已形成的晶体向液体中生长。但是，此时热量的散失垂直于型壁，故只有沿垂直于型壁的方向晶体才能得到优先生长，即已有的晶体沿着与散热相反的方向择优生长而形成柱状晶区。

3. 中心等轴晶区

柱状晶区形成时也释放大量潜热，使已结晶的固相层温度继续升高，散热速度进一步减慢，导致柱状晶体也停止长大。当心部液体全部冷至实际结晶温度 Tm 以下时，在杂质作用下以非均匀形核方式形成许多尺寸较大的等轴晶粒。

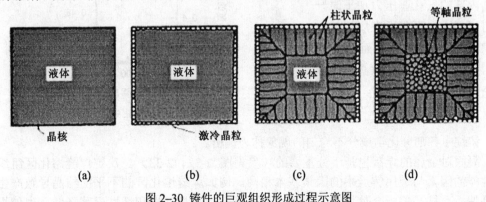

图 2-30 铸件的巨观组织形成过程示意图

2.4.2 铸锭组织的控制

合金的铸锭一般都具有明显的三个晶区，但当浇注条件发生变化时，其三个晶区所占的比例也往往不同，甚至获得只由两个晶区或一个晶区所组成的铸锭。通常有利于柱状晶区发展的因素有：快的冷却速度、高的浇注温度、定向的散热等。而有利于等轴晶区发展的因素有：慢的冷却速度、低的浇注温度、均匀散热、变质处理以及一些物理方法（如机械或电磁的搅拌、超声波振动等）。

2.4.3 铸锭缺陷

1. 缩孔

大多数液态金属的密度比固态的小，因此结晶时发生体积收缩。金属收缩后，如果没有液态金属继续补充的话，就会出现收缩孔洞，称之为缩孔。缩孔是一种重要的铸造缺陷，对材料性能有很大影响。通常缩孔是不可避免的，人们只能通过改变结晶时的冷却条件和铸模的形状（如加冒口等）来控制其出现的部位和分布状况。

2. 气孔

在高温下液态金属中常溶有大量气体，但在固态金属的组织中只能溶解极微量的气体。因而，在凝固过程中，气体聚集成气孔夹杂在固态材料中。在熔融金属中可溶气体的浓度（溶解度）由西沃尔特定律表示：

$$气体的溶解度 = K\sqrt{P_{气}} \tag{2-10}$$

式中 $P_{气}$ 是与金属接触的气体的分压，K 是常数，对某一特定的金属-气体系统而言，该常数随温度增加而增加（图 2-31）。如果使液态金属保持在较低温度，或者向液态金属中加入可与气体反应而形成固态的元素，以及使气体分压减小，都可以使铸件中的气孔减少。减低气体分压的方法是把熔融金属置入真空室内，或向金属中吹入惰性气体。

内部的气孔在压力加工时一般可以焊合，而靠近表层的气孔则可能由于表皮破裂而发生氧化，因而在压力加工前必须予以切除，否则易形成裂纹。

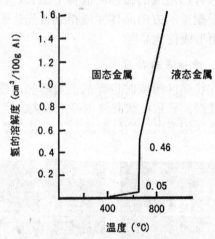

图 2-31 氢气在铝中的溶解度

3. 偏析

铸锭中各部分化学成分不均匀的现象称为偏析。

凝固对金属的焊接也是十分重要的（参见图 2-32、2-33）。决定焊缝熔化区组织和性能的因素与金属铸造中的因素基本相同。例如焊缝熔化区的不平衡结晶导致产生枝晶偏析。枝晶偏析会使焊缝的力学性能下降，特别是塑性和韧性显著降低，也使焊缝的抗腐蚀性能下降。工业生产上广泛应用扩散退火（也称为均匀化退火）的方法来消除枝晶偏析。当然，在焊缝熔化区中加入孕育剂也可细化焊缝组织。

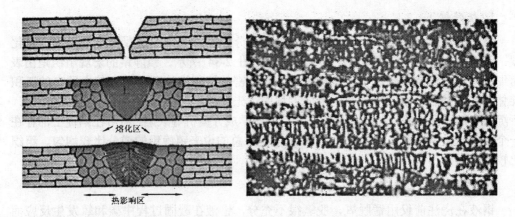

图 2-32 焊缝的熔化区及凝固过程示意图　　　图 2-33 奥氏体焊缝显微组织

2.4.4 钢锭的组织特征

钢在冶炼后，除少数直接浇成铸件外，大部分都先铸成钢锭，然后再轧成各种型材。可见，钢锭的宏观组织特征是钢的质量的重要标志之一。根据钢的脱氧程度，可将钢锭分为镇静钢、沸腾钢和半镇静钢三类，下面只简要介绍镇静钢和沸腾钢的组织特征。

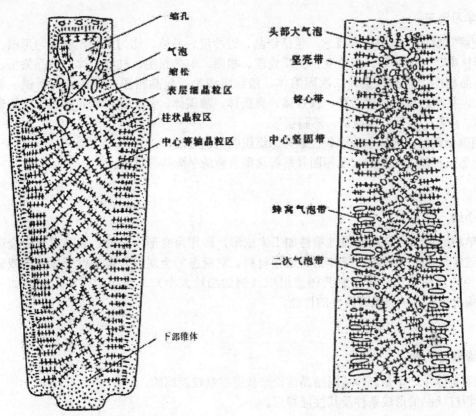

图 2-34 镇静钢锭宏观组织示意图　　　图 2-35 沸腾钢锭宏观组织示意图

1. 镇静钢

钢液在浇注前用锰铁、硅铁和铝粉进行充分脱氧，使钢液在凝固时不析出一氧化碳，因而没有沸腾现象而得名。其宏观组织如图 2-34 所示。镇静钢的宏观组织是由表面细晶粒区、柱状晶区、中心等轴晶区以及致密的沉积锥体所组成。其中致密的沉积锥体是在结晶时，中心等轴晶区形成过程中，先结晶出的晶体，由于比重比钢液大，下沉到底部而形成的。此外，也存在气泡和化学成分偏析等缺陷，通常在钢锭上部存在一个较大的集中缩孔，使成材率下降。但是，总的说来镇静钢的成分比较均匀、组织比较致密。

2. 沸腾钢

钢液在浇注前仅用锰脱氧，脱氧很不充分，钢液在凝固过程中碳和氧发生反应而产生大量的一氧化碳气体，使钢液沸腾，因而得名。其宏观组织如图 2-35 所示。沸腾钢锭的宏观组织主要特点是钢锭内有大量的气泡。偏析比镇静钢严重。但是，沸腾钢体积收缩小，钢锭集中缩孔小，因而成材率很高。

对力学性能要求较高的的零件，常需使用镇静钢。沸腾钢多是含碳量很低的碳钢，由于它的塑性高，多用于冷冲压件。

学习要求

1. 理解重要的术语和基本概念，包括结晶、过冷度、晶核、均匀形核、非均匀形核、形核率、长大速率、晶粒度、变质处理、相图、匀晶相图、杠杆定律、枝晶偏析、共晶相图、共晶合金、二次固溶体、组织组成物、包晶相图、碳钢、共析钢、铸铁、共晶白口铁、重结晶、铁素体、奥氏体、渗碳体、莱氏体、珠光体、二次渗碳体、缩孔、气孔、镇静钢、沸腾钢等。
2. 明确金属结晶的基本规律和控制铸态组织的工艺方法。
3. 熟悉三种基本类型的二元相图并掌握典型合金的平衡结晶过程。

小结

单相固溶体合金适宜通过塑性加工来成形，即作为变形用材料。共晶成分合金适宜通过铸造工艺来成形，即作为铸造用材料。对液态的金属或合金进行变质处理或采用适当地浇注方法，可控制其铸态组织（例如晶粒大小），减少组织缺陷（例如气孔、偏析等），从而提高铸件的性能。

课堂讨论题

1. 说明实际生产中是怎样运用结晶理论来获得细晶粒组织的。
2. 分析柱状晶的形成条件及其性能特点。
3. Fe-Fe$_3$C 相图有哪些应用？又有哪些局限性？

习题

1. 金属结晶的基本规律是什么？过冷度与冷却速度有何关系？

2. 什么叫枝晶偏析？分析产生枝晶偏析的原因及消除方法。

3. 说明含碳量对钢的组织与性能的影响。

4. 何谓镇静钢？何谓沸腾钢？其钢锭宏观组织有何特点？

5. 何谓组织组成物？何谓相组成物？试说明在室温下随着含碳量的增加，铁碳合金的组织组成物和相组成物如何变化。

6. 铜在 1 个大气压下熔化后含有 0.01% O_2，如将此熔融状态的铜置入 10^{-6}atm 的真空室中，试计算此时铜液中氧气的浓度。

7. 在 1 个大气压下每 100g 液态铝中含氢气 0.7cm³，如将其置入 10^{-4}atm 的真空室中，试计算此时铝液中氢气的浓度，并参照图 2-31 说明凝固时是否会形成气孔？

第三章 工程材料的力学性能

材料的力学性能是指材料在外加载荷和环境因素（温度、介质）联合作用下所表现的抵抗变形和断裂的能力。通常是在试验室内模拟生产条件来确定合适的试验方法。利用不同的试验方法来确定材料的力学行为特征及评定材料力学性能的指标。这些性能指标是材料设计、材料选用、工艺评定以及材料检验的重要依据。本章主要阐述几种常用力学性能指标的含义和应用。

3.1 拉伸试验

3.1.1 应力-应变曲线

将圆柱形或板状光滑试样装夹在拉伸试验机上(图 3-1)，沿试样轴向以一定速度施加载荷，使其发生拉伸变形直至断裂。通过力与位移传感器可获得载荷(P)与试样伸长量(Δl)之间的关系曲线，称为拉伸曲线或 P-Δl 曲线。若将纵坐标以应力σ($\sigma = P/F_0$，F_0 为试样原始截面积)表示，横坐标以应变ε($\varepsilon = \Delta l / l_0$，$l_0$ 为试样标距)表示，则这时的曲线与试样的尺寸无关，称为应力-应变曲线或σ-ε曲线。通过拉伸试验可以揭示材料 在静载荷作用下的力学行为，即弹性变形、塑性变形、断裂三个基本过程，还可以确定材料的最基本的力学性能指标(图 3-2)。

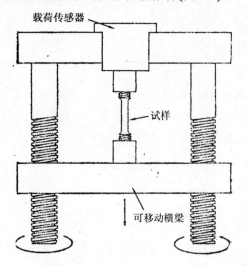
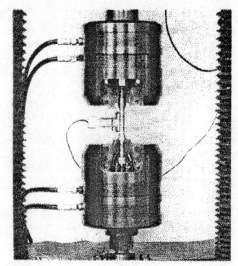

图 3-1 拉伸机示意图

3.1.2 弹性

材料在外力作用下产生变形，若外力去除后变形完全消失，材料恢复原状，则这种可逆的变形就叫弹性变形。

1.弹性模量

材料在弹性变形阶段，应力(σ)与应变(ε)成正比关系，两者的比值称为弹性模量，记为 E，

$$E = \sigma / \varepsilon \qquad (3\text{-}1)$$

它表征材料对弹性变形的抗力(表 3-1)。其值愈大，材料产生一定量的弹性变形所需要的应力愈大，故工程上也称 E 为材料的刚度，主要取决于材料的本性，反映了材料内部原子间结合键的强弱。而材料的组织变化对弹性模量无明显影响。值得注意的是材料的刚度和零件的刚度不是一回事，零件的刚度还和零件的结构因素有关。

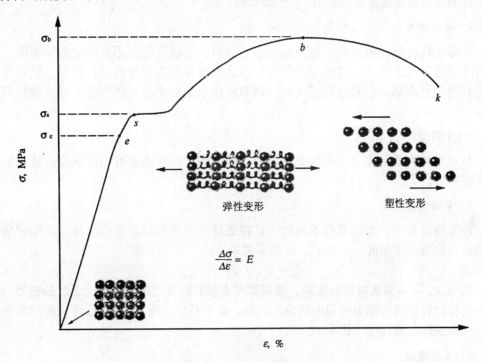

图 3-2 低碳钢应力应变曲线示意图

表 3-1 常见金属室温下的弹性模数

金属	正应变弹性模数E，×100MPa			剪应变弹性模数G，×100MPa		
	单晶体		多晶体	单晶体		多晶体
	最大值	最小值		最大值	最小值	
铝	761	637	700	284	245	261
铜	1911	667	1298	754	306	483
金	1167	429	780	420	188	270
银	1151	430	827	4370	193	303
铅	386	14	180	144	49	62
铁	2727	1250	2114	1158	599	816
钨	3846	3845	4110	1514	1504	1606
镁	506	429	447	182	167	173
锌	1235	349	1007	487	273	394
钛			1157			438
镍			1995			760

2. 弹性极限

是表征材料产生微量塑性变形的抗力，记为 σ_e，可用下式求出：

$$\sigma_e = P_e / F_0 \tag{3-2}$$

式中 P_e —— 弹性极限载荷，通常很难确定。在国家标准中把产生 0.01%残余伸长所需的应力作为规定弹性极限，记为 $\sigma 0.01$。

3. 弹性滞后

实际工程材料，如金属，特别是高分子材料，加载后应变不立即达到平衡值，卸载时变形也不马上消失，这种应变落后于应力的现象称为弹性滞后。对于易受振动的机件利用弹性滞后效应可吸收振动能，而对象仪表上的传感元件则不希望有弹性滞后现象。

3.1.3 强度

是指材料在载荷作用下抵抗变形和断裂的能力。强度指标有屈服强度、抗拉强度和断裂强度。

1. 屈服强度

在拉伸过程中，出现载荷不增加而试样还继续伸长的现象称为屈服。屈服时所对应的应力称为屈服强度，记为 σ_s，可由下式求出：

$$\sigma_s = P_s / F_0 \tag{3-3}$$

式中 P_s ——屈服时的外载荷。屈服强度表征材料发生明显塑性变形时的抗力。大多数工程材料都没有明显的屈服现象，因此，通常规定产生 0.2%残余伸长所对应的应力，作为条件屈服强度，记为 $\sigma_{0.2}$。

2. 抗拉强度

当拉伸试样屈服以后，欲继续变形，必须不断增加载荷。当载荷达到最大值 P_b 后，试样的某一部位截面开始急剧缩小，出现了"缩颈"，致使载荷下降，直到最后断裂。试样能承受的最大载荷除以试样原始截面积所得的应力，称为抗拉强度，记为 σ_b，即：

$$\sigma_b = P_b / F_0 \tag{3-4}$$

抗拉强度是材料在拉伸条件下能够承受最大载荷时的相应应力值，表征了材料对最大均匀变形的抗力。

3.1.4 塑性

断裂前材料发生塑性变形的能力叫塑性。常用塑性指标有伸长率（δ）和断面收缩率（ψ）。其数值可由下式求出：

$$\delta = [(L_0 - L_1)/ L_0] \times 100\% \tag{3-5}$$

$$\psi = [(F_0 - F_k)/ F_0] \times 100\% \tag{3-6}$$

式中 L_0——试样原始标距长度；L_1——试样断裂后标距的长度；F_0——试样原始截面积；F_k——试样断裂处截面积。试验结果表明，对同一材料制成的几何形状相似的试样，均匀变形伸长率和试样尺寸无关，集中变形伸长率和 $\sqrt{F_0} / L_0$ 比值有关。所以，通常用 $L_0 = 5 d_0$ 和 $L_0 = 10 d_0$ 两种比例试样来测定伸长率，分别记为 δ_5 和 δ_{10}。

3.2 硬度试验

硬度是材料抵抗局部变形的能力。通常采用静载压入法试验。这种试验方法不需要专门制作试样，而且不破坏零件。常用的硬度指标如下：

3.2.1 布氏硬度

在力 P 的作用下把直径为 D 的钢球压入被测材料，布氏硬度值是载荷 P 除以压痕(球冠)的面积(图 3-3)，用 HB 表示。即：

$$HB = P/F = 2P/\pi D(D - \sqrt{D^2 d^2}) \tag{3-7}$$

这种方法只适合于测量 HB < 450 的材料。

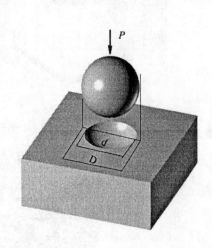

图 3-3 布氏硬度试验示意图

3.2.2 洛氏硬度

因所用压头和载荷不同又分为：HRC、HRB 和 HRA 三种(见表 3-2)。洛氏硬度不宜测定硬而脆的薄层，硬薄层工件常用维氏硬度衡量。

表 3-1 洛氏硬度种类及应用

符号	压头	载荷	适用范围
HRC	120°金刚石锥体	150kg	淬火钢等
HRB	淬火钢球 ϕ1.59毫米	100kg	退火钢及有色金属
HRA	120°金刚石锥体	60kg	薄板或硬脆材料

3.2.3 维氏硬度

压头是 136°金刚石四棱锥体，测量出压痕对角线(图 3-4)，用此值查表得硬度值，用 HV 表示(表 3-3)。另外，还有一种叫做显微硬度(图 3-5)，用来测量组织中某一相的硬度。压头和表示符号同上，但所用载荷更小，只有几克至几十克。

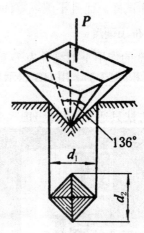

图 3-4 维氏硬度试验示意图

图 3-5 合金相的微硬度压痕

表 3-3 常见碳化物和氧化物的硬度与熔点

名称	硬度(HV)	熔点(℃)	名称	硬度(HV)	熔点(℃)
TiC	2900～3200	3180～3250	B₄C	2400～3700	2350～2470
ZrC	2600	3175～3540	SiC	2200～2700	3000～3500
VC	2800	2810～2865	TiO₂	1000	1855～1885
TaC	1800	3740～3880	ZrO₂	1300～1500	2900
NbC	2400	3500～3800	Al₂O₃	2300～2700	2050
WC	2400	2627～2900	Cr₂O₃	2915	2309～2359
Cr-C	1663～1800	1518～1895	Ta₂O₅	890～1290	1755～1815
Mo-C	1499～1500	2680～2700	HfO₂	940～1100	2780～2790

3.3 冲击试验

3.3.1 冲击试验方法

有些机器零件是在冲击载荷下工作的，如锻锤，冲头等。通常用冲击韧性来评定材料抵抗冲击的能力。测定材料的冲击韧性一般是在一次摆锤冲击试验机上进行。如图 3-6 所示。将试样放在试验机的支座上，将具有一定质量的摆锤举至一定高度，再将其释放，冲断试样。

3.3.2 冲击韧性

摆锤冲断试样所失去的能量，即对试样断裂所作的功，称为冲击功，用 A_k 表示。如用试样缺口处截面积 F_N 去除，即得冲击韧性，用 a_k 表示，单位为 J/cm^2。通常面心立方金属有较高的冲击韧性，并且对温度不敏感。然而，具有体心立方晶格的金属、聚合物和陶瓷材料都有明显的脆性转变温度，在该温度以下材料呈现脆性(图 3-7)。此外，a_k 对材料的内部缺陷、显微组织的变化很敏感，也可用来评定材料的冶金质量及热加工产品质量。

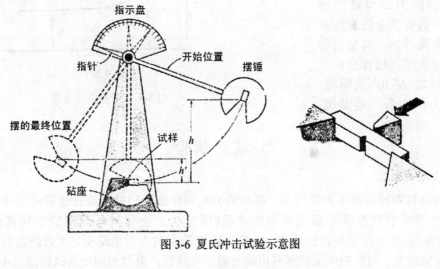

图 3-6 夏氏冲击试验示意图

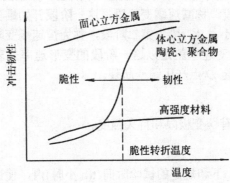

图 3-7 不同材料冲击韧性与温度关系曲线示意图

3.4 疲劳试验

3.4.1 疲劳概念

还有许多零件是在交变载荷下服役的，如轴、齿轮、弹簧等。通常它们工作时所承受的应力都低于材料的屈服极限，但在交变载荷作用下经过较长时间后发生断裂，这种现象称为疲劳。

3.4.2 疲劳抗力的指标 (图 3-8)

评定材料疲劳抗力的指标是疲劳极限，即表示材料经受无限多次循环而不断裂的最大应力，记为 σ_r。通常是用旋转弯曲试验方法测定在对称应力循环条件下材料的疲劳极限 (σ_{-1})。试验时用多组试样，在不同的交变应力（σ）下测定试样发生断裂的周次（N），绘制 σ-N 曲线。对钢铁材料和有机玻璃等，当应力降到某值后，σ-N 曲线趋于水平直线，此直线对应的应力即为疲劳极限。大多数有色金属及其合金和许多聚合物，其疲劳曲线上没有水平直线部分，工程上常规定 $N=10^8$ 次时对应的应力作为条件疲劳极限。

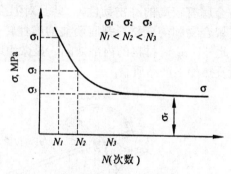

图 3-8 疲劳曲线示意图

3.5 蠕变试验

3.5.1 蠕变概念

是指材料在较高的恒定温度下，外加应力低于屈服极限时，就会随着时间的延长逐渐发生缓慢的塑性变形直至断裂的现象(图 3-9)。金属材料、陶瓷在较高温度 $(0.3 \sim 0.5 Tm$，其中 Tm 是材料的熔点，以绝对温度表示)时会发生蠕变，聚合物在室温下就可能发生蠕变。材料的蠕变过程可用蠕变曲线来描述。典型的蠕变曲线如图 3-10 所示。图中 AB 段为第一阶段，称减速蠕变阶段，这一阶段开始蠕变速率增大，随着时间的延长，蠕变速率逐渐减小。BC 段为第二阶段，称为恒速蠕变阶段，这一阶段蠕变速率几乎保持不变。通常蠕变速率就是以这一阶段的变形速率来表示。CD 段是第三阶段，称为加速蠕变阶段，至 D 点产生蠕变断裂。

3.5.2 蠕变性能指标

常用的蠕变性能指标有蠕变极限和持久强度。

1.蠕变极限

是以在给定温度 T(℃)下和规定的试验时间 t(h,小时)内，使试样产生一定蠕变伸长量的应力作为蠕变极限，用符号 $\sigma^T_{\delta/t}$，例如 $\sigma^{900}_{0.3/500} = 600$ MPa 表示材料在 900℃，500 小时内，产生 0.3%变形量的应力为 600MPa。

2.持久强度

表征材料在高温载荷长期作用下抵抗断裂的能力，以试样在给定温度 $T(\mathbb{C})$ 经规定时间 t(h,小时)发生断裂的应力作为持久强度，用符号 σ^{T}_{t}，表示。例如 $\sigma^{800}_{600} = 700MPa$，表示材料在 800℃，经 600 小时断裂的应力为 700MPa。

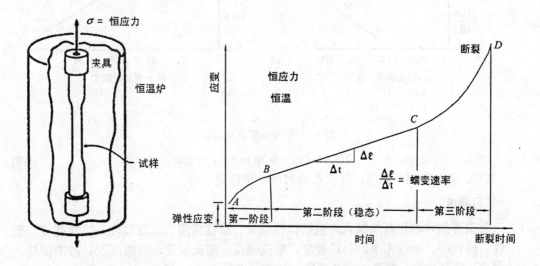

图 3-9 蠕变试验示意图   图 3-10 典型蠕变曲线

3.5.3 蠕变数据的表达方式

表示蠕变试验的结果通常有四种方法(图 3-11)，第一种是应力—— 断裂曲线，可以用来预测和评价一个部件在一定的应力和温度的联合作用下的使用寿命；这一结果同样可由应力——温度的关系曲线获得；第三种是应力和温度特定组合下的蠕变速率关系曲线；第四种是应力与拉尔森—— 米勒(Larson-Miller Parameter)参数(记为 T，以绝对温度 K 表示)关系曲线，它把应力——温度——断裂时间关系合并成一条曲线。

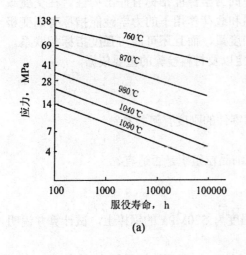

(a)

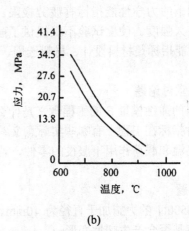

(b)

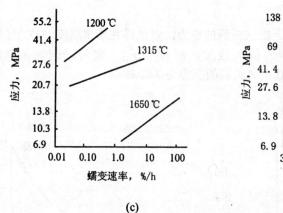
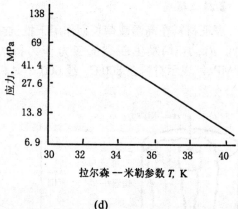

(c) (d)

图 3-11 蠕变数据表达方式

$$T(\mathrm{K}) = (36 + 0.78\ln t\,)\mathrm{T}_{试} /1000 \tag{3-7}$$

其中，$\mathrm{T}_{试}$ 是试验温度，t 是断裂时间，单位是小时。

学习要求

1. 理解重要的术语和基本概念，包括弹性模量、弹性极限、屈服强度、抗拉强度、塑性、伸长率、面收缩率、布氏硬度、洛氏硬度、维氏硬度、显微硬度、冲击韧性、疲劳、疲劳极限、蠕变、蠕变极限、持久强度等。
2. 熟悉各力学性能指标的测试方法，明确它们是理想化试验的平均值，使用这些性能数据时应注意其局限性。

小结

材料的力学行为由其力学性能指标来表征。而力学性能指标只不过是理想化试验条件下的试验结论。通常设计这些试验是为了表示不同类型的载荷条件。评定材料在常温和静载荷作用下的力学性能指标有弹性模量、弹性极限、屈服强度、抗拉强度、伸长率、断面收缩率和硬度等。在冲击载荷下的力学性能指标有冲击韧性。在交变载荷作用下的力学性能指标有疲劳极限。在高温和载荷作用下的力学性能指标有蠕变极限和持久强度。硬度试验不仅提供了耐磨性的度量，而且还可能与强度指标相联系。这些性能指标是材料设计、材料选用、工艺评定以及材料检验的重要依据。

课堂讨论题

1. 材料的弹性模量 E 的工程含义是什么？它和零件的刚度有何关系？
2. 塑性指标在工程上有哪些实际意义？
3. 在高温和载荷作用下服役的零件，若处理成细晶粒组织是否适宜？

习题

1. 将 6500N 的力施加于直径为 10mm、屈服强度为 520MPa 的钢棒上，试计算并说明钢棒是否会产生塑性变形。
2. 钛的弹性模量为 115700MPa，屈服强度为 621MPa，要把钛板的厚度减至 5mm，为抵消弹性变形，钛板最初的变形厚度应为多少？

3. 某一零件的布氏硬度，所用压头是直径为 10mm 的钢球，载荷为 3000kgf(29.43kN)，测得压痕直径为 3.50mm，试计算布氏硬度值。

4. 直径为 10mm 的钢球压头和 500kg 的载荷对铝进行布氏硬度试验，产生的压痕直径为 5.50mm，试求布氏硬度值。

5. 图 3-11(d)是可锻铸铁的应力与拉尔森-米勒参数关系曲线。若直径为 50mm 的可锻铸铁圆棒在 32.52kN 载荷作用下工作 20 年，求试样可以承受的最高温度。

第四章 工程材料的物理、化学性能及常用功能材料

材料的物理性能可以用电、磁、光和热性能来描述。而化学性能主要指材料的耐腐蚀性和抗氧化性。在许多应用中，材料的物理、化学性能比力学性能更为重要。例如长距离传输电流的金属导线必须具备良好的导电性，才能使电的功率损耗降到最小。陶瓷的绝缘体必须能够防止导体之间产生电弧。为了正确地选用这类材料，一方面我们需要了解材料常用的物理、化学性能特点，另一方面，也需要了解原子结构、原子排列、晶体缺陷以及加工工艺对物理、化学性能的影响规律。

4.1 电性能

4.1.1 导电性

1. 金属的电子能带结构特点

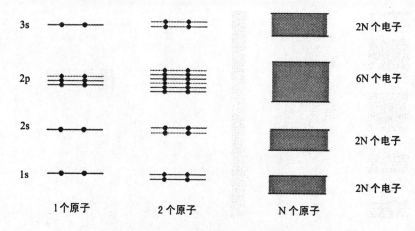

图 4-1 电子的能级与能带示意图

单个原子中的电子都处于能量不同的轨道(能级)上绕核运动。而泡利不相容原理又决定了每个能级只能容纳 2 个电子，例如，2p 有三个能级可容纳 6 个电子，3s 只有一个能级可容纳 2 个电子。当大量原子聚集在一起时，最外层的价电子以及次外层的电子轨道的能级由分离的状态扩展成能带。以金属钠为例，每个钠原子有 11 个电子，分别处于 1s(2 个)、2s(2 个)、2p(6 个)和 3s(1 个)能级上，其中 3s 能级上的一个电子是价电子。绝对零度时价电子所占据的最高能级也称为费米能级。在由 N 个原子组成的钠晶体中，将形成能量相差很小的 N 个 3s 能级，称为 3s 能带（或价带，即由价电子所占据的能带）。同时，3s 能带还与能量较高但未填充电子的 3p 空能带（亦称为导带）发生部分交迭。因此，只需要很小的能量就可以把 3s 能带中的电子激发到 3p 空能带中而变成自由电子。可见金属材料电子能带结构的基本特征是被价电子所占据的最高能带（价带）和其上的空能带（导带）有部分交迭。这是金属材料具有良好导电性的根本原因。实际上，并不是所有价电子都能参与导电，只有被激发到费米能级以上的电子才能成为自由电子。给定能级 E 被电子所填充的概率由费米分布给出：

$$f(E) = \{ 1 - \exp[(E - E_f)/ kT]\}^{-1} \tag{4-1}$$

式中 k 是波尔兹曼常数，即 $8.63 \times 10^{-5} \text{eV/K}$。

不过，由于金属材料中存在大量价电子，即使只有一部分被激发，单位体积中的自由电子数目已相当多了。

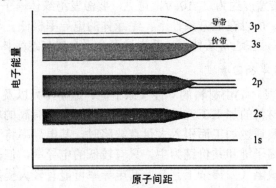

图 4-2 钠的能带结构示意图

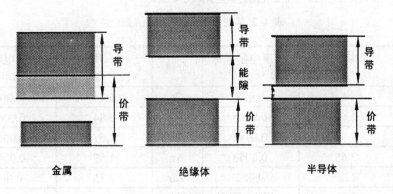

图 4-3 材料能带特征示意图

表 4-1 常用工程材料的导电率

材料	导电率，S/m
银	6.30×10^7
铜	5.85×10^7
铝	3.50×10^7
工业纯铁	1.07×10^7
不锈钢(301)	0.14×10^7
石墨	1×10^5
民用玻璃	2×10^{-5}
有机玻璃	$10^{-12} \sim 10^{-14}$
光学玻璃	$10^{-10} \sim 10^{-15}$
云母	$10^{-11} \sim 10^{-15}$
聚乙烯	$10^{-15} \sim 10^{-17}$

2.绝缘体和半导体的电子能带结构特点

在绝缘体和半导体材料中，被价电子所占据的最高能带（价带）和其上能量较高的空能带（导带）之间没有交迭。价带与导带之间被一个称为禁带的能量间隙 Eg 所隔开。绝缘体的禁带宽度约为 5~10eV，可见，要激发绝缘体原子中的价电子需要千伏以上的强电场作用。所以在通常条件下，绝缘体的电导率极低。半导体的禁带宽度比较窄，约为 0.2~3eV，在通常条件下，其电导率介于金属与绝缘体之间(图 4-3)。

3.影响材料电导率的因素

材料的电导率(表 4-1)由材料的本性（原子键、原子排列以及电子结构等）决定。此外，还与温度和材料的加工工艺过程有关。金属通常具有高的电导率，但当温度升高或由于合金化以及通过加工而引入大量点缺陷时，其电导率将下降。绝缘体和半导体由于原子键合以离子键和共价键为主，只有较低的电导率，但是在高温下，或通过引入适当形式的点缺陷（如掺杂工艺），其电导率可能有较大提高。因此，利用温度和加工工艺对电导率的影响，可以制造许多不同类型的电子器件。例如，热敏电阻可精确的用于指示从-273 到 450℃的温度变化(表 4-2)。

表 4-2 某些金属的温度电阻系数

金属	室温电阻率 $\times 10^{-6}$ $\Omega \cdot cm$	温度电阻系数 $\Omega \cdot cm$ / ℃	金属	室温电阻率 $\times 10^{-6}$ $\Omega \cdot cm$	温度电阻系数 $\Omega \cdot cm$ / ℃
Be	4	0.025	Co	6.24	0.006
Mg	4.45	0.0165	Ni	6.84	0.0069
Ca	3.91	0.0042	Cu	1.67	0.0068
Al	2.65	0.0043	Ag	1.59	0.0041
Cr	12.9	0.003	Au	2.35	0.004
Fe	9.71	0.0065			

4.1.2 超导性

有一些材料在很低的温度下其电阻会从某个值迅速下降到接近于零(图 4-4)，具有这种性能的材料称为超导体。使超导体的电阻变为零的温度称为临界温度，记为 Tc。临界温度依赖于作用于导体的磁场强度 H，高于临界磁场强度 Hc 的磁场可以完全抑制超导性(图 4-5)。超导体除了具有上述零电阻现象外，还有一个重要特性——抗磁性，即当温度处于 Tc 以下时，外加磁场完全被排除在超导体之外。这是由于在超导体表面产生的屏蔽电流使外磁场从超导体表面以指数形式衰减，这个现象称为迈斯纳效应。超导体有很重要的应用价值。静态超导磁体能产生一个恒定的磁场，强度很高但耗能很小，可应用于某些科学仪器设备中。用超导体传输电能时，功率损耗特别低，设备可以在很低的电压下进行工作。利用超导技术和半导体技术，在芯片上涂上超导薄膜，可制得高性能芯片。寻找高临界温度的超导材料是该研究领域中的主攻目标(表 4-3)。目前超导临界温度已突破室温，而且还在不断提高。

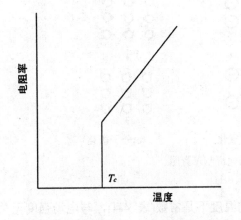
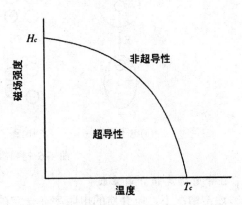

图 4-4 电阻率与温度关系曲线示意图　　图 4-5 磁场对超导临界温度的影响

表 4-3 某些金属和化合物的超导临界温度和临界磁场

金属	临界温度 K	临界磁场强度 Oe	化合物	临界温度 K
W	0.015	1.15	La_3Se_4	8.6
Ti	0.39	100	$SnTa_3$	8.35
Al	1.18	105	Nb_3Sn_2	16.6
Sn	3.72	305	GaV_3	16.8
Hg	4.15	411	$AlNb_3$	18
Pb	7.23	803	$(Al_{0.8}Ge_{0.2})Nb_3$	20.7
Nb	9.25	1970		

4.1.3 介电性

能把带电体分开并能长期经受强电场作用的绝缘材料叫介电材料或电介质。电介质的介电性都是由材料在外电场作用下的极化引起的。

1. 材料的极化

在外电场作用下，材料中出现不平衡电荷的现象称为极化。主要包括电子极化、离子极化和分子极化。

(1) 电子极化

是指在外电场作用下，由价电子云与原子核之间的相对位移而引起的极化。

(2) 离子极化

是指在外电场作用下，由离子之间的位移而引起的极化。

(3) 分子极化

某些材料含有固有的偶极子（具有不平衡电荷的原子或原子团）。在外电场作用下，偶极子向外加电场的方向转动，使得偶极子趋向于沿电场方向排列，称为分子极化。

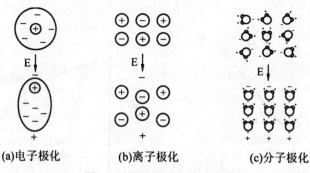

(a)电子极化　　(b)离子极化　　(c)分子极化

图 4-6　材料极化机制示意图

2.介电强度和介电系数

通常情况下，电介质的电阻率在一定的温度下是常数(表 4-4)，与电场强度无关。但是当电场强度较高时，由于有较多的价电子被激发进入导带，电介质的电阻率率会随着电场强度的增加而减小。当电场强度足够高时，通过电介质的电流强度是如此之大，以致使电介质实际上变成导体，甚至造成电介质的局部熔化、烧焦等，这种现象叫做介电击穿。造成电介质击穿的电场强度叫做介电强度，通常以 V/mm 单位表示。

表 4-4　某些介电材料的性质

材　　料	介 电 常 数			电阻率	介电强度
	60Hz	10^6Hz	10^8Hz	（Ω·m）	（V/m）× 10^6
聚甲醛	7.5	4.7	4.3	10^{10}	12
聚乙烯	2.3	2.3	2.3	10^{13}—10^{16}	20
铁氟隆	2.1	2.1	2.1		20
聚苯乙烯	2.5	2.5	2.5	10^6	20
聚氯乙烯（无定形）	7	3.4		10^{14}	40
聚氯乙烯（玻璃态）	3.4	3.4			
6，6—尼龙		3.3	3.2		
橡胶	4	3.2	3.1		20
环氧		3.6	3.3		
石蜡		2.3	2.3	10^{13}—10^{17}	10
融熔氧化硅	3.8	3.8	3.8	10^6—10^{10}	10
融溶石英		3.9			
钙钠玻璃	7	7		10^{13}	10
耐热玻璃	4.3	4		10^{14}	14
氧化铝	9	6.5		10^0—10^{12}	6
钛酸钡		3000		10^6—10^{13}	12
TiO₂		14—110		10^{11}—10^{10}	8
云母		7		10^{11}	40
水		78.3		10^{12}	
气体		1.0006—1.02		10^{11}	
真空		1			

介电系数(κ)定义为相对电容率，即材料的电容(ε)与真空电容(ε_o)之比。对于含有 n 个平板的电容器其电容为：

$$C = \varepsilon_o \kappa A (n-1) /d \tag{4-2}$$

式中 A——单个极板的面积；d——极板之间距离；$\varepsilon_o = 8.85 \times 10\text{-}12$ F/m。

电介质材料最主要的应用之一是作电容器的介质。通常要求电介质在工作条件下具有较大的介电系数、较小的介电损耗和极高的介电强度。许多陶瓷和聚合物材料都是良好的介电材料。电介质的另一项重要应用是作雷达天线罩的透波材料。这时要求材料的介电系数和介电损耗都很小。用非极性聚合物制成的泡沫和蜂窝材料很容易满足上述要求，是良好的透波材料。电介质的介电损耗也可以被利用来将电场能量转换为热能，来加热材料。例如高频模塑技术就是利用极性高分子材料在高频电场作用下，因热损耗而使它在几秒种之内升温到流动温度，在模腔中成型。这种加热方法的特点是热是在材料内部均匀产生的，不会发生普通加热方法中因聚合物导热性差而出现"外焦里嫩"的弊端。

4.1.4 铁电性

有一些离子晶体，含有固有的偶极子，即使没有外电场作用也能表现出很强的电偶极矩。这种能自发极化的材料叫铁电材料。材料的铁电性起源于晶胞中的永久偶极子。以最重要的铁电材料 $BaTiO_3$ 为例(图 4-7)，当温度低于 120℃时，位于晶胞中心的 Ti^{4+}离子和其周围的 O^{2-}离子发生相对移动，从而产生一个小的永久偶极子，也使得其晶体结构从立方变为四方。发生这一变化的临界温度（120℃）称为居里温度。铁电材料可作为信息存储材料和介电材料使用。图 4-8 是铁电材料铁电滞后回线示意图。铁电材料在外电场作用下，偶极子开始沿电场方向排列。当电场增大到 3 点时，所有偶极子排列整齐，达到饱和极化强度 P_s。随后，即使取消电场，由于偶极子之间的偶合作用，还保留着剩余极化强度 P_r（4 点），即材料得到永久极化。这种保持极化的能力可使铁电材料保存信息。为了使极化消除，必须加矫顽场强 E_c（5 点）。同理，进一步加大反向电场强度，将达到相反方向的饱和极化强度（6 点）。随着电场的继续变换，就可以得到一个完整的铁电滞后回线。

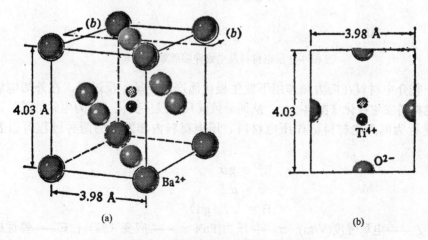

图 4-7 碳酸钡晶胞及偶极子示意图

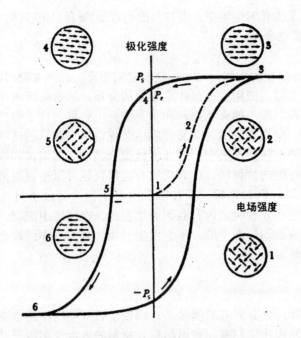

图 4-8 电场对极化强度和偶极子排列的影响

4.1.5 压电性和电致伸缩现象

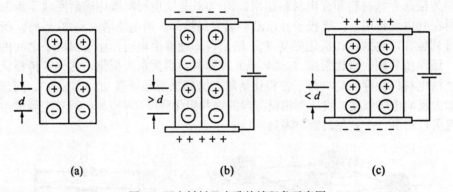

图 4-9 压电材料及电致伸缩现象示意图

有一些介电材料在应力场作用下发生极化而产生电场；反过来，在外加电场作用下使介电材料发生极化（图 4-9），从而导致其尺寸发生变化（称为电致伸缩），具有这种可逆行为的介电材料称作压电材料。压电材料内部发生的两种过程可以表述如下：

$$\xi = g\sigma \tag{4-3}$$
$$\varepsilon = d\xi \tag{4-4}$$
$$E = 1/(gd) \tag{4-5}$$

式中 ξ——电场强度(V/m)；σ——压力(Pa)；ε——应变（%）；E——弹性模量；g、d--常数(表 4-5)。

这类材料中最常见的有石英、钛酸钡、钛酸铅、氧化锌等。压电材料常用于各种换能传感器中。例如一定频率的声波在压电材料中引起某一应变，尺寸变化使之产生极化而形成电场，反之，电场被传输到另一块压电材料时，使其尺寸发生变化，从而还原声波(图 4-10)。

表 4-5 某些材料的压电常数 d

材　料	压电常数 d(m/V)
石英	2.3×10^{-12}
BaTiO$_6$	100×10^{-12}
PbZrTiO$_6$	250×10^{-12}
PbNb$_2$O$_6$	80×10^{-12}

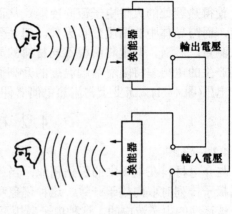

图 4-10 压电换能器示意图

4.1.6 热电效应

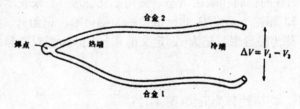

图 4-11 热电偶示意图

表 4-6 一些常用的热电偶

热　电　偶*	最高使用温度 （℃）	平均灵敏度 （mV/K）	温度范围(℃)
镍铬（90Ni-10Cr）- 镍铝(94Ni-2Al-3Mn-1si)	1250	0.014	0-1250
铁一康铜(55Cu-45Ni)	850	0.033	-200到-100
		0.057	0-850
铜一康铜	400	0.022	-200到-100
		0.052	0-400
铂铑（Pt-10%Rh）一铂（Pt）	1500	0.0096	0-1000
		0.0120	1000-1500
铂铑（Pt-13%Rh）一铂（Pt）	1500	0.0105	0-1000
		0.0139	1000-1500
镍铬—康铜	850	0.076	0-850
钨(W-3%Rc)-钨铼(W-25%Rc)	2500	0.0185	0-1500
		0.0139	1500-2500
铱姥（1r-40%Rh）—铱（1r）	2000	0.005	1400-2000

*各个热电偶的前一种金属或合金为正极，后一种为负极。

热学性能与电学性能的相互作用导致许多有益的效应。如电阻率随温度的变化，利用这一效应，可以用金属和半导体制成测温元件。尤其是半导体，其电阻率强烈依赖于温度，对低温和中温的测量精度很高。这类热敏元件应用很广。还有一类重要的热电效应。如果只对导体的一端加热，那么高温端电子的能量比低温端电子的高一些，使得热端处的大量电子流向冷端，从而在两端形成电压，这一电压取决于两端的温度，而与导体中的温度分布无关。但是只采用一根导体时，因热端温度很高，电压无法测量。然而，假定将两根不同材料的导体连接起来（称为热电偶），在两个导体之间产生的电势差将随着热端温度的升高而增大。我们利用电位差计可以方便地测量这一电压(图 4-11)。工业上常用热电偶器件来测量或控制温度(表 4-6)。

4.2 磁性能

4.2.1 磁化

与介电材料在电场中的极化相似，当磁性材料在磁场作用下，使感生的或固有的磁偶极子排列时取向趋于一致，这种现象称为磁化。磁偶极子主要是由于原子中环绕原子核运动的电子造成的。这种电子磁矩又分为轨道磁矩和自旋磁矩。

4.2.2 磁化率和磁导率

为了描述材料磁性的强弱和磁化状态，常用磁化强度 M 来表示，即单位体积内的总磁矩。磁化强度 M 和磁场强度 H 的比值，称为磁化率，记为 χ。磁感应强度 B 与磁场强度 H 的比值，称为磁导率，记为 μ。定义 $\mu_r = \mu / \mu_0$ 为相对磁导率（其中 μ_0 为真空磁导率）。

4.2.3 磁性分类

根据 χ 和 μ_r 大小，将磁性分为五类(图 4-12)。

1. 逆磁性

$\chi < 0$ 和 $\mu_r < 1$，磁化强度 M 与磁场强度 H 方向相反。根据楞次定律，由磁场感生的磁矩必与原磁场的方向相反，所以磁化率小于零。

2. 顺磁性

$\chi > 0$ 和 $\mu_r > 1$，磁化强度 M 与磁场强度 H 方向相同。

3. 铁磁性

$\chi \gg 0$ 和 $\mu_r \gg 1$，铁磁性和逆磁性及顺磁性相比是一种很强的磁性。工业上广泛应用的磁性材料主要是铁磁性材料。铁磁材料只有在铁磁居里温度(θ_f)以下才具有铁磁性。在以 θ_f 上，铁磁材料转变为顺磁性。

4. 反铁磁性

$\chi > 0$（一般为 $10^{-5} \sim 10^{-3}$）和 $\mu_r \gg 1$，即材料在磁场作用下，尽管每个偶极子的强度很高，但相邻的偶极子所生成的磁矩彼此沿相反方向排列，其磁化强度为零。铁磁性和反铁磁性的区别就在于相邻偶极子的相互作用，一个是相互增强，另一个是相互抵消。

5. 亚铁磁性

$\chi \gg 0$ 和 $\mu_r \gg 1$，亚铁磁性也是由于各种原子的磁矩倾向于反平行排列，这点类似于反铁磁性，但是，亚铁磁材料的相邻偶极子的磁矩没有彼此完全抵消，即有净余磁矩。亚铁磁材料在低于某一临界温度(称为奈尔温度)以下的行为很像铁磁材料，而高于此临界温度时则转变为顺磁体。铁氧体是一类特别重要的亚铁磁材料。

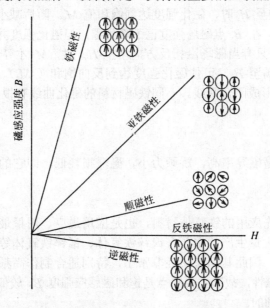

图 4-12 不同磁性材料的磁感应强度 B 与磁场强度 H 的关系曲线示意图

4.2.4 磁化曲线

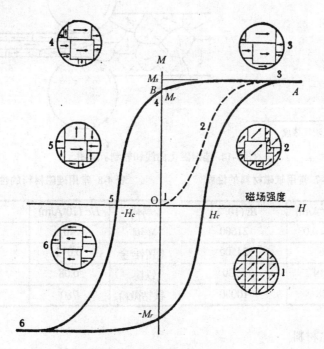

图 4-13 磁性材料磁滞回线示意图

图 4-13 是一个典型的磁化曲线，表示磁化过程中磁化强度 M（或磁感应强度 B）和磁场强度 H 的变化关系。曲线 OA 表示对未磁化的铁磁材料施加磁场，随着 H 增加 M 不断增加。当 H 增至 H_s 时，磁化强度达到饱和值 M_s。随后减小磁场，但磁化强度将沿着曲线 AB 变化，在 B 点磁场强度已下降到零，但磁化强度并未完全消失，称之为剩余磁化强度 M_r。只有当磁场沿相反方向增至-Hc 时，M 才等于零，H_c 称为矫顽力。继续增加反向磁场至-H_s，可使磁化强度达到反向饱和（-M_s）。若把磁场再由-H_s 增至 H_s，磁化过程将形成闭合回线。不同铁磁材料的磁化曲线有很大差别。

4.2.5 磁性材料

1.软磁材料

软磁材料的特点是磁导率高，矫顽力小，磁滞损耗低，即它的磁滞回线呈细长条状。

(1) 软磁铁氧体

是近代技术中最先应用的铁氧体材料，也是应用最广、用量最大、经济价值最高的铁氧体材料。目前大量生产的主要有镍锌铁氧体、锰锌铁氧体等。软磁铁氧体的突出优点是电阻率很高，因此其涡流损耗非常小，特别适合制作高频变压器的铁芯。软磁铁氧体材料属亚铁磁性，故其主要缺点是饱和磁感应强度 Bs 较低，这对用作转换或贮存能量的磁芯是不利的。

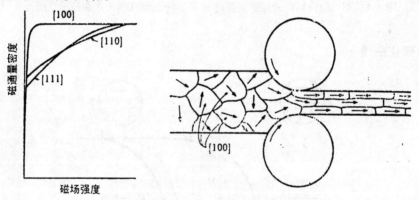

图 4-14 硅钢磁化曲线和轧制示意图

表 4-7 常用软磁材料的性质

材料	Hc (10^2A/m)	Bs (10^{-4}T)
纯铁	0.008 ~ 0.03	21600
铁钴	1.6	24500
铁铝	0.014	6930
铁镍	0.08	10000

表 4-8 常用硬磁材料的性质

材料	Hc (10^2A/m)	Br (10^{-4}T)
碳钢	40	9500
铝铝合金	0.014	6930
铁镍	0.08	10000
铁钴微粉	780	10800

(2) 金属软磁材料

其电阻率较低，这就限制了它在较高频段内的应用。它的优点是饱和磁感应强度 Bs 和磁导率都较高。例如常用的硅钢，在轧制过程中形成织构，即晶粒呈现择优取向，通常是<100>方向与轧制方向平行(图 4-14)。由于硅钢在<100>方向最易磁化，使这种织构材料的磁滞回线和能量损耗都比较小。铁镍合金也具有类似的性能(表 4-7)。

近年来非晶态金属软磁材料已进入实用化阶段，它具有工艺简单、成本低、电阻率和导磁率高、涡流损耗小等优点。

2. 硬磁材料

永磁材料具有高的剩余磁感强度、高的矫顽力，这必然导致有很大的磁滞损耗，即它的磁滞回线的闭环面积较大。具有这些特征的磁性材料称为硬磁材料(表 4-8)。

4.3 热性能

材料在受热时，有三个重要的效应--材料的吸热、传热和热膨胀。

4.3.1 热容

第一个效应用热容 C_p 来描述，定义为 1mol 固体温度升高 1K 所需要的热量。对大多数固态材料的热容量是一个常数，约为 25.1J/mol·K。但在工程计算时，常采用每克物质的热容量--比热，不同材料的比热数值差距很大。实际上，热容并不是常数，特别是在低温下，它是温度的函数(图 4-15)。

4.3.2 热导率

第二个效应用热导率来描述，即取两个相距 1cm，面积为 1cm^2 的平行平面，如果这两个平面的温度相差 1K，则在 1 秒内从一个平面传导到另一个平面

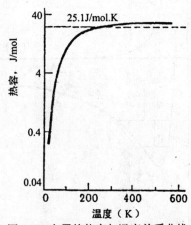

图 4-15 金属的热容与温度关系曲线

的热量定义为热导率，单位为 J/cm·s·K。热导率是由载流子（如自由电子和光子）

表 4-9 常用材料 27℃时热导率

材　　料	热 导 率 （cal/cm·s·K）	材　　料	热 导 率 （cal/cm·s·K）
Al	0.57	灰口铁	0.19
Cu	0.96	3003 铝合金	0.67
Fe	0.19	黄铜	0.53
Mg	0.24	Cu-30%Ni	0.12
Pb	0.084	Ar	0.000043
Si	0.36	C（石墨）	0.80
Ti	0.052	C（金刚石）	5.54
W	0.41	钙钠玻璃	0.0023
Zn	0.28	透明氧化硅	0.0032
Zr	0.054	耐热玻璃	0.0030
1020 钢	0.24	耐火粘土	0.00064
铁氧体	0.18	碳化硅	0.21
渗碳体	0.12	6，6-尼龙	0.29
304 不锈钢	0.072	聚乙烯	0.45

的运动造成的。可以预料具有高的电导率的材料也有良好的热导率。如果加入合金元素，象电导率一样，热导率也迅速下降。常用工程材料的热导率见表 4-9。

4.3.3 热膨胀

第三个效应用线膨胀系数来描述，热膨胀系数定义为每升高 1K，在单位长度上的长度变化量，单位为 K^{-1}。热膨胀是基于这样的事实而发生的，即原子间的平衡间距是随温度而变化的(图 4-16)。原子间的结合力愈大，原子间的平衡间距变化愈小(图 4-17)。因此，以共价键和离子键为主的材料的热膨胀系数最小。金属居中，而具有范德瓦尔键的聚合物热膨胀系数最高。常用材料的热膨胀系数见表 4-10。

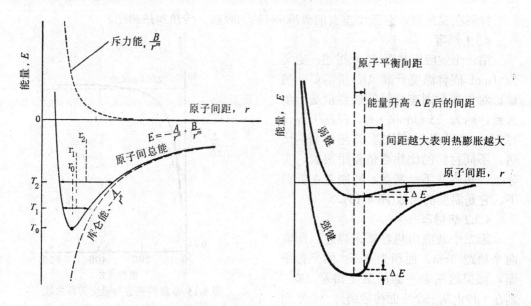

图 4-16 原子能量与平均间距示意图   图 4-17 键能与平均间距示意图

表 4-10 常用材料 300K 时的线膨胀系数[单位，10^{-6}/K]

材料	铝	铜	铁	304不锈钢	石英玻璃	玻璃	云母	天然橡胶
线膨胀系数	24	18	14	17.3	0.05	7.2	40	670

4.4 光学性能

材料在与特征光谱或连续光谱的光子发生交互作用时，表现出一些很有应用价值的光学性能。

4.4.1 吸收和透射

入射光子与材料作用时，如果光子不具有使电子激发到更高能级的能量，那么光子可以透过材料而不被吸收，这种材料就是透明的。光子是透射材料还是被吸收，这取决于光子能量和导带与价带间的能隙的关系。金属没有能隙，所以除非是异常薄的金属片，几乎所有的光子都被吸收，即金属是不透明的。简单的高纯度陶瓷和聚合物具有较大的能隙，甚至对于高能光子，包括可见光，都是透明的。透射的程度还依赖于原子的排列方式。非晶态材料（如玻璃）、简单的聚合物，可能是透明的，但是，在结晶状态下，光子还可能和晶体结构发生交互作用，因而光子至少是部分地被吸收了。

4.4.2 折射和反射

当光子透过材料时会损失一些能量，其波长略有增大，光子束的传播方向发生偏转。定义折射率(n)

$$n = \sin\alpha/\beta \tag{4-6}$$

如图 4-18 所示。易于极化的材料，如介电材料，具有高的折射率。密度高的材料也有比较大的折射率。

如果材料表面光滑而且入射光子能量不高，入射光子的一部分将从材料表面反射出去，反射率(R)与折射率存在如下关系：

$$R = [(n-1)/(n+1)]^2 \times 100\% 。 \tag{4-7}$$

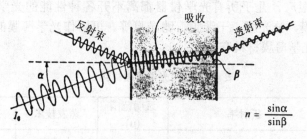

图 4-18 光的折射和反射示意图

4.4.3 光学材料

1. 光导纤维

光在光导纤维中传播的基本原理是全反射(图 4-19)。光导纤维制品的种类繁多，且发展迅速，不断有新产品出现。从材料性质来分，有玻璃纤维和塑料纤维两种。从形状上有可挠纤维和不可挠纤维之分。从性能来看，又分为传光纤维和传像纤维两大类。例如近年来，普遍要求光导纤维透过的光谱范围扩展到紫外线与红外线。目前透过紫外线和红外线的纤维都已研制成功。一些红外线纤维的主要性能参数见表 4-11。

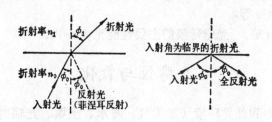

图 4-19 全反射示意图

表 4-11 红外线纤维材料的性质

	透过波长范围 （μ）	折射率	软化点 （℃）	膨胀系数 %×10⁻⁶
镧 玻 璃	4.4~5	1.79	730	8.7
锗 玻 璃	0.4~5	1.82	770	—
铝 钙 玻 璃	0.4~5	1.65	玻璃失透	9.3
R6 玻 璃	0.35~4	1.52	700	9.2
砷硫玻璃:芯料	1.5~12	2.48	210	25.7
涂 层 料	1.5~12	2.35	180	30
砷硒碲玻璃	1~13	2.8	150	20
锗砷碲玻璃	2~20	3.2	400	12

2. 光学薄膜

光学薄膜应用很广，几乎所有光学仪器都离不开各种性能的光学薄膜，如增透膜、反射膜、偏振膜、分光膜、干涉膜、滤光膜等。可用作光学薄膜的材料很多，不下百余种。常用的光学薄膜材料有：

表 4-12 常用光学薄膜材料

物质	折射率	透明范围 （μ）	蒸发技术	熔 点 （℃）
Al_2O_3	1.62(0.6 μ)	0.2~7	电子束	2050
Sb_2O_3	2.04(0.5 μ)	0.3~7	铂 舟	656
Bi_2O_3	2.45(0.55 μ)	0.4	铂 舟	817
CeO_2	2.2(0.55 μ) 2.45(0.55μ,基温 350°) [1. 95(1 μ)] [2.0(0.5 μ)]	0.4~16	钨 舟	1950
CaF_2	1.32(0.55 μ)	0.12~12	钼 舟	1360
SiO_2	1.46(0.55 μ)	0.2~8	电子束	1750

(1) 化合物：如 Al_2O_3、TiO_2、CaF_2、ZnS 等
(2) 半导体：Si、Ge 等
(3) 金属：Al、Cu 等。 光学薄膜的主要性能见表 4-12。

4.5 腐蚀与氧化

大多数材料在应力和外界环境（如大气、海水、土壤、光辐射、高温）作用下，其性能会逐渐恶化，甚至完全失效。主要表现形式为腐蚀与氧化。

4.5.1 耐腐蚀性

1.腐蚀概念

腐蚀是一种极其广泛和常见的现象，如钢件生锈就是人们最熟悉的一个例子(图 4-20)。腐蚀形式有：

(1)化学腐蚀

是指材料与环境介质直接发生化学反应。例如发动机燃烧室受燃气腐蚀、液压管道受洒精和甘油的腐蚀、陶瓷在熔盐中的腐蚀等。

(2)电化学腐蚀

是指材料在电解液中由于形成微电池而引起的腐蚀。例如钢中存在铁素体和渗碳体时，由于这两个相的电极电位不同，而构成了一对电极，当钢表面吸附水蒸气形成水溶液膜后就构成了一个完整的微电池，便发生了电化学腐蚀(图 4-21)。这是材料腐蚀的主要形式。

(3)腐蚀过程中的阴极反应

①氢电极：在无氧的酸性溶液中，阴极反应是析出氢气，

$$2H^+ + 2e^- \rightarrow H_2\uparrow \tag{4-8}$$

②氧电极：在混有空气的水中，阴极可以获得氧气，从而形成氢氧根离子，

$$O_2 + 2H_2O + 4e^- \rightarrow 4OH^- \tag{4-9}$$

③水电极：在含有氧的酸性溶液中，阴极反应的产物是水，

$$O_2 + 4H^+ + 4e^- \rightarrow 2H_2O \tag{4-10}$$

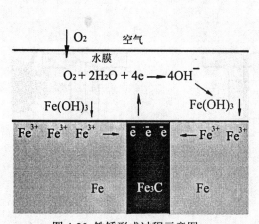

图 4-20 铁锈形成过程示意图

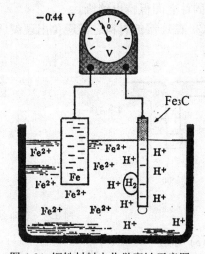

图 4-21 钢铁材料电化学腐蚀示意图

在电镀过程中镀于阴极之上的金属总量，或在腐蚀过程中金属损失的总量都可以根据法拉第方程确定：

$$\omega = ItM/(nF) \tag{4-11}$$

式中 ω —— 单位时间内镀层重量或腐蚀掉的金属重量(g/s)；I —— 电流(A)；M——金属的原子量；n——金属离子价数；t——时间(s)；F——法拉第常数，96500C。

为确定电镀的速率，只需调整电镀时的电流。然而，腐蚀速率往往较难控制和测量。

2. 两极的形成方式

经常由以下原因在材料中形成电极电位不同的两极：

(1) 两种连接在一起的不同材料(图 4-22)

(2) 材料中存在两种不同相或成分偏析区域与基体

(3) 材料中存在局部残余应力

通常高应力区呈阳极，低应力区呈阴极。与之相似，当晶粒不均匀时，具有较细晶粒的区域呈阳极，具有较粗晶粒的区域呈阴极。

(4) 电解质溶液中存在浓度差异

通常与高浓度的溶液相接触的金属呈阴极，与低浓度溶液相接触的金属呈阳极。

3. 提高耐腐蚀性途径

（1）合金化

工程上通过合金化来达到以下目的：

① 形成单相合金。

② 减小多相合金中组成相间的电极电位差。

③ 使材料表面钝化。例如形成致密的氧化膜。

（2）结构设计

此外，从结构设计方面可采取如下方法：

① 防止形成闭合回路。例如，当钢管与铜紧固件连接时，可使用塑料等使钢管与铜紧固件之间保持电绝缘。

② 在连接的材料之间避免出现裂缝。

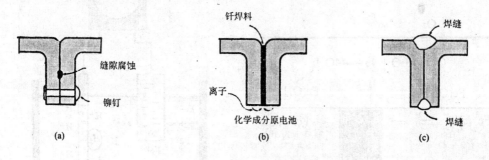

图 4-22 两种金属的连接与腐蚀示意图

(3) 涂层

涂层用来隔绝阳极区域与阴极区域。常用的有油脂、油漆、陶瓷以及金属镀层。

(4) 阴极保护

(5) 材料的选择与热处理

通过选择适当的材料与适合的热处理制度，可以防止或减缓腐蚀。例如铸件中的偏析会导致形成细小的电化学微电池，可以通过均匀化处理（扩散退火）来改善耐腐蚀性能。当利用塑性加工使金属变形时，冷变形总量和残余应力的差异导致产生局部的应力原电池，这可通过去应力退火或再结晶退火来提高耐腐蚀性。当奥氏体不锈钢从 870℃缓慢冷却至 425℃时，铬的碳化物会在晶界上析出，同时使晶界附近产生铬的贫化带，这种现象称为敏化。由于铬的碳化物与铬的贫化带之间电极电位相差较大，导致沿晶界快速腐蚀，即产生所谓的晶间腐蚀。可采用多种方法来防止或减缓晶间腐蚀，例如，控制钢中的含碳量（低于0.03%）或添加钛、铌以阻止在晶界形成铬的碳化物；在热处理时也可采用快冷的方式来阻

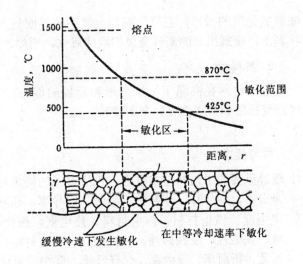

图 4-23 不锈钢焊缝冷速与敏化关系示意图

止铬的碳化物的析出。不锈钢焊接时，在热影响区也可能出现敏化现象(图 4-23)。

4.5.2 耐热性

1. 热稳定性

是指材料在高温下的抗氧化性。例如加热炉内的一些元件要求有高的热稳定性。金属在高温下可与氧反应，在表面生成氧化物薄膜。

$$n\mathrm{M} + m\mathrm{O}_2 \rightarrow \mathrm{M}_n\mathrm{O}_{2m} \tag{4-11}$$

定义皮令-别得沃斯比率（Pilling-Bedworth ratio）为：

$$P\text{-}B\text{ 比率} = M_{\text{氧化物}}\rho_{\text{金属}}/(nM_{\text{金属}}\rho_{\text{氧化物}}) \tag{4-12}$$

式中 M ——原子量或分子量； ρ ——密度； V ——体积； n ——方程（4-11）所定义的氧化物中金属原子的数目。

氧化膜的类型决定了氧化反应的速率以及金属是否会发生钝化。根据氧化物与金属的相对体积差异，可将氧化物分为三类(图 4-24)：

(1)多孔型

氧化物与金属的体积比率大于 1，此时，氧化膜呈多孔状，例如，镁的氧化膜。

(2)致密型

氧化物与金属的体积比率接近 1，此时，形成一种附着力强，无孔的，具有保护性能的氧化膜，例如，铝或铬的氧化膜。

(3)剥落型

氧化物与金属的体积比率小于 1，此时，刚形成的氧化膜具有钝化作用，然而，

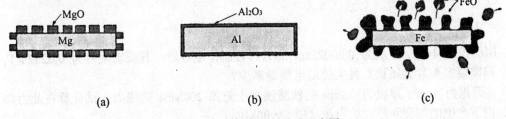

(a)　　　　　　　　　(b)　　　　　　　　　(c)

图 4-24 三种典型氧化膜示意图

随着氧化膜的增厚，在氧化膜与金属间的界面处产生很大的内应力，导致氧化膜呈片状剥落，裸露出来的新鲜金属则继续氧化。例如，铁的氧化膜属于此种类型。

2. 热强性

是指材料在高温下抵抗变形和断裂的能力。它是通过蠕变试验测试的性能指标（蠕变极限和持久强度）来衡量。

学习要求

1. 理解重要的术语和基本概念，包括电子的能级与能带、费米能级、价带、导带、费米分布、绝缘体、半导体、禁带、电导率、超导体、电阻率、介电材料、极化、介电强度、铁电材料、压电材料、热电偶、磁化、磁化率、磁导率、逆磁性、顺磁性、铁磁性、反铁磁性、亚铁磁性、软磁材料、硬磁材料、热容、热导率、线膨胀系数、折射率、反射率、光导纤维、腐蚀、氧化等。
2. 熟悉描述材料电、磁、光、热性能的主要指标及影响因素。

小结

电导率对原子结构、原子键合类型和材料加工工艺特别敏感。通常金属都具有高的电导率，但当温度升高或由干合金化以及加工而引入点缺陷时，其电导率将下降。半导体和绝缘体，其原子键合以离子键和共价键为主，因而只有较低的电导率。但是在高温下，或通过引入适当形式的点缺陷(如掺杂工艺)，其电导率可以得到提高。利用温度和结构对电导率的影响，可以制造不同类型的电子器件。

介电性和磁性能依赖于材料存储电荷或保持磁化的能力。若材料中存在可控的永久偶极子时，材料的这种能力就会得到提高。改变微观结构、温度和加工工艺等都可以影响偶极子的状态，从而得到多种优异的介电性和磁性能。

材料的光、热性能都依赖于辐射或原子结构及原子排列间的交互作用。因此，通过改变材料的成分和加工工艺可以改变原子的排列，从而会对部分性能产生影响。然而，原子结构通常是不易改变的，所以某些性能，例如热膨胀系数、热容等，都是固定不变的。

课堂讨论题

1. 铝的晶格常数为 4.0496×10^{-8} cm，试计算 $1cm^3$ 的纯铝中，2s 能带共有多少能级。
2. 试计算 27℃时(a)金刚石;(b)硅;(c)锗;(d)锡中电子跃迁到导带的概率。

习题

1. 用面积为 $1cm^2$，厚度为 0.00025cm 的云母片制作电容器，若要求电容为 0.0252 μF，问需要多少片金属板？最大使用电压是多少？
2. 在面积为 $1cm^2$，厚度为 0.2cm 的钛酸钡片上施加 200Mpa 的应力，试计算在此力作用下产生的应变和形成的电压（E=68900MPa）。

3. 根铝丝受的拉应力，问要得到同样的伸长需要升高多少度。（E=70300MPa）

4. 据经典热容值 6cal/mol 推算铝、铁、硅的比热，并和实测值进行比较。

5. (铝、铁、硅比热实测值分别为 0.215; 0.106; 0.168cal/g·K)。

6. 铝铸件在 660℃凝固，此时铸件长 25cm，当铸件冷到室温(27℃)时，其长度是多少?

7. 用 10A 电流将铜镀在 1cm(1cm 阴极的一侧，试计算(a)每小时铜镀层的重量；(b)使铜镀层达到 0.2mm 厚度所需要的时间。

8. 试描述氧化铝膜的特点，并与氧化钨膜进行比较。（M 氧化铝=101.96; ρ氧化铝 =4g/cm³; M 铝=26.98; ρ铝 = 2.7g/cm³; M 氧化钨 = 231.85; ρ氧化钨 = 7.3g/cm³; M 钨 = 183.85; ρ钨 = 19.254g/cm³。

第五章 工程材料的强化理论

实际使用的结构材料一般是多晶体。从影响强度的各种因素看，最常见的强化方法有形变强化、固溶强化、第二相强化和细晶强化。材料的实际强化措施，如钢中的马氏体强化等，往往是上述强化手段的综合。

5.1 形变强化

金属材料经塑性变形后，其强度和硬度升高，塑性和韧性下降，这种现象称为形变强化。

5.1.1 金属的塑性变形

工程上应用的金属材料通常是多晶体。多晶体的变形与组成它的每一个晶粒的变形行为有关，所以，首先介绍单晶体金属的塑性变形。

1. 单晶体塑性变形

(1) 变形基本方式

如果将表面抛光的单晶体金属试样进行拉伸，在试样的表面上会出现许多相互平行的线条，这些线条称为滑移带。对变形后的晶体进行射线结构分析，发现在滑移带两倾晶体的结构类型和晶体取向均未有改变，只是其中一部分晶体相对于另一部分沿着某一晶面和晶向发生相对滑动，这种变形方式称为滑移，它是金属塑性变形的最基本方式。

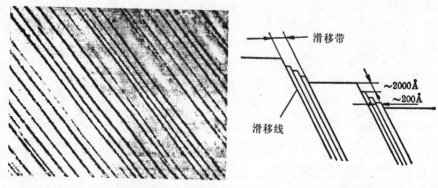

图 5-1 铜拉伸试样表面滑移带   图 5-2 滑移带示意图

(2) 滑移系

在塑性变形试样中出现的滑移带的排列并不是任意的，这表明金属中的滑移是沿着一定的晶面和晶面上一定的晶向进行的，这些晶面称为滑移面，晶向称为滑移方向。一个滑移面和此面上的一个滑移方向结合起来组成一个滑移系。滑移系与金属的晶体结构类型有关。表 5-1 为典型晶体结构的滑移系。可见，滑移面通常是晶体中原子排列最密的晶面，而滑移方向则是原子排列最密的晶向。在其它条件相同时，金属晶体中滑移系愈多，该金属的塑性愈好。

表 5–1 三种常见金属晶体结构的滑移系统

晶体结构	体心立方结构		面心立方结构		密排六方结构	
滑移面	{110}		{111}		{0001}	
滑移方向	⟨111⟩		⟨110⟩		⟨11−20⟩	
滑移系数目	6×2＝12		4×3＝12		1×3＝3	

（3）滑移的临界分切应力

实验表明，晶体的滑移是在切应力作用下进行，而且只有当外力在某一滑移系中的应力达到一定的临界值时，在这一滑移系上晶体才发生滑移，称该临界值为滑移的临界分切应力(图 5-3)，记为 τ_c。

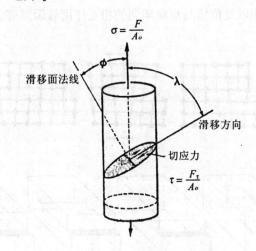

图 5–3 滑移系统上分切应力示意图

$$\tau_c = \sigma_s \cos\lambda \cdot \cos\phi \tag{5-1}$$

式中 λ —— 拉力 F 与滑移方向的夹角；

ϕ —— 拉力 F 与滑移面的夹角；

临界分切应力的大小取决于金属的本性(表 5-2)，而与外力的大小无关。$\cos\lambda \cdot \cos\phi$ 称为取向因子。单晶体的屈服强度将随着取向因子的变化而变化。

表 5–2 高纯度金属晶体室温滑移系统及临界剪应力

金属	Ag	Al	Cu	Ni	Fe	Nb	Ti	Mg	
滑动面	{111}	{111}	{111}	{111}	{110}	{110}	{1010}	{0001}	{1011}
滑动方向	⟨110⟩	⟨110⟩	⟨110⟩	⟨110⟩	⟨111⟩	⟨111⟩	⟨1120⟩	⟨1120⟩	⟨1120⟩
临界剪应力, MPa	0.47	0.79	0.98	5.68	27.44	33.8	13.7	0.81	3.92

(4) 滑移的位错机制

理论和实验都已证明，在实际晶体中存在着位错。晶体的滑移不是晶体的一部分相对于另一部分同时作整体的刚性移动，而是通过位错在切应力作用下沿着滑移面逐步移动的结果。当一条位错线移到晶体表面时，便在晶体表面留下一个原子间距的滑移变形(图 5-4)。如果有大量位错按此方式不断滑过晶体，就会在晶体表面形成滑移带。可见，滑移的临界分切应力实际上是滑移面内位错移动时所需要的力。其大小取决于位错移动时所克服的阻力。对单晶体而言，取决于点阵阻力（与原子键合、晶格类型有关），理论计算表明：

$$\tau_c = [2G/(1-\upsilon)]e^{-2\pi a/[(1-\upsilon)b]} \tag{5-2}$$

式中：G —— 弹性模量；

υ —— 泊桑比；

a —— 滑移面的晶面间距；

b —— 滑移方向上的原子间距。

此外，还与位错间以及位错与点缺陷间的相互作用等因素有关。

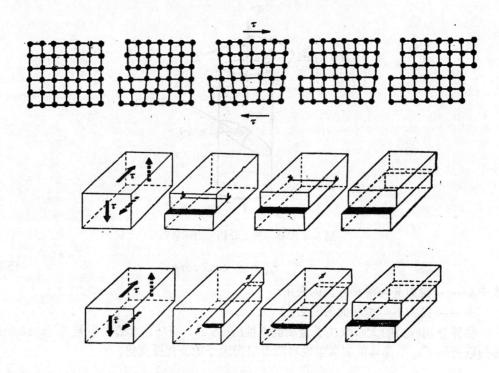

图 5-4 滑移的位错机制示意图

(5) 孪生

当金属晶体滑移变形难以进行时，其塑性变形还可能以生成孪晶的方式进行，称为孪生。例如滑移系较少的密排六方晶格金属易以孪生方式进行变形(图 5-5、5-6)。

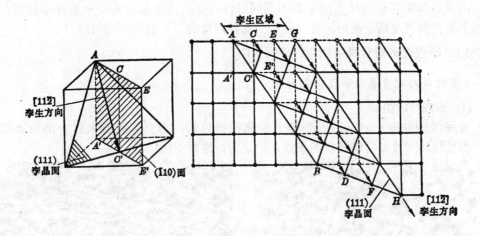

图 5-5 面心立方晶体孪生变形过程示意图

图 5-6 钛合金六方相中的形变孪晶

图 5-7 多晶体塑性变形不同时性示意图

2. 多晶体塑性变形特点

(1) 塑变不同时性

多晶体由位向不同的许多小晶粒组成，在外加应力作用下，只有处在有利位向（取向因子最大）的晶粒的滑移系才能首先开动，周围取向不利的晶粒中的滑移系上的分切应力还未达到临界值，这些晶粒仍处在弹性变形状态(图5-7)。

(2) 塑变协调性

由于多晶体的每个晶粒都处于其它晶粒的包围之中，因此，它的变形必须要与其邻近晶粒的变形相互协调，否则就不能保持晶粒之间的连续性而导致材料的断裂。这就要求相邻晶粒中取向不利的滑移系也参与变形。多晶体的塑性变形是通过各晶粒的多系滑移来保证相互协调性。根据理论推算，每个晶粒至少需要有五个独立滑移系。因此，滑移系较多的面心立方和体心立方金属表现出良好的塑性，而密排六方金属的滑移系少，晶粒之间的变形协调性很差，故塑性变形能力低。

(3) 塑变不均匀性

由多晶体中各个晶粒之间变形的不同时性可知，每个晶粒的变形量各不相同，而且由于晶界的强度高于晶内，使得每一个晶粒内部的变形也是不均匀的。

5.1.2 塑性变形对金属组织与性能的影响

1. 塑性变形对金属组织结构的影响

(1) 形成纤维组织

金属经塑性变形时，沿着变形方向晶粒被拉长。当变形量很大时，晶粒难以分辨，而呈现出一片如纤维丝状的条纹，称之为纤维组织(图 5-8)。

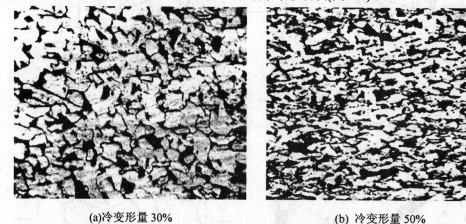

(a)冷变形量 30%　　　　　　　　(b) 冷变形量 50%

图 5-8 低碳钢冷塑性变形后的显微组织

(2) 形成形变织构

随着变形的发生，还伴随着晶粒的转动。在拉伸时晶粒的滑移面转向平行于外力的方向，在压缩时转向垂直于外力方向。故在变形量很大时，金属中各晶粒的取向会大致趋于一致，这种由于变形而使晶粒具有择优取向的组织叫形变织构。如图 5-9 所示。

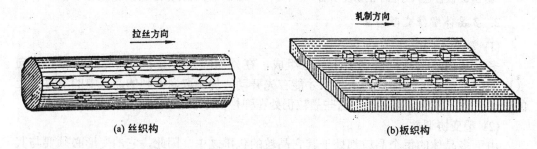

(a) 丝织构　　　　　　　　　　(b)板织构

图 5-9 形变织构示意图

(3) 亚结构细化

实验表明，冷变形会增加晶粒中的位错密度。随着变形量的增加，位错交织缠结，在晶粒内形成胞状亚结构，叫形变胞(图 5-10)。胞内位错密度较低，胞壁是由大量缠结位错组成。变形量越大，则形变胞数量越多，尺寸越小。

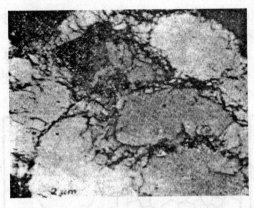

图 5-10 经 5%冷变形的纯铝中的位错网络

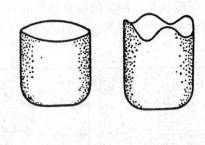

图 5-11 各向异性导致的"制耳"

(4) 点阵畸变严重

金属在塑性变形中产生大量点阵缺陷（空位、间隙原子、位错等），使点阵中的一部分原子偏离其平衡位置，而造成的晶格畸变。在变形金属吸收的能量中绝大部分转变为点阵畸变能。点阵畸变引起的弹性应力的作用范围很小，一般为几十至几百纳米，称之为第三类内应力。由于各晶粒之间的塑性变形不均匀而引起的内应力，其作用范围一般不超过几个晶粒，称之为第二类内应力。第三、第二类内应力又称为微观内应力。而宏观内应力是由于金属工件各部分间的变形不均匀而引起的，其平衡范围是整个工件。

2. 塑性变形对金属力学性能的影响

(1) 呈现明显的各向异性(图 5-11)

主要是由于形成了纤维组织和变形织构。

(2) 产生形变强化

变形过程中，位错密度升高，导致形变胞的形成和不断细化，对位错的滑移产生巨大的阻碍作用，可使金属的变形抗力显著升高，这是产生形变强化的主要原因。

3. 塑性变形对金属物理、化学性能的影响

经过冷塑性变形后，金属的物理性能和化学性能也将发生明显的变化。通常使金属的导电性、电阻温度系数和导热性下降。塑性变形还使导磁率、磁饱和度下降，但矫顽力增加。塑性变形提高金属的内能，使化学活性提高，耐腐蚀性下降。

5.1.3 变形金属在加热时组织与性能的变化

1. 回复和再结晶

经冷变形后的金属吸收了部分变形功，其内能升高，主要表现为点阵畸变能增大（位错和点缺陷密度高），处于不稳定状态，具有自发恢复到变形前状态的趋势。一旦受热（例如加热到 $0.5T_{熔}$ 温度附近），冷变形金属的组织和性能就会发生一系列的变化，可分为回复、再结晶和晶粒长大三个阶段(图 5-12)。

(1) 回复

在这一阶段低倍显微组织没有变化，晶粒仍是冷变形后的纤维状。此时，金属的

机械性能，如硬度、强度变化不大，塑性略有提高，宏观内应力基本消除，但某些物理、化学性能发生明显变化，如电导率显著增大，应力腐蚀抗力提高。

一般认为，回复阶段点缺陷的密度显著下降，而位错密度变化不大，位错只是由缠结状态改变为规则排列的位错墙（构成小角亚晶界），位错组态、分布的这一变化过程称为多边化。

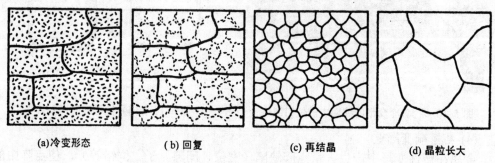

| (a)冷变形态 | (b) 回复 | (c) 再结晶 | (d) 晶粒长大 |

图 5-12 冷变形金属在加热时组织变化示意图

在生产中对冷加工的零件，为了保持加工硬化状态，降低内应力，以减轻变形和翘曲，通常采用去应力退火即回复退火。例如用冷拉钢丝卷制弹簧时，在卷成之后要在 260℃左右进行退火，以降低内应力并使之定型，而硬度、强度基本保持不变。此外，降低铸件和焊接件中的内应力，防止变形、开裂也是通过回复退退火来实现的

(2)再结晶

在这一阶段开始在变形组织的基体上产生新的无畸变的晶核，并迅速长大形成等轴晶粒，逐渐取代全部变形组织。经过再结晶后，冷变形金属的强度、硬度显著下降，塑性、韧性显著提高，微观内应力完全消除。可见加工硬化状态消除，金属又基本上恢复到冷变形之前的性能。

实验观察表明，金属的再结晶过程是通过形核和长大方式完成的。但没有形成新相，这点与结晶不同，它不是相变过程。再结晶过程也不是一个恒温过程，而是自某一温度开始，随着温度的升高和保温时间的延长而逐渐形核、长大的连续过程。因而再结晶温度是指冷变形金属开始进行再结晶的最低温度。通常定义为变形量很大(≥70%)的金属在1h 的保温过程中，能够完成再结晶的最低温度。大量实验表明(表 5-3)，再结晶温度 $T_{再}$ 与熔点 $T_{熔}$（以绝对温度表示）之间存在如下近似关系：

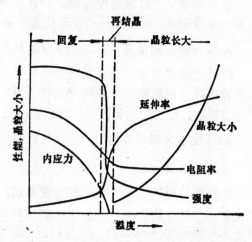

图 5-13 退火温度对冷变形金属性能的影响

$$T_{再} = (0.35 \sim 0.4) T_{熔} \tag{5-3}$$

表 5–3 一些金属的再结晶温度($T_{再}$)

(工业纯金属经强烈冷变形，在一小时退火后完全再结晶)

金属	再结晶温度 (℃)	熔点 (℃)	$\dfrac{T_{再}(K)}{T_{熔}(K)}$	金属	再结晶温度 (℃)	熔点 (℃)	$\dfrac{T_{再}(K)}{T_{熔}(K)}$
Sn	<15	232	—	Cu	200	1083	0.35
Pb	<15	327	—	Fe	450	1538	0.40
Zn	15	419	0.43	Ni	600	1455	0.51
Al	150	660	0.45	Mo	900	2625	0.41
Mg	150	650	0.46	W	1200	3410	0.40
Ag	200	960	0.39				

(3)晶粒长大

冷变形金属在再结晶刚完成时，一般得到细小的等轴晶粒组织。如果继续提高加热温度或延长保温时间，将引起晶粒进一步长大(图 5-14)，它能减少晶界的总面积，从而降低总的界面能，使组织变得更稳定。

2. 再结晶晶粒大小的控制

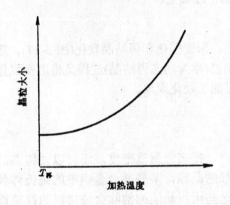

图 5-14 退火温度对再结晶晶粒大小的影响

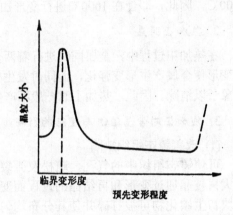

图 5-15 变形量对再结晶晶粒大小的影响

影响再结晶晶粒大小的主要因素是变形度和退火温度。能发生再结晶的最小变形度通常在 2%~8%范围内(图 5-15)，但再结晶晶粒特别粗大，这样的变形度称为临界变形度。这是因为此时的变形量较小，形成的再结晶核心较少。当变形度大于临界变形度后，则随着变形度的增大晶粒逐渐细化。当变形度和退火保温时间一定时，再结晶退火温度越高，再结晶后的晶粒越粗大。

但是形变强化和细晶强化都不适用于在高温下服役的合金，例如抗蠕变的合金。因为冷变形态的合金在高温下使用时，会发生再结晶而使合金强度急剧下降，同时，如果温度足够高还可能使细小的晶粒长大，合金的强度还会进一步下降。

对冷变形的金属进行焊接时，也会发生类似问题。邻近焊缝的金属被加热到高于再结晶和晶粒长大的温度，这一区域称为热影响区，其强度有所下降(图 5-16)。因此，对冷变形的金属进行焊接时，为保持其性能，金属经受高温的时间要尽可能地短，可采用电子束焊、激光焊等。

5.1.4 金属的热加工

压力加工是利用塑性变形的方法使金属成形并改性的工艺方法。由于在常温下进行塑性变形会引起金属的加工硬化，即出现变形抗力增大、塑性下降，这使得对某些尺寸较大或塑性低的金属在常温下难以进行塑性变形。生产上通常采用在加热条件下进行塑性变形。

1. 热加工与冷加工

从金属学的角度，将再结晶温度以上进行的压力加工称为热加工，而将再结晶温度以下进行的压力加工称为冷加工。例如钨的再结晶温度约为1200℃，因此，即使在1000℃进行变形加工也属于冷加工。

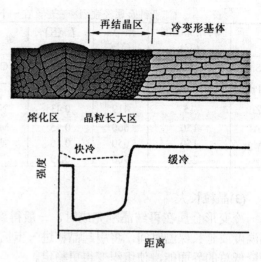

图 5-16 冷加工金属焊缝附近组织与性能示意图

2. 热加工特点

在热加工过程中，金属同时进行着两个过程：形变强化和再结晶软化(图 5-17)。塑性变形使金属产生形变强化，而同时发生的再结晶(称为动态再结晶)过程又将形变强化现象予以消除。因此，热加工时一般不产生明显加工硬化现象。

3. 热加工对金属组织与性能的影响

(1) 改善铸态组织缺陷

可使铸态组织中的气孔、疏松及微裂纹焊合，提高金属致密度，还可以使铸态的粗大树枝晶通过变形和再结晶的过程而变成较细的晶粒，某些高合金钢中的莱氏体和大块初生碳化物可被打碎并使其分布均匀等。这些组织缺陷的消除会使材料的性能得到明显改善。

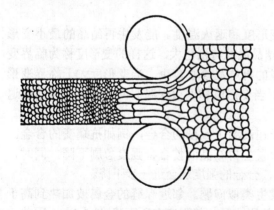

图 5-17 热加工时的动态再结晶示意图

(a) 合理　　(b) 不合理

图 5-18 吊钩中的纤维组织

(2) 出现纤维组织

在热加工过程中铸态金属的偏析、夹杂物、第二相、晶界等逐渐沿变形方向延展，在宏观工件上勾画出一个个线条，这种组织也称为纤维组织。纤维组织的出现使金属呈现各向异性，顺着纤维方向强度高，而在垂直于纤维的方向上强度较低。在制订热加工工艺时，要尽可能使纤维流线方向与零件工作时所受的最大拉应力的方向一致(图 5-18)。

表 5–4 常用微晶超塑合金

材　料		变形温度，℃	延伸率，%
锌基	Zn-22Al	250	1500～2000
铝基	Al-3Cu-7Mg	420～480	＞600
	Al-11.7Si	450～550	480
	Al-6Cu-0.5Zn	420～450	2000
铜基	Cu-9.8Al	700	700
	Cu-1.95Al-4Fe	800	800
锡基	Sn-38Pb	20	700
	Sn-5Bi	20	1000
镁基	Mg-6Zn-0.5Zr	270～310	1000
	Mg-Al	350～400	2100
钛基	Ti-6Al-4V	800～1000	1000
	Ti-5Al-2.5Sn	900～1100	450
镍基	Ni-39Cr-10Fe-2Ti	810～980	1000
铁基	Fe-0.91C	716	133
	Fe-1.9C	650～860	500
	Fe-1.0C-1.5Cr	700	200
	Fe-4Ni	900	820
	Fe-0.13C-1.11Mn-0.11V	700～800	300
	Fe-0.42C-0.47Mn-2.0Al	900～950	372

5.1.5 超塑成形

有些合金(如 Ti-6Al-4V 和 Zn-23Al 等)经过特殊的热处理和加工后，在外力作用下可能产生异乎寻常的均匀变形(其延伸率高达 1000%)，这种行为称为超塑性。对具有超塑性的材料(表 5-4)，只用一个模具或少数几个模具就可将合金成形为非常复杂的形状。为使合金具有超塑性行为，通常应满足如下条件：

(1)合金具有非常细小的等轴晶粒的两相组织(晶粒的平均直径通常小于 10μm)。

(2)合金需要在较高温度下变形。变形温度通常接近于该合金绝对熔点温度的 0.5 至 0.65 倍。此温度范围内，合金的变形主要是由于晶粒发生相互滑动和转动，这就要求有适当的变形温度和非常细小的晶粒组织相配合(图 5-19)。

(3)通常需要较低的应变速度率。通常控制在 0.01~0.0001s^{-1} 范围内。

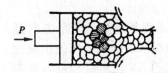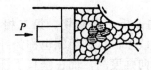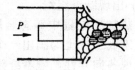

图 5-19 超塑成形过程中晶界滑移示意图

5.2 固溶强化

5.2.1 固溶强化现象

溶质原子溶入金属基体而形成固溶体，使金属的强度、硬度升高，塑性、韧性有所下降，这一现象称为固溶强化。例如单相的黄铜、单相锡青铜和铝青铜都是以固溶强化为主来提高合金强度和硬度的。

5.2.2 影响因素

1. 溶质原子浓度

理论和实验表明，溶质原子浓度越高，强化作用也越大(图 5-20)。

$$T_c = c^n \qquad (5-3)$$

式中 T_c——使位错移动的临界分切应力；

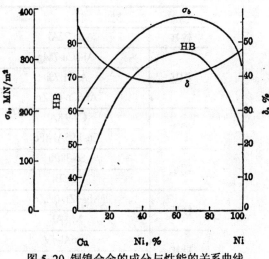

图 5-20 铜镍合金的成分与性能的关系曲线

c——为溶质原子浓度；

n——材料常数，$n = 1/2 \sim 2/3$；

2. 溶质溶剂原子尺寸差

溶质溶剂原子尺寸相差越大，强化效果越显著。

3. 溶质原子类型

一种是溶质原子造成球对称的点阵畸变，其强化效果较弱，约为 $G/10$，G 为弹性模量，如置换型溶质原子或面心立方晶体中的间隙型溶质原子；另一种是溶质原子造成非球对称的点阵畸变，其强化效果极强，约为 G 的几倍，如体心立方晶体中的间隙型溶质原子。

由于溶质原子造成了点阵畸变，其应力场将与位错应力场发生弹性交互作用并阻碍位错运动，这是产生固溶强化的主要原因。

5.3 第二相强化

只通过单纯的固溶强化，其强化程度毕竟有限，还必须进一步以第二相或更多的相来强化。当第二相以细小弥散的微粒均匀分布于基体相中时，将阻碍位错运动，产生显著的强化作用。如果第二相微粒是通过过饱和固溶体的时效处理而沉淀析出并产生强化，则称为沉淀强化或时效强化；如果第二相微粒是通过粉末冶金方法加入并起强化作用，则称为弥散强化。

5.3.1 沉淀强化

时效强化是个普遍现象，具有重要的实际意义，工业上广泛应用的时效硬化型合金，如铝合金、耐热合金、单相不锈钢、马氏体时效钢等，都是利用这一强化理论来调整性能的。

1. 固溶处理

具有时效强化现象合金的最基本条件是在其相图上有固溶度变化，并且固溶度随温度降低而显著减小。如图 5-21 所示。当组元 B 含量大于 B_0 的合金加热到略低于固相线的温度，保温一定时间，使 B 组元充分溶解后，取出快速冷却，则 B 组元来不及沿 CD 线析出，而形成亚稳定的过饱和固溶体，这种处理称为固溶处理。

2. 时效

经固溶处理的合金在室温或一定温度下加热保持一定时间，使过饱和固溶体趋于某种程度的分解，这种处理称为时效。在室温下放置产生的时效称为自然时效，加热到室温以上某一温度进行的时效称为人工时效。

3. 时效状态与性能

时效时，在平衡的第二相析出之前还可能出现几个中间的过渡相，一般的析出顺序为：

$$\alpha_3 \rightarrow \alpha_2 + GP \text{ 区 } \rightarrow \alpha_1 + \theta' \rightarrow \alpha + \theta \tag{5-4}$$

式中 α_3 是过饱和固溶体，α_2 和 α_1 是有一定过饱和度的固溶体，α 是饱和固溶体，GP 区是溶质偏聚区，θ' 是亚稳过渡相，θ 是平衡相。通常定义在平衡相析出之前的组织为欠时效态。在这一阶段随着时效时间的延长，合金的强度不断升高，表现出明

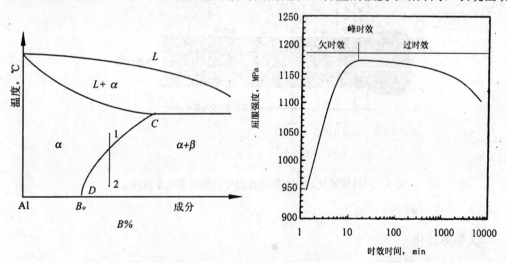

图 5-21 典型铝合金状态图的示意图　　图 5-22 TC4 合金 540℃时效硬化曲线

显的时效强化效果。定义细小的平衡相刚好均匀析出时的组织为峰时效态，此时合金的强度达到最大值。而平衡相长大粗化的组织称为过时效态，此时合金的强度随着时效时间的延长而逐渐下降(图 5-22)。

在焊接时效硬化型合金过程中(图 5-23)，靠近焊缝的金属也要被加热。热影响区

包括两个部分：一是靠近未受影响的金属基体的低温区，这个部位的温度刚好在固溶温度以下，此区域可能出现过时效；另一个部分是靠近焊缝的高温区，此区域被加热到固溶温度以上，相当于重新固溶处理，因而使时效硬化作用消失。同时， 高温区域在随后的缓慢冷却过程中，还可能沿晶界处析出平衡相而发生脆化。所以，在焊接之后，通常对焊件要重新进行热处理，或者改在固溶处理后就对合金进行焊接。

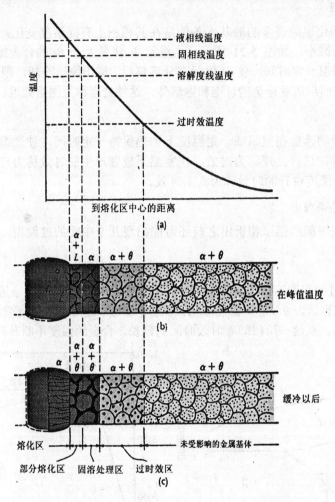

图 5-23 时效硬化合金在熔焊过程中的组织变化示意图

5.3.2 弥散强化

1. 弥散型合金

利用弥散强化是提高金属材料力学性能的有效方法，尤其对耐热材料有更大的应用价值。例如常用的弥散型合金是以金属为基体，弥散相为稳定性高、熔点高的各种化合物粉末，粉末颗粒直径约为 0.1～0.01μm，间距为 0.01～0.03μm。

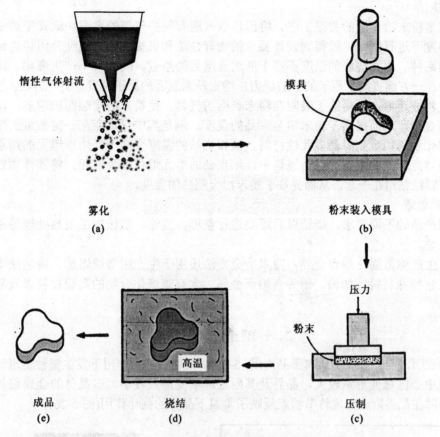

惰性气体射流

模具

雾化
(a)

粉末装入模具
(b)

压力

粉末

高温

成品
(e)

烧结
(d)

压制
(c)

图 5-24 粉末冶金技术流程图

2. 粉末冶金原理与工艺

粉末冶金法与金属熔铸法不同，它是利用金属粉末或金属粉末与非金属粉末的混合物作原料，经过压制成型和烧结两个主要工序来生产各种金属制品的方法。粉末冶金生产的主要工艺过程有粉末的制备、压制成型、烧结及后处理(图 5-24)。

(1) 粉末的制备

粉末的制备方法有机械法和物理化学法。机械法包括机械破碎法和液态雾化法。前者是将固态金属原料利用机械设备粉碎来获得粉末，如球磨法、气流磨法、低温脆化法等。适于制备一些脆性的金属粉末。后者是利用高压气体喷射金属液流，使之雾化而获得金属粉末。物理化学法是利用物理或化学作用，改变原料的状态或化学成分，从而制取粉末的方法。常见的物理方法有气相或液相沉积法。常用的化学法有电解法、还原法与化学置换法等。

(2) 压制成型

压制成型是将粉末制成一定形状和尺寸，并具有一定密度和强度的压坯。最常用的成型方法是模压成型，即将松散的金属粉末按一定比例混合均匀后装入压模中，在压力机上压制成型。由于压力使粉末表面发生塑性变形，导致原子间作用力增大；同时在压力作用下，使粉末间表面凹凸不平处产生机械啮合力，因此，成型后的压坯就具有一定的强度和密度。

(3) 烧结

烧结是粉末冶金法的关键工序。将压坯放入通有保护气氛的高温炉或真空炉中，在一定温度下进行烧结，以得到设计要求的物理性能和机械性能。烧结分固相烧结和液相烧结两种。固相烧结的温度不高于低熔点组元的熔点，烧结时不产生液相。通过固相烧结，一方面提高了原子的扩散能力，增大粉末表面的原子密度。另一方面，粉末中的氧化物被还原，并消除了吸附在粉末表面的气体，使粉末的接触面积增多，增大原子间结合力，因而提高了粉末冶金制品的强度。但是其中仍然存在一定数量的细小孔隙，因此粉末冶金制品是多孔性材料。液相烧结的温度要高于低熔点组元的熔点，而低于高熔点组元的熔点。烧结过程中，熔点低的组元熔化成为液相，将固体颗粒包围，并使颗粒粘结在一起，从而提高了粉末冶金制品的强度。

(4) 后处理

根据产品的不同要求，烧结以后还要进行整形、浸油、机械加工及热处理等不同工序的处理。

除了生产弥散强化型合金外，粉末冶金方法还用于生产用普通熔炼、铸造法难以生产的其它特殊材料，如钨、钼等高熔点金属、含有难熔化合物的陶瓷材料以及复合材料等。

5.4 细晶强化

实验表明，晶界强度明显高于晶内(图 5-25)。材料在外力作用下发生塑性变形时，通常晶粒中心区域变形量较大，晶界及其附近区域变形量较小。多晶体的金属细丝在拉伸变形时在晶界附近出现竹节状就反映了常温下晶界的强化作用(图 5-26)。

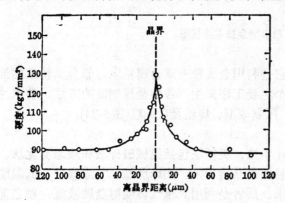

图 5–25 含硫的铁晶内与晶界强度

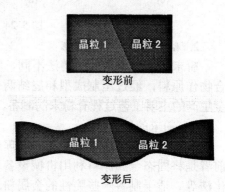

图 5–26 双晶粒试样拉伸变形示意图

5.4.1 Hall-Petch 公式

理论和实验表明，屈服强度 σ_s 与晶粒直径 d 存在如下关系：

$$\sigma_s = \sigma_0 + Kd^{-1/2} \tag{5-5}$$

式中 σ_0、K 是材料常数。可见，对不同材料，细化晶粒都使其屈服强度有不同程度的提高(图 5-27)。进一步的研究表明，材料的屈服强度与其亚晶尺寸之间也满足上述关系(图 5-28)。当晶粒尺寸减小到纳米级时形成的所谓纳米材料,其强度与公式有较大偏离,但是仍然表明细化晶粒,可有效提高材料的强韧性。

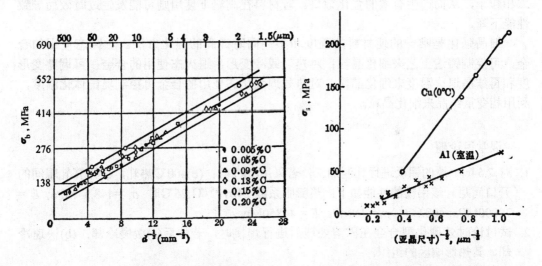

图 5-27 铁系体钢的抗拉强度与
晶粒尺寸的关系曲线

图 5-28 铜和铝的屈服强度与
其亚晶尺寸的关系曲线

5.4.2 细化晶粒方法

1. 对铸态使用的合金:合理控制冶铸工艺,如增大过冷度、加入变质剂、进行搅拌和振动等。
2. 对热轧或冷变形后退火态使用的合金:控制变形度、再结晶退火温度和时间。
3. 对热处理强化态使用的合金:控制加热和冷却工艺参数,利用相变重结晶来细化晶粒。

学习要求

1. 理解重要的术语和基本概念,包括形变强化、滑移、滑移系、临界分切应力、取向因子、孪生、纤维组织、形变织构、回复、再结晶、热加工、冷加工、超塑性、固溶强化、沉淀强化(时效强化)、弥散强化、固溶处理、时效、细晶强化等。
2. 明确工程材料的基本强化理论和工艺方法。

小结

材料的性能,尤其是金属材料的性能,可利用变形和退火结合起来进行控制。金属进行冷加工变形时会产生形变强化效果,但同时,其延展性下降,往往还会产生有害的残余应力。回复退火可消除应力而不降低强度,再结晶退火可消除全部形变强化效果。把热加工与冷加工结合在一起,既可将材料加工成有用的形状,又可使其性能得到控制和改善。

固溶强化是通过合金化对材料进行的最基本的强化方法。其强化效果取决于引入的点缺陷类型（置换式、间隙式）和浓度（合金元素的固溶度）。

通过粉末冶金或固溶和时效处理可在材料基体中获得大量均匀分布的、细小的第二相粒子，从而产生有效的强化效果。若材料在高温下使用则可能发生过时效而导致性能下降。

细晶强化是唯一的使材料的强度和塑性同时提高的强化方法。对铸态使用的合金，可控制铸造工艺来细化晶粒；对热轧或冷变形后退火态使用的合金：可调整变形度和再结晶退火温度来细化晶粒；对热处理强化态使用的合金可控制奥氏体化温度，利用相变重结晶来细化晶粒。

课堂讨论题

1. 对 2.54cm 厚的铝板进行轧制加工，若采用(a)冷轧；(b)400℃热轧，试计算轧辊间的开口间距。该铝板的性能如下：热膨胀系数 24×10^{-6}/℃;25℃时 σ_s =448.5 MPa; E = 70000MPa; 400℃时 σ_s = 69MPa; E = 44850Mpa。

2. 试讨论时效硬化型合金在固溶处理后进行焊接时，若焊后(a)缓慢冷却；(b)快速冷却，其热影响区的组织。

习题

1. 一个较沉重的下料设备由时效硬化型铝合金支架支撑，放在热处理炉旁。使用了几星期后支架发生倒塌，试分析可能的失效原因。

2. 一个经过冷加工的零件，其屈服强度为 138MPa，若(a)零件表面残余拉伸应力为 69MPa; (b) 零件表面残余压缩应力为 69MPa，试求零件可以承受的拉伸应力。

3. 如果在室温下对铅或锡进行变形，请解释这是热加工还是冷加工。

第六章 钢的热处理与马氏体相变强化

马氏体转变最早是在钢铁材料中发现的。许多有色金属和合金以及陶瓷材料等也都发现了马氏体转变。马氏体转变是强化金属材料的重要手段之一。各种机器零件，工、模具都要经过热处理来获得最终的使用性能。本章着重讲授钢的热处理原理和工艺，包括马氏体转变的一般规律及应用。

6.1 钢的热处理原理

热处理是将钢在固态下加热到预定的温度，保温一定的时间，然后以预定的方式冷却下来的一种热加工工艺。其工艺曲线如图 6-1 所示。通过热处理可以改变钢的内部组织结构，从而改善其工艺性能和使用性能。钢中组织转变的规律是热处理的理论基础，称为热处理原理。热处理原理包括钢的加热转变、冷却转变和回火转变。根据热处理原理制订的具体加热温度、保温时间、冷却方式等参数就是热处理工艺。

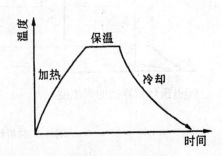

图 6-1 热处理工艺曲线示意图

6.1.1 碳钢在加热和冷却时的组织转变

1. 碳钢在加热时的组织转变

(1) 奥氏体的形成

以共析钢为例，说明奥氏体的形成过程。共析钢的原始组织为片状珠光体。当加热到 Ac1 以上保温时，将全部转变为奥氏体。这一过程包括四个阶段(图 6-2)。

① 奥氏体形核：奥氏体晶核优先在铁素体与渗碳体相界面处形成。这是由于此处原子排列紊乱，位错、空位浓度较高，容易满足形成奥氏体所需的能量和碳浓度所致。

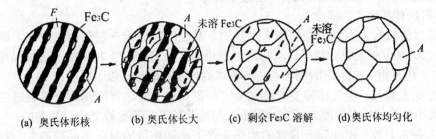

(a) 奥氏体形核　　(b) 奥氏体长大　　(c) 剩余 Fe₃C 溶解　　(d) 奥氏体均匀化

图 6-2 共析钢中珠来体向奥氏体转变示意图

② 奥氏体长大：奥氏体晶核形成之后，它一面与渗碳体相接，另一面与铁素体接。

这使得在奥氏体中出现了碳的浓度梯度，即奥氏体中靠近铁素体一侧含碳量较低，而靠近渗碳体一侧含碳量较高，引起碳在奥氏体中由高浓度一侧向低浓度一侧扩散。随着碳在奥氏体中的扩散，破坏了原先相界面处碳浓度的平衡，即造成奥氏体中靠近铁素体一侧的碳浓度增高，靠近渗碳体一侧碳浓度降低。为了恢复原先碳浓度的平衡，势必促使铁素体向奥氏体转变以及渗碳体的溶解。这样，奥氏体中与铁素体和渗碳体相界面处碳平衡浓度的破坏与恢复的反复循环过程，就使奥氏体逐渐向铁素体和渗碳体两方向长大，直至铁素体全部转变为奥氏体为止(图6-3)。

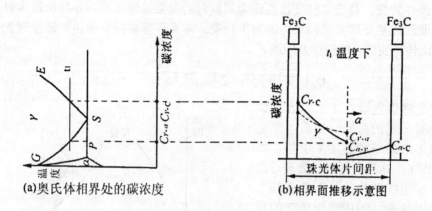

图6-3 共析钢奥氏体长大示意图

③剩余渗碳体溶解：铁素体消失以后，随着保温时间延长或继续升温，剩余渗碳体通过碳原子的扩散，不断溶入奥氏体中，使奥氏体的碳浓度逐渐接近共析成分。这一阶段一直进行到渗碳体全部消失为止。

④奥氏体成分均匀化：当剩余渗碳体全部溶解后，奥氏体中的碳浓度仍是不均匀的，原来存在渗碳体的区域碳浓度较高，只有继续延长保温时间，才能得到成分均匀的单相奥氏体。

(2) 奥氏体晶粒度及其影响因素

奥氏体的晶粒大小对钢随后的冷却转变及转变产物的组织和性能都有重要影响。通常，粗大的奥氏体晶粒冷却后得到粗大的组织，其力学性能指标较低。需要了解奥氏体晶粒度的概念以及影响奥氏体晶粒度的因素。

① 奥氏体晶粒度的概念。

奥氏体晶粒的大小是用晶粒度来度量的。晶粒度的评定一般采用比较法，即金相试样在放大 100 倍的显微镜下，与标准的图谱相比。YB27-77 将钢的奥氏体晶粒度分为 8 级，1 级最粗，8 级最细(图6-4)。奥氏体晶粒度的概念有以下三种：

a. 起始晶粒度：奥氏体转变刚刚完成，即奥氏体晶粒边界刚刚相互接触时的奥氏体晶粒大小称为起始晶粒度。通常情况下，起始晶粒度总是比较细小、均匀的。

b. 实际晶粒度：钢在某一具体的加热条件下实际获得的奥氏体晶粒的大小称为实际晶粒度。实际晶粒一般总比起始晶粒大。

c. 本质晶粒度：根据 YB27-64 试验方法，即在 930±10℃保温 3~8h 后测定的奥氏体晶粒大小称为本质晶粒度。如晶粒度为 1~4 级，称为本质粗晶粒钢，晶粒度为 5~8 级，则为本质细晶粒钢。本质晶粒度表示在规定的加热条件下，奥氏体晶粒长大的倾向性大小。而不能认为本质细晶粒钢在任何加热条件下晶粒都不粗化(图 6-5)。钢的本质晶粒度与钢的成分和冶炼时的脱氧方法有关。一般用 Al 脱氧或者含有 Ti、Zr、V、Nb、Mo、W 等元素的钢都是本质细晶粒钢，因为这些元素能够形成难熔于奥氏体的细小碳化物质点，阻止奥氏体晶粒长大。只用硅、锰脱氧的钢或者沸腾钢一般都为本质粗晶粒钢。

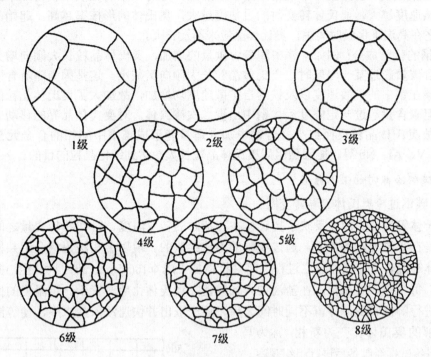

图 6-4 钢中晶粒度标准图谱

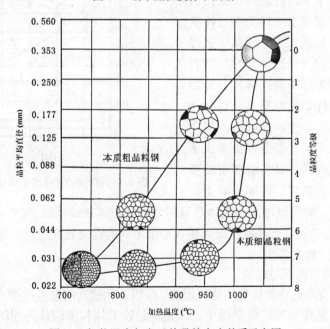

图 6-5 加热温度与奥氏体晶粒大小关系示意图

② 影响晶粒长大的因素。

a. 加热温度和保温时间: 温度的影响最显著。在一定温度下，随保温时间延长，奥氏体晶粒长大。在每一个温度下，都有一个加速长大期。

b. 加热速度: 实际生产中经常采用快速加热，短时保温的办法来获得细小晶粒。因为加热速度越大，奥氏体转变时的过热度越大，奥氏体的形核率越高，起始晶粒越细，加之在高温下保温时间短，奥氏体晶粒来不及长大。

c. 钢的化学成分: 例如，钢中随着含碳量的增加，奥氏体晶粒长大倾向增大，但是，当含碳量超过某一限度时，奥氏体晶粒长大倾向又减小。这是因为随着含碳量的增加，碳在钢中的扩散速度以及铁的自扩散速度均增加，故加大了奥氏体晶粒的长大倾向。但碳含量超过一定限度后，钢中出现二次渗碳体，对奥氏体晶界的移动有阻碍作用，故奥氏体晶粒反而细小。若钢中加入适量能形成难熔中间相的合金元素，如 Ti、Zr、V、Al、Nb 等，能强烈阻碍奥氏体晶粒长大，达到细化晶粒的目的。

2. 碳钢冷却时的组织转变

(1) 碳钢过冷奥氏体等温转变图

奥氏体等温转变曲线反映了奥氏体在冷却时的转变温度、时间和转变量之间的关系。它是在等温冷却条件下，通过实验的方法绘制的。现以金相法为例介绍共析钢过冷奥氏体等温转变曲线的建立过程。将共析钢加工成 $\phi 10(15mm$ 圆片状试样，并分成若干组，每次取一组试样，在盐浴炉内加热使之奥氏体化后，置于一定温度的恒温盐浴槽中进行等温转变，停留不同时间之后，逐个取出并快速浸入盐水中，使等温过程中未分解的奥氏体转变为新相--称为马氏体。将各试样经制备后进行组织观察。马氏体在显微镜下呈白亮色。可见，白亮的马氏体数量就等于未转变的过冷奥氏体数量。当在显微镜下发现某一试样刚出现灰黑色产物（珠光体）时，所对应的等温时间即为过冷奥氏体转变开始时间，到某一试样中无白亮马氏体时，所对应的时间即为转变终了时间。用上述方法分别测定不同等温条件下奥氏体转变开始和终了时间。最后将所有转变开始和终了点标在温度、时间坐标上，并分别连接起来，即得到过冷奥氏体等温转变曲线。该曲线颇似 "C"，故简称 C 曲线(图 6-6)。实验表明，当过冷奥氏体快速冷至不同的温度区间进行等温转变时，可能得到如下不同的产物及组织。

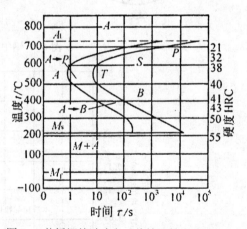

图 6-6 共析钢的过冷奥氏体等温转变曲线

(2) 珠光体类型组织与性能

珠光体类转变是过冷奥氏体在临界温度 A_1 以下比较高的温度范围内进行的转变，又称高温转变，是典型的扩散型相变。珠光体是铁素体和渗碳体两相的机械混合物。其组成相通常呈片层状。根据珠光体片间距的大小，可将珠光体类型组织分为三种:

①珠光体: 片间距约为 450~150nm，形成于 A_1~650℃范围内。在光学显微镜下可清晰分辨出铁素体和渗碳体片层状组织形态(图 6-7(a))。

②索氏体: 片间距约为 150~80nm，形成于 650~600℃范围内。只有在 800 倍以上光学显微镜下观察才能分辨出铁素体和渗碳体片层状组织形态。

③屈氏体: 片间距约为 80~30nm，形成于 600~550℃范围内。在光学显微镜下已很难分辨出铁素体和渗碳体片层状组织形态(图 6-7(b))。

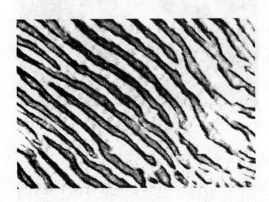

(a) 珠光体 ×1000   (b) 屈氏体 ×1000

图 6-7 片状珠光体的显微组织

珠光体、索氏体、屈氏体之间无本质区别，其形成温度也无严格界线，只是其片层厚薄和间距不同。珠光体类组织的机械性能主要取决于片层间距的大小。通常情况下，片层间距愈小，其强度、硬度愈高，同时塑性、韧性也有所改善。

(3) 马氏体类型组织与性能

①马氏体转变的含义。

是指钢从奥氏体状态快速冷却(即淬火)而发生的无扩散型相变，转变产物称为马氏体。

②马氏体转变特点。

a.无扩散性: 马氏体转变过程中铁的晶格改组（由面心立方晶格到体心正方晶格）是通过切变方式完成的，转变速度极快。同时，马氏体中的碳浓度与原奥氏体中的碳浓度完全相同，可见，马氏体是碳溶于 α- Fe 中的过饱和间隙式固溶体，记为 M。其中的碳择优分布在 c 轴方向上的八面体间隙位置。这使得 c 轴伸长，a 轴缩短，晶体结构为体心正方。其轴比 c/a 称为正方度，马氏体含碳量愈高，正方度愈大。

b.降温转变: 过冷奥氏体向马氏体转变的开始温度用 M_s 表示。而马氏体转变的终了温度用 M_f 表示。马氏体转变量是在 M_s~M_f 温度范围内，通过不断降温来增加的。由于多数钢的 M_f 在室温以下，因此钢快冷到室温时仍有部分未转变的奥氏体存在，称之为残余奥氏体，记为 A_r。

③马氏体的组织形态。

钢中马氏体的形态很多，其中板条马氏体和片状马氏体最为常见。

板条马氏体: 低碳钢中的马氏体组织是由许多成群的、相互平行排列的板条所组成，故称为板条马氏体。板条马氏体的亚结构主要为高密度的位错，故又称为位错马氏体(图 6-8)。

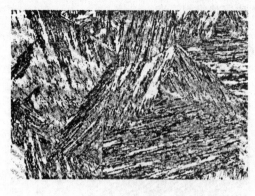

| (a) 金相 | (b) TEM |

图 6–8 板条马氏体形貌

b. 片状马氏体：在高碳钢中形成的马氏体完全是片状马氏体。在显微镜下观察时呈针状或竹叶状。片状马氏体内部的亚结构主要是孪晶。因此，片状马氏体又称为孪晶马氏体(图 6-9)。

| (a) 金相 | (b) TEM |

图 6–9 片状马氏体形貌

④马氏体的性能特点

a. 马氏体的硬度和强度：钢中马氏体力学性能的显著特点是具有高硬度和高强度。马氏体的硬度主要取决于马氏体的含碳量。通常情况下，马氏体的硬度随含碳量的增加而升高。但必须注意，淬火钢的硬度取决于马氏体和残余奥氏体的相对含量。只有当残余奥氏体量很少时，钢的硬度与马氏体的硬度才趋于一致。

b. 马氏体的塑性和韧性：主要取决于马氏体的亚结构。片状马氏体脆性较大，其主要原因是片状马氏体中含碳量高，晶格畸变大，同时马氏体高速形成时互相撞击使得片状马氏体中存在许多显微裂纹。而板条马氏体有相当高的塑、韧性。

⑤ 马氏体相变强化机制：马氏体具有高硬度、高强度的原因是多方面的，其中包括固溶强化、相变强化、时效强化和晶界强化等。

a. 固溶强化：首先是碳对马氏体的固溶强化。过饱和的间隙原子碳在 α 相晶格中造成晶格的正方畸变，形成一个很强的应力场，该应力场阻碍位错的运动，从而提高马氏体的强度和硬度。

b. 相变强化：马氏体转变时，在晶体内造成晶格缺陷密度很高的亚结构。如板条马氏体中高密度的位错、片状马氏体中的孪晶等，这些缺陷都将阻碍位错的运动，使马氏体得到强化。

c. 时效强化：马氏体形成以后，在随后的放置过程中，碳和其它合金元素的原子会向位错线等缺陷处扩散而产生偏聚，使位错难以运动，从而造成马氏体的强化。

d. 晶界强化：通常情况下，原始奥氏体晶粒越细小，所得到的马氏体板条束也越细小，而马氏体板条束阻碍位错的运动，使马氏体得到强化。

(3)贝氏体类型组织与性能

过冷奥氏体到珠光体和马氏体转变之间的中温转变，称为贝氏体转变。转变产物称为贝氏体，记为 B，是铁素体和渗碳体的混合物。贝氏体转变兼有珠光体和马氏体转变的特征，即贝氏体中的 α 相形成是无扩散的，而碳化物的析出则是通过扩散进行的。

①贝氏体的组织形态：由于转变温度的不同，贝氏体有两种基本形态，即上贝氏体和下贝氏体。

a. 上贝氏体：共析钢在 550~350℃温度区间，过冷奥氏体转变为上贝氏体。上贝氏体的特点是铁素体呈大致平行的条束状，自奥氏体晶界的一侧或两侧向奥氏体晶内伸展。渗碳体分布于铁素体条之间。在光学显微镜下观察呈羽毛状(图 6-10)。

 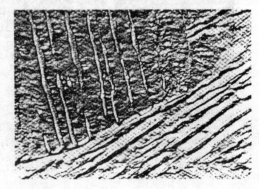

(a) 金相　　　　　　　　　　　　　(b) TEM

图 6-10 上贝氏体形貌

b. 下贝氏体：对共析钢下贝氏体在 350℃~Ms 温度区间形成。典型的下贝氏体是由含碳过饱和的片状铁素体和其内部沉淀的碳化物组成的机械混合物。在光学显微镜下呈黑色针状或竹叶状(图 6-11)。

②贝氏体的力学性能：贝氏体的力学性能取决于贝氏体的组织形态。上贝氏体的

形成温度较高，其中的铁素体条粗大，它的塑变抗力低。上贝氏体中的渗碳体分布在铁素体条之间，易于引起脆断，因此，上贝氏体的强度和韧性均较低。下贝氏体中铁素体细小、分布均匀，在铁素体内又析出细小弥散的碳化物，加之铁素体内含有过饱和的碳以及高密度的位错，因此，下贝氏体不但强度高，而且韧性也好。

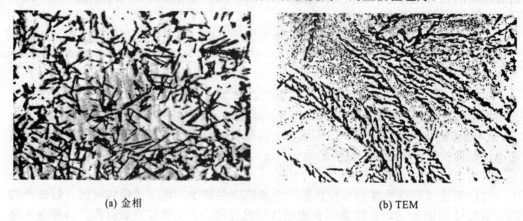

(a) 金相   (b) TEM

图 6-11 下贝氏体形貌

6.1.2 钢在回火时的组织转变

通常淬火后钢的组织由马氏体和残余奥氏体所组成，它们都是不稳定的，有自发转变为铁素体和渗碳体平衡组织的倾向。淬火钢随后的加热处理将促进这种转变，把这种转变称为回火转变。回火时的组织转变大体上可分为四个阶段：

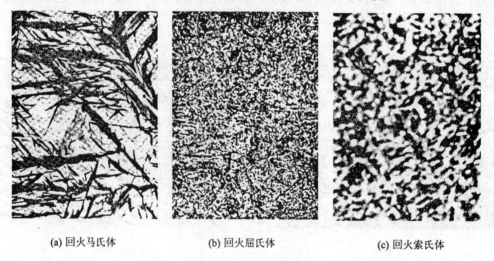

(a) 回火马氏体   (b) 回火屈氏体   (c) 回火索氏体

图 6-12 钢回火后的组织

1. 马氏体分解

当回火温度在 100~200℃时，马氏体开始发生部分分解，析出 ε 碳化物，这种碳化物与马氏体保持共格关系。ε 碳化物不是平衡相，而是向渗碳体转变前的一个过渡相。这一阶段转变完成后，钢的组织由有一定过饱和度的固溶体和与其有共格关系的 ε 碳化物所组成，这种组织称为回火马氏体(图 6-12(a))。

2.残余奥氏体转变

在 200~300℃之间，钢中的残余奥氏体也发生分解，转变为回火马氏体或下贝氏体。

3.碳化物的转变

在 300~400℃之间，由 ε 碳化物转变成与基体无共格关系的颗粒状渗碳体。这一阶段转变完成后，钢的组织由饱和的针状 α 相和细小粒状的渗碳体组成，这种组织称为回火屈氏体(图 6-12(b))。

4.基体 α 相的回复、再结晶和碳化物的聚集长大

由于马氏体中的缺陷（如位错或形变孪晶等）密度很高，当回火温度超过 400℃以上后，在回火过程中也发生回复和再结晶过程。α 相由针状或板条状转变成无应变的、等轴状新晶拉。同时渗碳体发生聚集和长大，有一定程度的粗化。这一阶段转变完成后，钢的组织由等轴的 α 相和粗粒状渗碳体组成，称为回火索氏体(图 6-12(c))。

6.1.3 钢的淬透性

1.淬透性的概念

淬透性是指钢在淬火时获得马氏体的能力，它是钢的固有属性，也是选材和制订热处理工艺的重要依据之一。淬透性主要取决于钢的临界冷却速度，取决于过冷奥氏体的稳定性。淬透性的大小用钢在一定条件下淬火所获得的淬透层深度来表示。

淬透层的深度定义为由表面至半马氏体区的深度。半马氏体区的组织是由

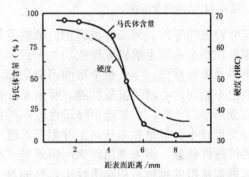

图 6-13 淬火工件截面上组织和硬度的分布

50%马氏体和 50%分解产物所组成。之所以这样规定是因为半马氏体区的硬度变化非常显著（如图 6-13 所示），同时在经浸蚀的断面上能观察到明显的分界线，较容易测试。

应当注意，钢的淬透性与淬硬性是两个不同的概念，后者是指钢淬火后形成的淬火态组织（由马氏体和残余奥氏体相组成）所能达到的硬度，显然，它取决于马氏体的含碳量和残余奥氏体的数量。

2. 淬透性的测定方法

测定钢淬透性最常用的方法是末端淬火法，简称为端淬法。我国 GB226-63 规定的试样形状、尺寸及试验原理如图 6-14 所示。试验时将)25×100mm 的标准试样加热至奥氏体区保温一段时间后，从加热炉中取出并迅速置于试验装置上，对末端喷水冷却，试样上距末端越远，冷却速度越小，因此，硬度值越低。试样经喷水冷却后沿其轴线方向相对的两侧各磨去 0.2～0.5 mm，在此平面上从试样末端开始，每隔 1.5 mm 测定一点硬度，绘出硬度与至末端距离的关系曲线，称为端淬曲线(图 6-15)。钢的淬透性值通常用 $J\dfrac{HRC}{d}$ 表示。例如，$J\dfrac{35}{5}$ 表示距末端5mm 处的硬度值为 $HRC35$。

临界淬透直径是指圆柱状钢试样在规定的淬火介质中能全部淬透的最大直径(D_k)。

在实际生产中，通常在同一种淬火介质中比较各种钢临界淬透直径(D_k)的大小来评价钢的淬透性。当冷却介质一定时，D_k愈大，淬透性愈好。

钢的淬透性在生产中有许多重要的应用。在拉、压、弯曲或剪切应力作用下工作的

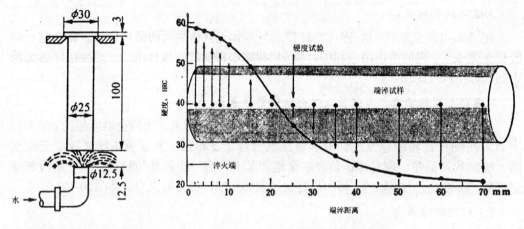

图6-14 端淬试验示意图   图6-15 端淬曲线

尺寸较大的零件，例如各类齿轮、轴类零件等，希望整个截面都能被淬透，从而保证零件在整个截面上的机械性能均匀一致。选用淬透性较高的钢即能满足这一要求。如果钢的淬透性低，零件整个截面不能全部淬透，则表面到心部的组织不一样，机械性能也不相同，心部的机械性能，特别是冲击韧性很低。另外，对于形状复杂、要求淬火变形小的工件，如果选用淬透性较高的钢，就可以在较缓和的介质中淬火，因而工件变形较小。但是并非任何工件都要求选用淬透性高的钢，在有些情况下反而希望钢的淬透性低些。例如表面淬火用钢就是一种低淬透性钢，淬火时只是表面层得到马氏体。焊接用的钢也希望淬透性小，目的是为了避免焊缝及热影响区在焊后冷却过程中得到马氏体组织，从而防止焊接构件的变形和开裂。

6.2 合金元素对钢组织转变的影响

6.2.1 合金元素对钢组成相的影响

1. 钢中的合金元素

实验表明，在碳钢中加入一定数量的合金元素进行合金化，可以进一步改善钢的组织和性能。由此，已发展出一系列的合金钢。合金元素是指为了改变钢的组织与性能而有意加入的元素。常见的合金元素有 Si、Ni、Cu、Al、Co、Ti、Nb、Zr、V、W、Cr、Mn 等。其中与碳亲和力较强的元素称为碳化物形成元素，如 Ti、Nb、Zr、V、W、Cr、Mn 等。而与碳亲和力较小的元素称为非碳化物形成元素，如 Si、Ni、Cu、Al、Co 等。

2. 合金钢中的基本相

碳钢中可能存在的基本相有铁素体、奥氏体、马氏体和渗碳体。合金元素加入钢中以后，可能以两种形式存在于钢中：一是溶于固溶体类的相中，即形成合金铁素体、合金奥氏体、合金马氏体，增加了固溶体相的稳定性，用时也对这些固溶体类相产生有效

的固溶强化效果，非碳化物形成元素主要存在于固溶体类相中；二是形成合金碳化物或特殊碳化物。例如置换渗碳体中的铁原子，形成合金渗碳体[如$(Fe,Cr)_3C$、$(Fe,W)_3C$等]；在高碳高合金钢中，还可能形成各种稳定性更高的合金碳化物(如 Mn_3C、Cr_7C_3、$Cr_{23}C_6$ 等) 以及特殊碳化物(WC、W_2C、VC、TiC 等)，碳化物形成元素易于形成不同类型的碳化物。稳定性愈高的碳化物愈难溶于奥氏体，愈难聚集长大。随着这些碳化物数量增多，将使钢的强度、硬度增大，耐磨性增加，但塑性和韧性会有所下降。

6.2.2 合金元素对钢组织转变的影响

1.合金元素对钢加热时组织转变的影响

(1)对奥氏体转变的影响

合金钢的奥氏体形成过程基本上与碳钢相同，但合金元素影响奥氏体的形成速度。一方面，加入合金元素会改变碳在钢中的扩散速度。例如碳化物形成元素 Cr、Mo、W、Ti、V 等，由于它们与碳有较强的亲和力，显著减慢了碳在奥氏体中的扩散速度，故奥氏体的形成速度大大减慢。另一方面，奥氏体形成后，要使稳定性高的碳化物完全分解并固溶于奥氏体中，需要进一步提高加热温度，这类合金元素也将使奥氏体化的时间延长。加之合金钢的奥氏体成分均匀化过程还需要合金元素的扩散，而即使在1000℃的高温下，合金元素的扩散速度也很小，仅是碳扩散速度的千分之几，因此，合金钢的奥氏体成分均匀化比碳钢更缓慢。

(2) 对奥氏体晶粒度的影响

凡未溶的碳化物等第二相质点均阻碍奥氏体晶粒长大。例如强碳化物形成元素 Ti、V、Nb 等，由于能形成高熔点高稳定性的碳化物，因而这些元素有强烈阻碍奥氏体晶粒长大的作用，在合金钢中起细化晶粒的作用。而非碳化物形成元素 Ni、Si、Cu、Co 等阻碍奥氏体晶粒长大的作用很小。

2.合金元素对钢冷却时组织转变的影响

除 Co 以外，大多数合金元素总是不同程度地延缓珠光体和贝氏体相变，这是由于它们溶入奥氏体后，增大其稳定性，从而使 C 曲线右移。其中碳化物形成元素的影响最为显著。如果碳化物形成元素未能溶入奥氏体，而是以残存未溶碳化物微粒形式存在，则将起相反作用。

除 Co、Al 外，大多数合金元素总是不同程度地降低马氏体转变温度，并增加残余奥氏体量。

3.合金元素对钢回火时组织转变的影响

碳化物形成元素可阻碍碳的扩散，从而显著提高了马氏体的分解温度。合金元素一般都能提高残余奥氏体转变的温度范围。某些高合金钢（如高速钢）中的残余奥氏体十分稳定，只有加热到 500~600℃时才开始发生部分分解，从而使奥氏体的稳定性下降，在随后的快速冷却过程中转变为马氏体，使钢的硬度有较大提高，这种现象称为二次淬火。

合金元素对碳化物的析出和聚集长大都有较大影响。一方面合金元素提高了碳化物向渗碳体的转变温度；另一方面，随着回火温度的提高，渗碳体和相中的合金元素将重新分配，非碳化物形成元素逐渐向相中富集，碳化物形成元素则不断向渗碳体中富集，引起渗碳体向特殊碳化物转变；当在温度回火时，还可能从相中直接析出特殊碳化物。这些特殊碳化物高度弥散析出，使钢的硬高显著升高，把这种现象称为"二次硬化"。

6.3 钢的热处理工艺

钢的热处理工艺是指根据钢在加热和冷却过程中的组织转变规律制定的具体加热、保温和冷却的工艺参数。热处理工艺种类很多，根据加热、冷却方式及获得组织和性能的不同，钢的热处理可分为：普通热处理（退火、正火、淬火和回火）、表面热处理（表面淬火和化学热处理等）。

6.3.1 退火与正火

在机器零件或工模具等工件的加工制造过程中，退火和正火经常作为预备热处理工序，即安排在铸造、锻造之后，切削加工之前，用以消除前一工序所带来的某些缺陷，为随后的工序作准备。例如，经铸造、锻造等热加工以后，工件中往往存在残余应力，硬度偏高或偏低，组织粗大，存在成分偏析等缺陷，这样的工件其力学性能低劣，不利于切削加工成型，淬火时也容易造成变形和开裂。经过适当的退火或正火处理可使工件的内应力消除，调整硬度以改善切削加工性能，组织细化，成分均匀，从而改善工件的力学性能并为随后的淬火作准备。

1. 退火

退火的种类很多(图 6-16)，根据加热温度可分为两大类：一类是在临界温度（A_{c1} 或 A_{c3}）以上的退火，又称为相变重结晶退火，包括完全退火、不完全退火、球化退火和扩散退火等；另一类是在临界温度以下的退火，包括再结晶退火及去应力退火等。

(1)完全退火

是将亚共析钢加热到 A_{c3} 以上，保温一定时间，使组织完全奥氏体化后缓慢冷却，以获得接近平衡组织的热处理工艺。

(2)不完全退火

不完全退火是将钢加热到 $A_{c1}\sim A_{c3}$(亚共析钢)或 $A_{c1}\sim A_{ccm}$(过共析钢)之间，保温后缓慢冷却，以获得接近平衡组织的热处理工艺。

(3)球化退火

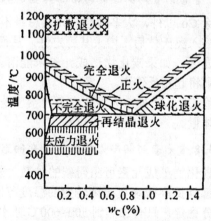

图 6-16 退火、正火加热温度示意图

是不完全退火的一种，通常的加热温度是 A_{c1} 以上 20~30℃，使片状渗碳体转变为球状或粒状。主要用于过共析的碳钢及合金工具钢。近年来球化退火应用于亚共析钢也取得成功。

(4)扩散退火

是指将钢加热到 A_{c3} 或 A_{ccm} 以上 150~300℃，长时间保温，然后随炉缓慢冷却的热处理工艺。实质是使钢中的各元素在奥氏体中进行充分扩散，达到成分均匀化。

(5)再结晶退火

是指将冷变形后的金属加热到再结晶温度以上，保温适当时间后，使变形晶粒转变为无应变的等轴新晶粒，从而消除加工硬化和残余内应力的热处理工艺。

(6)去应力退火

又称为回复退火，其加热温度范围很宽，通常是在再结晶温度以下。

2. 正火

是将钢件加热到 A_{c3} 或 A_{ccm} 以上，保温一定时间后，在空气中冷却得到细片状珠光体组织的热处理工艺。正火与退火的明显差异是正火冷却速度稍快。

6.3.2 淬火与回火

1. 淬火

是将钢件加热到 A_{c1} 或 A_{c3} 以上保温一定时间后，快速冷却（通常大于临界冷却速度 V_c），以得到马氏体（或下贝氏体）组织的热处理工艺(图 6-17)。

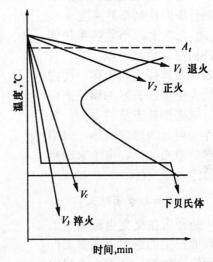

图 6-17 热处理工工艺与 C 曲线关系示意图

淬火加热温度的选择应以得到均匀细小的奥氏体晶粒为原则，以便淬火后得到细小的马氏体组织。对于亚共析钢通常加热到 A_{c3} 以上 30~50℃，对共析钢和过共析钢为 A_{c1} 以上 30~50℃。

2. 回火

是将淬火后的钢加热到 A_{c1} 以下某一温度，保温后冷却下来的一种热处理工艺，其目的是减小或消除淬火应力，稳定组织，提高钢的塑性和韧性，从而使钢的强度、硬度和塑性、韧性得到适当配合，以满足不同工件的性能要求。按其回火温度范围，可将回火分为以下几种：

(1)低温回火(150~250℃)

回火后的组织为回火马氏体。这种回火主要是为了部分降低钢中残余应力和脆性，而保持钢在淬后所得到的高强度、硬度和耐磨性。在生产中低温回火被广泛应用于工具、量具、滚动轴承、渗碳工件以及表面淬火工件等。

(2)中温回火(350~500℃)

回火后的组织为回火屈氏体。经中温回火后，工件的内应力基本消除，其力学性能特点是具有极高的弹性极限和良好的韧性。中温回火主要用于各种弹簧零件及热锻模具的处理。

(3)高温回火(500~650℃)

高温回火后的组织是回火索氏体。通常将淬火加高温回火相结合的热处理工艺称为调质处理。经调质处理后钢的强度、塑性和韧性具有良好的配合，即具有较高的综合机械性能。因而，调质处理被广泛应用于中碳结构钢和低合金经构钢制造的各种重要的结构零件，特别是在交变载荷下工作的连杆、螺栓以及轴类等。

6.3.3 表面淬火

表面淬火是通过快速加热使钢件表面达到临界温度（A_{c1} 或 A_{c3}）以上，不等热量传到工件内层就迅速予以冷却，只使表面被淬硬为马氏体，而内层仍为塑韧性良好的调质态组织。根据加热方法的不同，表面淬火可分为感应加热、火焰加热、激光加热、电子束加热表面淬火等工艺。

1.感应加热表面淬火

是利用在交变电磁场中工件表面产生的感生电流将工件表面快速加热，并淬火冷却的一种热处理工艺。其原理是"集肤效应"，即在较高频率的交变电磁场中，感生电流在工件内的分布是不均匀的，表层电流密度最大。频率越高，"集肤效应"越显著(图 6-18)。

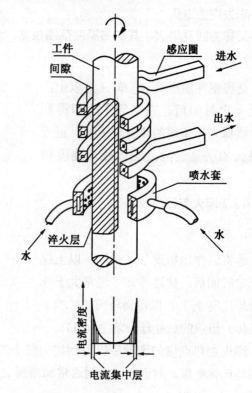

图 6-18 感应加热表面淬火示意图

感应加热表面淬火的工艺方法是将钢件放入由紫铜管制作的与零件外形相似的感应圈内，随后将感应圈内通入一定频率的交变电流，这样在感应圈内外产生相同频率的交变磁场，同时，在零件表面也产生频率相同，方向相反的感生电流，该电流在工件表面形成封闭回路，称为"涡流"。由此产生的热效应将零件表快速加热到淬火温度，随即喷水冷却，使工件表面获得马氏体组织。

表 6-1 感应加热工艺参数及应用

分类	频率范围	淬硬层厚度(mm)	应用举例
高频加热	50~30 kHz	0.3~2.5	小型轴类、销、套等圆形零件及小模数齿轮
中频加热	1~10 kHz	3~10	中型轴类、大模数齿轮
工频加热	50 Hz	10~20	大型零件

2.火焰加热表面淬火

其工艺方法是利用可燃气体（如乙炔）的火焰将工件表面快速加热到淬火温度，然后立即用水喷射冷却，通过控制火焰喷嘴的移动速度可获得不同厚度的淬硬层。此法适于单件或小批量零件的表面淬火(图6-19)。

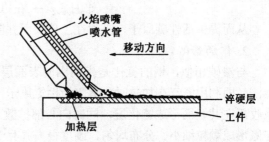

图6-19 火焰加热表面淬火示意图

3.激光加热表面淬火

将激光器产生的高功率密度（$10^3 \sim 10^5$ W/cm^2）的激光束照射到工件表面上，使工件表面被快速加热到临界温度以上，然后移开激光束，利用工件自身的传导将热量从工件表面传向心部而达到自冷淬火。

4.电子束加热表面淬火

当高速的电子流轰击工件表面时，电子可射入表面一定深度，电子的动能转化为热能使工件的表层快速加热到临界温度以上，电子束移开后工件自冷淬火的热处理工艺。电子流射入深度取决于加速电压的高低。例如，对钢铁材料，电子的加速电压为120 KV时，其射入深度约为40 μm。

6.3.4 钢的化学热处理

钢的化学热处理是利用物理（活性原子的表面吸附、扩散等）、化学反应来改变工件表面的成分与组织，从而使工件表面获得与心部不同的力学或物理、化学性能的工艺方法的总称。

1. 钢的渗碳

渗碳通常是指向低碳钢制造的工件表面渗入碳原子，使工件表面达到高碳钢的含碳量。其目的是使工件在热处理后表面具有高硬度和高的耐磨性，而心部仍保持低碳钢良好的塑、韧性。

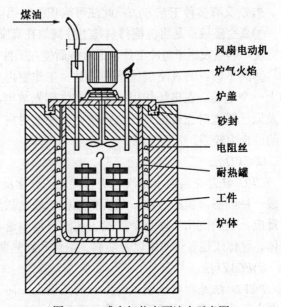

图6-20 感应加热表面淬火示意图

依所用渗碳剂的不同，钢的渗碳可分为气体渗碳、固体渗碳和液体渗碳。最常用的是气体渗碳，其工艺方法是将工件放入密封的加热炉中，加热到临界温度以上（通常为900~950℃）按一定流量滴入液体渗碳剂（如煤油、甲醇和丙酮），并使之分解，分解产物有 C_nH_{2n} 和 C_nH_{2n+2}，在钢的表面发生如下的反应(图6-20)：

$$C_nH_{2n} \rightarrow nH_2 + n[C] \qquad (6-1)$$

$$C_nH_{2n+2} \rightarrow (n+1)H_2 + n[C] \qquad (6-2)$$

从而提供活性碳原子,吸附在工件表面并向钢的内部扩散而进行渗碳。

2. 钢的氮化

与渗碳相似,钢的氮化是指向钢的表面层渗入氮原子的过程。最常用的是气体氮化法。即利用氨气在加热时分解出活性氮原子,$2NH_3 \rightarrow 3H_2 + 2[N]$,活性氮原子被钢吸收后在其表面形成氮化层,同时向心部扩散。Al、Cr、Mo、V、Ti 等合金元素极易与氮形成颗粒细小、分布均匀、硬度很高并且十分稳定的各种氮化物,如 AlN、CrN、MoN、TiN、VN 等,因而,常用的氮化用钢有 35CrMo、18CrNiW 和 38CrMoAlA 等。而对碳钢由于渗氮后不形成特殊氮化物,通常碳钢不用作氮化用钢。

3. 热喷涂

是指把固体材料粉末加热熔化并以高速喷射到工件表面,形成不同于基体成分的涂层,以提高工件耐磨、耐蚀或耐高温等性能的工艺技术。其热源类型有气体燃烧火焰、气体放电电弧、爆炸以及激光等。

4. 气相沉积

根据气相沉积过程进行的方式不同,又分为物理气相沉积(简称 PVD 法)、化学气相沉积(简称 CVD 法)和等离子体化学气相沉积(简称 PCVD 法)。

(1)PVD 法

PVD 又有多种工艺方法,此法可沉积钛、铝以及某些高熔点材料。

①真空蒸镀:是将沉积材料与工件同放在真空室中,然后加热沉积材料使之迅速熔化蒸发,当蒸发原子与冷工件表面接触后便在工件表面上凝结形成一定厚度的沉积层。

②离子镀:与真空蒸镀不同的是,工作室内充有氩气,而且在蒸发源与工件之间加上一个电场。在电场作用下氩气产生辉光放电,在工件周围形成一个等离子区。当蒸发原子通过时也被电离,结果被电场加速射向工件,在表面产生沉积。沉积层与基体的结合力较强。

(2)CVD 法

CVD 法是在高温下使气相进行一定的化学反应,结果在工件特定的表面上沉积而形成一种固态薄膜的方法。其沉积过程一般包括沉积物的蒸发气化、气相与工件的化学反应、膜的沉积加厚三个阶段。此法可以制造各种用途的薄膜,例如,绝缘体、半导体、导体或超导体薄膜以及防腐、耐磨和耐热薄膜等。

(3)PCVD 法

PCVD 法是在离子镀试验方法的基础上,向工作室内通入一些化学反应气体,使之在电场中电离,这样不同成分的离子射向工件表面并发生化学反应形成新相的沉积层。此法可在工件表面形成 TiC、Al_2O_3 等薄膜,因而显著提高工件的耐磨性。

5. 离子注入

首先将待注入元素的原子在离子源中电离,从离子源引出后经过离子加速器后进入磁分析器对离子进行筛选,选出指定能量和质量的离子再经过聚束扫描后均匀射入工件表面。此法可以根据需要自由地选择注入元素,不受热力学相平衡、固溶度等物理冶金因素的限制。

6. 化学镀

化学镀的原理是当工件浸入镀槽中，在工件表面上发生阴极$(Me^{n+} + ne \rightarrow Me)$和阳极反应$(R - qe \rightarrow R^q)$，由于工件表面上的电化学反应而使镀液中金属离子成为原子而沉积在工件表面形成镀层。化学镀的关键是还原剂的选择。最常用的还原剂有次磷酸盐和甲醛，近来又发现硼氢化物，胺基硼烷类和肼类衍生物等作为还原剂也具有良好的效果。

学习要求

1. 理解重要的术语和基本概念，包括奥氏体、晶粒度、起始晶粒度、实际晶粒度、本质晶粒度、珠光体、索氏体、屈氏体、马氏体、贝氏体、回火马氏体、回火屈氏体、回火索氏体、退火、正火、淬火、回火、淬透性等。
2. 能描述碳钢在加热、冷却以及回火时的组织转变。
3. 定性的了解碳钢显微组织变化（包括马氏体相变及马氏体回火）对其力学性能的影响规律。
4. 对碳钢的普通热处理能制订工艺参数。

小结

材料中可能存在多种类型的固态相变，如扩散型相变与非扩散型相变等。而通过适当的热处理（退火、正火、淬火、回火）来控制这些相变就可以获得不同的组织形态。马氏体相变是钢中最重要的固态相变之一。马氏体是奥氏体向铁素体和渗碳体转变时的一个过渡相，这种坚硬相对钢的强化有重要意义。

课堂讨论题

含碳量为 1.2%的碳钢，其原始组织为片状珠光体和网状渗碳体，欲得到回火马氏体和粒状碳化物组织，试制订所需热处理工艺，并注明工艺名称、加热温度、冷却方式以及热处理各阶段所获得的组织。（$A_{c1} = 730℃$，$A_{ccm} = 830℃$）

习题

1. 对碳钢采用何种热处理工艺可获得(a)索氏体；(b)回火索氏体，并说明这两种组织形态以及力学性能有何差异。
2. 说明钢中马氏体的常见形态，亚结构以及力学性能特点。
3. 说明马氏体具有高硬度、高强度的原因。

第七章 钢铁材料

7.1 概述

钢铁材料通常包括钢和铸铁，即指所有 Fe-C 基合金。其中含碳小于 2.11% 的合金称为钢，反之则为铸铁。常用的钢材除 Fe、C 元素外，还含有极少量的由原料，冶炼及加工过程中遗留下来的 Mn、Si、P、S 等杂质，以及为改善和满足材料的使用及工艺性能所加入的一定量的合金元素。Fe-C 基合金自身的结构特性和其成分的可调性使得钢铁材料的性能具有多样性，是目前各行各业尤其是机械工业中不可缺少的基础材料。而钢材由于冶炼质量高，综合性能更好，应用面广。

7.1.1 钢材的分类

钢材种类繁多，为便于生产使用和研究，进行了如下分类：

1. 按化学成份分类

钢按化学成份不同可分为碳素钢和合金钢。碳素钢按碳含量的不同又分为低碳钢（含碳量小于 0.25%），中碳钢（含碳量为 0.25~0.6%）和高碳钢（含碳量大于 0.6%）。合金钢按合金元素总量分为低合金钢（合金元素总量小于 5%），中合金钢（合金元素总含量为 5~10%）和高合金钢（合金元素总量大于 10%）；有时，按合金钢中所含主要合金元素将合金钢分为锰钢，铬钢，铬钼钢或铬锰钛钢等。

2. 按供应态的显微组织分类

一般钢的供应状态有退火态和正火态两种。按正火态组织将钢分为珠光体类，贝氏体类，马氏体类及奥氏体类钢，在这里也不排除有过渡型混合组织出现的可能。按退火态（即平衡态）组织可将钢分为亚共析、共析和过共析钢。

3. 按冶金质量分类

主要是以钢中的有害杂质硫磷的含量不同进行区分：有普通质量钢（$w_P \leq 0.045\%$，$w_S \leq 0.05\%$），优质钢（$w_P \leq 0.035\%$，$w_S \leq 0.035\%$），高级优质钢（$w_P \leq 0.025\%$，$w_S \leq 0.025\%$）。

4. 按用途分类

按用途可将钢分为结构钢，工具钢和特殊性能钢三大类。

结构钢用于制作工程结构和制造机器零件。工程结构用钢也叫工程构件用钢，又可分为建筑用钢，桥梁用钢，船舶用钢及车辆和压力容器用钢等，其一般用普通质量的碳素钢（普碳钢）或普通低合金高强度钢（普低钢）制作。各种机器零件用钢一般用优质或高级优质钢制作，一些要求不高的普通零件也可以用普碳钢或普低钢制作；机器零件用钢按其工艺过程和用途分主要包括渗碳钢、调质钢、弹簧钢和轴承钢等，它们主要由优质碳素钢和优质合金钢制作。工具钢用于制造各种加工和测量工具，按用途可分为刃具钢、模具钢和量具钢。特殊性能钢具有特殊的物理化学性能，可分为不锈钢、耐热钢、耐磨钢和耐寒钢等。

7.1.2 钢的编号

我国的钢材编号是采用国际化学符号，数字及汉语拼音字母并用的原则，即钢中的合金元素用元素符号表示，如 Si、Mn、Cr、Mo、Ni 等，但稀土元素用"RE"表示其总含量。产品名称，用途，冶炼和浇注方法等用汉语拼音字母表示，见表7-1。我国的钢材具体编号方法如下：

表 7-1 常用钢号中汉语拼音字符意义（部分）

名　　称	牌号表示		名　　称	牌号表示		名　　称	牌号表示	
	汉字	拼音字母		汉字	拼音字母		汉字	拼音字母
平炉	平	P	滚动轴承钢	滚	G	铸钢		ZG
酸性转炉	酸	S	高级优质钢	高	A	磁钢	磁	C
碱性侧吹转炉	碱	J	船用钢	船	C	铆螺钢	铆螺	ML
顶吹转炉	顶	D	桥梁钢	桥	q	容器用钢	容	R
沸腾钢	沸	F	锅炉钢	锅	G	低淬透性钢	低	d
半镇静钢	半	b	钢轨钢	轨	U	矿用钢	矿	K
易切钢	易	Y	焊条用钢	焊	H			
碳素工具钢	碳	T	高温合金	高温	GH			

1.普通结构钢

(1) 普通碳素结构钢（普碳钢）

该类钢牌号表示方法是由代表屈服点的字母（Q），屈服强度数值（MPa值），质量等级符号（A，B，C，D）及脱氧方法符号（F，b，Z，TZ）等四部分按顺序组成。如 $Q235$-$A.F$，表示屈服强度数值为 235MPa 的 A 级沸腾钢。质量等级符号表示普碳钢中杂质硫磷含量的高低，C，D 级的含量最低，质量好。脱氧方法符号从 F 起依次分别表示沸腾钢，半镇静钢，镇静钢及特殊镇静钢，后两种钢牌号中的脱氧方法符号可省略。

(2) 普通低合金结构钢（普低钢）

该类钢的钢号由"数字+（元素符号+数字）+（元素符号+数字）+…"等部分组成，前面的数字（为两位数）表示平均含碳量的万分数，合金元素以化学元素符号表示，合金元素后面的数字（一位或两位数）表示该元素的平均百分含量，如果合金元素平均含量低于 1.5%时，则不标明其含量；当其平均含量大于或等于 1.5%至 2.5%时则在元素后面标"2"，依此类推。一般来说，普通低合金结构钢中每一种合金元素的含量都小于 2%。

2. 优质碳素结构钢

该类钢的钢号用钢中平均含碳量的两位数字表示，单位为万分之一。如钢号 45，表示平均含碳量为 0.45%的钢，这是正常含锰量（按杂质含量）的优质碳素结构钢的钢号表示方法。对含锰量较高的钢，须将锰元素标出。所谓较高含锰量系指含碳量大于 0.6%、含锰量在(0.9~1.2)%者及含碳量小于 0.6%、含锰量(0.7~1.0)%者，数字后面附加化学元素符号"Mn"。例如钢号 25Mn，表示平均含碳量为 0.25%而含锰量为(0.7~1.0)%的钢。

沸腾钢，半镇静钢以及专门用途的优质碳素结构钢，应在钢号后特别标出，如 15g，即平均含碳量为 0.15%的锅炉钢；08F 表示含碳量为 0.08%的沸腾钢。

3. 碳素工具钢

碳素工具钢是在钢号前加"T"表示，其后跟以表示钢中平均含碳量的千分之几的数字。如平均含碳量为 0.8%的工具钢，其钢号记为"$T8$"。含锰量较高者须在钢号后标以"Mn"。若为高级优质碳素工具钢则在钢号末端加"A"，如 $T10A$。

4. 合金结构钢

这类钢的牌号表示方法与普低钢类似，如 60Si2Mn 钢，其平均含碳量约 0.6%，含硅 2%及含锰 1%。

5. 合金工具钢

该类钢的编号原则大体同合金结构钢，只是含碳量的表示方法不同，而合金元素的表示方法相同。钢号前表示其平均含碳量的是一位数字，为其千分数；当平均含碳量大于或等于 1.0%时，则不标出含碳量。例如 9Mn2V 钢的平均含碳量为(0.85~0.95)%；而 CrMn 钢中的平均含碳量则为(1.3~1.5)%。

高速钢是一类高合金工具钢，其钢号中一般不标出含碳量，仅标出合金元素符号及其平均含量的百分数。如 W18Cr4V 钢的平均碳含量为(0.7~0.8)%，而合金元素含量则约为 18%W、4%Cr 和 1%V。

6. 滚动轴承钢

该类钢含碳量较高（一般约为 0.95~1.15%），在钢号中不标明；其钢号前冠以 G 表示"滚动轴承"钢，其后为铬（Cr）+数字+其它合金元素+数字+…表示，数字表示铬平均含量的千分数，而其它合金元素后的数字则表示其百分数。如"滚铬15"（即 $GCr15$），即是铬平均含量为 1.5% 滚动轴承钢。

7. 不锈钢及耐热钢

这两类钢钢号前面的数字表示平均含碳量的千分数，如"9 铬 18"（即 9Cr18）表示该钢平均含碳量为 0.9%。但碳含量小于 0.03% 及 0.08% 者，在钢号前分别冠以"00"及"0"，如"00 铬 18 镍 10"（即 00Cr18Ni10）等。

应指出，上述钢中能起重要作用的微量元素如钛，铌，锆等虽然含量较低（一般小于 1% 甚至小于 0.01%），但应在钢号中标出，且元素符号后不附加数字；而当其在某些钢中含量大于 1% 时，则必须在元素符号后加上其含量的百分数。

7.2 普通结构钢

普通结构钢由于冶炼简便成本低，批量大，主要用于制作各种工程结构，如房架，桥梁，汽车构件，船舶，压力容器件等，所以一般又将其称为构件用钢。

7.2.1 构件用钢的性能要求和选材

构件用钢的工作特点是使用时不作相对运动，长期承受静载作用，有一定温度与环境要求。因此这类钢应用时性能要求为：

1. 使用性能

(1) 力学性能：保证构件的刚度，有足够塑性变形和破断抗力，σ_s 和 σ_b 较高，δ 及 ψ 较大，且缺口敏感性和冷脆倾向小等。

(2) 化学稳定性：材料有一定耐大气，海水等环境腐蚀能力。

2. 工艺性能

构件在使用时常常有冷变形和焊接成形及连接要求，故材料良好的冷变形和焊接性能是必须的。

由上述的材料的性能要求，确定材料设计选择原则为：

(1) 构件用钢选材时满足其工艺性能的要求最为重要，当然也要充分考虑其力学性能。

(2) 材料以低碳（$w_C \leq 0.2\%$）为主，材料组织一般为大量铁素体+少量珠光体。这时钢材的冷变形性能和焊接性能较好，化学稳定性较好；也满足使用中的力学性能要求。

(3) 构件材料在供应态即热轧空冷（正火）态直接使用，不需要进行强化热处理；特殊情况也有在淬火回火态使用。

7.2.2 普通碳素结构钢（普碳钢）

普碳钢产量占钢总产量的（70~80）%，其中大部分用作工程结构件，少量用作普通零件。根据国家标准 GB700-88，将其分为 $Q195$，$Q215$，$Q235$，$Q255$ 及 $Q275$ 等五类，其化学成分和力学性能见表 7–2 及表 7–3，其中 $Q195$ 和 $Q275$ 不分等级，但化学成分和力学性能均需保证，此类钢一般制成各种型材，大量用在建筑车辆等行业。

　　同时 $Q195$ 钢碳含量低，塑性好，也常用作制铁钉，铁丝及各种薄板（如黑，白铁皮即镀锌钢板，马口铁即镀锡钢板），还可用作要求不高的冲压件和焊接结构件。$Q215$，$Q235$，$Q255$ 等牌号钢也可用于制作一些普通零件如铆钉，螺钉，螺母和不重要的渗碳件。$Q275$ 属中碳钢，强度高，可代替 30 或 40 钢作某些普通零件。

表 7–2　普碳钢的牌号及成分（GB700-88）

牌号	等级	化学成分					脱氧方法
		C%	Mn%	Si%	S%	P%	
				不大于			
Q195		0.06~0.12	0.25~0.50	0.30	0.050	0.045	F, b, Z
Q215	A	0.09~0.15	0.25~0.55	0.30	0.050	0.045	F, b, Z
Q215	B				0.045		
Q235	A	0.14~0.22	0.30~0.65	0.30	0.050	0.045	F*, b, Z
Q235	B	0.12~0.20	0.30~0.70		0.045		
Q235	C	≤0.18	0.35~0.80		0.040	0.040	Z
Q235	D	≤0.17			0.035	0.035	TZ
Q255	A	0.18~0.28	0.40~0.70	0.30	0.050	0.045	Z
Q255	B				0.045		
Q275		0.28~0.38	0.50~0.80	0.35	0.050	0.045	Z

*注：$Q235A$，B 级沸腾钢锰含量上限为 0.6%。

表 7–3　普碳钢的力学性能（GB700-88）

牌号	等级	拉 伸 试 验													冲击试验	
		屈服强度 σ_S/ MPa						抗拉强度 σ_b/MPa	延伸率 / %						温度 ℃	纵向 V 型冲击功/J
		钢材厚度（或直径）/mm							钢材厚度（或直径）/mm							
		≤16	16~40	40~60	60~100	100~150	>150		≤16	16~40	40~60	60~100	100~150	>150		
		不小于							不小于							不小于
Q195	A	195	185	-	-	-	-	315~390	33	32	-	-	-	-		-
Q215	A	215	205	195	185	175	165	335~410	31	30	29	28	27	26	-	-
Q215	B														20	27
Q235	A	235	225	215	205	195	185	375~460	26	25	24	23	22	21	-	-
Q235	B														20	27
Q235	C														0	
Q235	D														-20	
Q255	A	255	245	235	225	215	205	410~510	24	23	22	21	20	19	-	-
Q255	B														20	27
Q275	-	275	265	255	245	235	225	490~610	20	19	18	17	16	15	-	-

生产上为适应特殊用途的需要，还常在普碳钢基础上进一步提出某些特殊要求而形成一系列专用的构件用钢，如冷冲压用钢，桥梁用钢等，如桥梁用钢 $Q235q$ 和 16桥（16q）；锅炉用钢，如 20 g，22 g 等；船舶用钢如 C10，C20 等。每种专用的构件用钢在冶金标准中都有相应的技术条件规定，可相应查找。

7.2.3 普通低合金构件用钢（普低钢）

普低钢又称低合金高强度钢，英文缩写 HSLA 钢。从成分上看其为含低碳低合金元素钢种，是为了适应大型工程结构（如大型桥梁，压力容器及船舶等）以减轻结构重量，提高可靠性及节约材料的需要而发展起来的。

我国列入冶金部标准的普低钢，按屈服强度高低分为 300MPa 级，350MPa 级，400MPa 级，450MPa 级，500MPa 级和 650MPa 级六个级，具有代表性钢种及牌号性能列入表 7–4 中。

表 7–4　常用普低钢的牌号，性能及主要用途

级别	牌号	机械性能				主要用途
		厚度或直径 mm	σ_s MPa	σ_b MPa	δ %	
300MPa	12Mn	≤16	300	450	21	船舶，低压锅炉，容器，油罐
	09MnNb	≤16	300	420	23	桥梁，车辆
350MPa	16Mn	≤16	350	520	21	船舶，桥梁，车辆，大型容器，钢结构，起重机机械
	12MnPRE	6~20	350	520	21	建筑结构，船舶，化工容器
400MPa	16MnNb	≤16	400	540	19	桥梁，起重机
	10MnPNbRE	≤10	400	520	19	港口工程结构，造船，石油井架
450MPa	14MnVTiRE	≤12	450	560	18	大型船舶，桥梁，高压容器，电站设备
	15MnVN	≤10	480	650	17	大型焊接结构，大桥，造船，车辆
500MPa	14MnMoVBRE	6~10	500	650	16	中温高压容器（<500°C）
	18MnMoNb	16~38	≥520	≥650	≥17	锅炉，化工，石油等工业中的高压厚壁容器（<500°C）
650MPa	14CrMnMoVB	6~20	650	750	15	中温高压容器（400~560°C）

这类钢的低含碳量满足了构件用钢的工艺性能要求，再加入以 Mn 为主的少量合金元素，达到了提高力学性能的目的。主加元素锰资源丰富，且有显著的强化铁素体效果，还可降低钢的冷脆温度，使珠光体数量增加，进一步提高强度；在此基础上还可加入极少量强碳化物元素如 V，Ti，Nb 等，不但提高强度，还会消除钢的过热倾向。如 $Q235$ 钢，16Mn，15 MnV 钢的含碳量相当，但往 $Q235$ 中加入约 1 %

Mn（实际只相对多加了 0.5~0.8%）时，就成为 16Mn 钢， 而其强度却增加近50%，为 350MPa；在 16Mn 的基础上再多加钒(0.04~0.12)%，材料强度又增加至400MPa；且在合金化过程中材料的其他性能也有所改善，大大提高了构件的可靠性和紧凑性，减少了原材料消耗和能源消耗，其经济效益和社会效益是可想而知的。

7.3 优质结构钢

优质结构钢分为优质碳素结构钢及优质合金结构钢，常用作制造重要的零件，如齿轮，轴，轴承，弹簧等。机器零件要加工成各种各样的形状尺寸，更为重要的是其工作时常常要受到各种各样的动静负荷的作用，因此保证其强度，塑性和韧性的有机统一就成为选材的主要矛盾，即零件用钢首先要考虑满足零件的使用性能的需求。

7.3.1 渗碳钢

1.渗碳钢的工作条件及性能要求

渗碳钢要求由其制作的零件在渗碳热处理后才使用。这种零件工作时，除要求较高强度可靠性外，还常常受到较大的表面磨擦和冲击作用，故其性能要求：

(1) 有一定的强度和塑性，以抵抗拉伸，弯曲，扭转等变形破坏；

(2) 要求表面有较高的硬度和耐磨性，以抵抗磨损及表面接触疲劳破坏；

(3) 有较高的韧性以承受强烈的冲击作用；

(4) 当外载是循环作用时，要求零件有好的抗疲劳破坏能力。

2. 渗碳钢主要钢种

渗碳钢即需要渗碳表面强化的钢，根据上述的性能要求，这类钢成分上一般是低碳或低碳合金结构钢。常用的渗碳零件包括齿轮，凸轮，活塞销等表面易于受到磨损破坏的活动零件。如常用作汽车齿轮的 20Cr、20CrMnTi 等钢材，常见钢种如表 7-5 所示。

3. 渗碳钢的合金化及加工技术

渗碳钢"外硬里韧"的力学性能要求可通过选择低含碳量钢并经过渗碳后满足；而其表面和整体的力学性能均匀性要求通过合金化以提高零件的淬透性，从而可以应用强化组织。渗碳钢中常使用的合金元素主要有 Cr、Mn、Ni、Mo、Ti、B等，其中 Cr、Ni、Mn、B 等可大大提高材料的淬透性，且可强化铁素体；而 Mo、Ti 等碳化物形成元素则可形成细小弥散的稳定碳化物而细化晶粒，提高强度、韧性，如含碳基本相同的 20、20Cr、20CrMnTi 钢，其淬透性依次增加，且强韧性也不断加强，用其制造的零件的性能也大大提高。

以 *CA—10B* 载重汽车变速箱中间轴的三档齿轮为例（齿轮材料为 20CrMnTi）说明渗碳钢加工技术。其加工技术流程为：

表 7-5　常用渗碳钢的牌号、热处理、性能和一般用途

牌号	试样直径 mm	热处理工艺				力学性能（不小于）					一般用途
		渗碳	I次淬火 ℃	II次淬火 ℃	回火 ℃	σ_b MPa	σ_s MPa	$\delta\%$	$\psi\%$	A_K (α_k) J (Kgf·m/cm²)	
15	25		920 空气	800 水		375	225	27	55		形状简单受力小的渗碳件
20	25		900 空气	780 水		410	245	25	55		同上
15Cr	15		880 水油	780 水	200	735	490	11	45	55 (7)	船舶主机螺钉、活塞销、凸轮、机车小零件
20Cr	15		880 水油	800 油	200	835	540	10	40	47 (6)	机床齿轮、齿轮轴、蜗杆、活塞销及气门顶杆等
20Mn2	15		850 水油	780 油	200	785	590	10	40	47 (6)	代替 20Cr
20CrMnTi	15		880 油	870 油	200	1080	853	10	45	55 (7)	汽车拖拉机齿轮、凸轮、是 Cr-Ni 钢的代用品
20Mn2B	15	900~950	880 油		200	980	785	10	45	55 (7)	代替 20Cr、20CrMnTi
12CrNi3	15		860 油	780 油	200	930	685	11	50	71 (9)	大齿轮、轴
20CrMnMo	15		850 油		200	1175	885	10	45	55 (7)	代替含镍钢作汽车拖拉机齿轮活塞销等大截面件
20MnVB	15		860 油		200	1080	885	10	45	55 (7)	代替 20CrMnTi、20CrNi 钢
12Cr2Ni4	15		860 油	780 油	200	1080	835	10	50	71 (9)	大齿轮、轴
20Cr2Ni4	15		880 油	780 油	200	1175	1080	10	45	63 (8)	大型渗碳齿轮、轴类
18Cr2Ni4WA	15		950 空气	850 空气	200	1175	835	10	45	78 (10)	高级大型渗碳齿轮（飞机齿轮）、轴、渗碳轴承

下料——锻造——正火——机械加工齿形——渗碳（930℃）——预冷淬火（830℃）——低温回火（200℃）——磨削精加工——装配

其中预备热处理——正火后的组织为 $F+S$，目的是改善锻造组织，并得到合适的硬度（HB170~210），以利于机械加工；齿轮最终热处理后得到的组织为：表面至心部 $M_{回}$+碳化物颗粒+A_r——$M_{回}$+A_r…，完全淬透时心部组织为低碳 $M_{回}$+F，未淬透时则为 $F+S$。

4. 渗碳钢的其他用途

渗碳钢为低碳或低碳低合金钢，其淬火并低温回火的组织为低碳 $M_{回}$+少量 A_r，这种板条状低碳 $M_{回}$ 组织具有很好的综合机械性能，因此其也可开发应用于要求极好强韧性配合的轴类零件等。一些大型耐冲击轴承（一般用高级优质的低合金钢）及某些一般精度的量具也常用渗碳钢制造。

7.3.2 调质钢

调质钢就是经过淬火加高温回火处理而使用的结构钢，其经调质处理后的组织为回火索氏体 $S_{回}$，这种组织有良好的综合机械性能，即高强韧性的统一。

1. 调质钢工作条件及性能要求

许多机器设备上的重要零件，如机床主轴，汽车拖拉机后桥半轴，曲轴，连杆，高强螺栓等都使用调质钢，这些零件工作时常承受较大的弯矩，还可能同时传递扭矩；且受力是交变的，因此还常发生疲劳破坏；在启动工作或刹车时有较大冲击；有些轴类零件与轴承配合时还会有摩擦磨损；当然工艺上保证零件获得整体均匀的组织也是必须的，因此其性能要求：

(1) 高的屈服强度及疲劳极限；

(2) 良好的韧性塑性；

(3) 局部表面有一定耐磨性；

(4) 较好的淬透性。

2. 常用调质钢及其合金化

经调质处理后，低碳（或低碳合金）钢韧性很好，但强度过低；而高碳（或高碳合金）钢则有较高强度，但韧性差。只有中碳（含碳 0.3~0.5%）或中碳合金钢在调质处理后能够达到强韧性的最佳配合，因此调质钢一般是指中碳或中碳合金钢。其主要的合金化元素为 Mn、Cr、Ni、Si 等。合金元素加入主要目的是提高钢的淬透性，保证零件整体具有良好的综合机械性能；有时还要辅加合金元素 W、Mo、V、Ti 等，主要作用是细化晶粒，提高回火稳定性和钢的强韧性，W、Mo 还可抑制第二类回火脆的发生。常用调质钢有 45、40Cr、30CrMnSi 等。表 7-6 是常用调质钢牌号，热处理工艺及力学性能。

3. 调质钢的热处理及加工工艺

调质钢零件的热处理主要是毛坯料的预备热处理（为退火或正火）以及粗加工件的调质处理。如某型号车床主轴为多阶梯中小尺寸轴，工作时承受交变弯曲和扭转应力，有时有冲击作用，花键等部分常有磕碰或相对滑动，其属于中速中载有滚动轴承的工作轴，可选 45 钢或 40Cr 钢。其加工工艺路线为：

下料——锻造——预备热处理——粗加工——调质——铣键槽——局部感应淬火——磨削精加工——装配

其中预备热处理为正火处理，可改善锻造组织缺陷，得到细小索氏体组织，材料硬度 $HB220$，适合机械加工。材料的整体最终热处理即调质后组织为回火索氏体，使零件整体综合机械性能大大提高；而局部硬化采用表面感应淬火及自回火，得到表面组织为回火马氏体，使耐磨性提高；心部的组织性能则保持调质状态不变。

表 7–6 常用调质钢牌号，热处理，性能及用途

| 牌　号 | 热　处　理 | | | 力　学　性　能 | | | | | 退火或调质硬度 HB≤ | 用　　途 |
	淬火温度 ℃	回火温度 ℃	试样尺寸 mm	σ_b MPa	σ_s MPa	δ %	ψ %	A_K J		
45	830~840	580~640	<100	≥600	≥355	≥16	≥40		167	主轴，曲轴，齿轮
40Cr	850	520	25	980	785	≥9	≥45	47	207	轴类，连杆，螺栓，重要齿轮
40MnB	850	500	25	980	785	≥9	≥45	47	207	代替 40Cr 作主轴，曲轴，齿轮等重要零件
40MnVB	850	520	25	980	785	≥10	≥45	45	207	代替 40Cr 或部分代替 40CrNi
30CrMnSi	880	520	25	1080	885	≥10	≥45	39	229	高强度钢，作高速负荷轴，车轴内外摩擦片等
35CrMo	850	550	25	980	835	≥12	≥45	63	229	重要调质用曲轴，连杆，大截面轴
38CrMoAl	940	640	30	980	835	≥14	≥50	71	207	氮化零件，镗杆，缸套等
37CrNi3	820	500	25	1130	980	≥10	≥50	47	269	用于大截面并需要高强度高韧性的零件
40CrMnMo	850	600	25	980	785	≥10	≥45	63	217	使用时相当于 40CrNiMo 等材料的高级调质钢材
25Cr2Ni4W	850	550	25	1080	930	≥11	≥45	71	269	力学性能要求高的大截面零件
40CrNiMo	850	600	25	980	835	≥12	≥55	78	269	高强度零件，如飞机发动机轴等

调质零件除要求综合机械性能外，当还需要表面有良好耐磨性时则应在调质处理后精加工前再进行表面淬火或化学热处理（如氮化处理）等。一些车床齿轮或精密齿轮类零件（对表面及整体性能要求都较高）常选用调质钢并按上述的工艺之一制造。

7.3.3 弹簧钢

1. 弹簧的使用条件及性能要求

用以制造弹簧或类似弹簧性能零件的钢种称为弹簧钢。在机器设备中这类零件的主要作用是：间断吸收冲击能量，缓和机械振动及冲击作用以及周期性贮存能量。常用零件如汽车叠板弹簧，仪表弹簧，汽阀弹簧等。

基于上述工作条件，弹簧的主要失效形式为疲劳断裂和由于发生塑性变形而失去弹性。因此其性能要求为：

(1) 高的屈服强度，疲劳强度和高的屈强比；

(2) 一定的塑性和韧性；

(3) 保证组织性能均匀，要求材料淬透性好；

(4) 另外在高温或腐蚀介质下工作时，材料应有好的环境稳定性。

2. 常用弹簧钢及其合金化

弹簧钢也分为碳素弹簧钢和合金弹簧钢两类。由于这类零件性能以强度要求为主，故其成分特点是：

(1) 含碳量较高，一般为(0.5~0.9)%，碳素弹簧钢取上限，但碳量不宜过高，否则材料变脆；

(2) 以 Si、Mn 为主要合金化元素，作用是提高淬透性，强化铁素体 F，并提高回火稳定性（间接提高强度）；

(3) 以 Cr、W、V 为辅加合金元素，克服 Si、Mn 钢的不足（如易过热，有石墨化倾向）。表 7–7 是常用弹簧钢钢种及性能。

表 7–7 常用弹簧钢钢种，热处理，性能及用途

牌　号	热　处　理		力　学　性　能				用　　途
	淬火 °C	回火 °C	σ_b MPa	σ_s MPa	δ %	ψ %	
65	840 油	480	1000	800	9	35	小于ϕ12~15mm 的一般弹簧，或拉成钢丝作小型弹簧
65Mn	830 油	480	1000	800	8	30	小于ϕ25mm 的各种螺旋弹簧和板弹簧
60Si2Mn	870 油或水	460	1300	1200	5	25	小于ϕ25~30mm 的各种弹簧，工作温度低于230°
50CrVA	850 油	520	1300	1100	10	45	用于ϕ30~50mm 重载荷的各重要弹簧，工作温度低于 400°C
50CrMnA	840 油	490	1300	1200	6	35	车辆拖拉机上小于ϕ50mm 的弹簧零件
65Si2MnWA	850 油	420	1900	1700	5	20	制造高温（≤350°C）小于ϕ50mm 的高强度弹簧
60Si2MnBRE	870 油	460±25	≥1600	≥1400	≥5	≥20	较大截面的板簧或螺旋弹簧
60Si2CrVA	850 油	410	1900	1700	6	20	≤ϕ50mm ≤250°C 的极重要或重载工作弹簧
55SiMnMoV	880 油	550	1400	1300	6	20	小于ϕ75mm 的重型汽车越野车的大型弹簧

3. 弹簧钢的热处理及加工工艺

弹簧钢按其成形方法分为冷成型（强化后成形）及热成形（成形后强化）两类。其相应加工和热处理工艺为：

(1) 冷成形弹簧：对小型弹簧（如丝经小于(8~10)mm 的螺旋弹簧或钢带），一般在热处理强化后冷拔或冷卷成形。为改善塑性提高强度，一般应在成形前等温冷却得到均匀细珠光体组织（如铅浴(450~550)°C 等温淬火冷拔钢丝工艺）或在冷拔工序中加入 680°C 中间退火（冷拔钢丝工艺）；而在冷成形完成后必须要进行一次消除内应力，稳定尺寸并提高弹性极限的定型处理，处理温度为(250~300)°C，保温(1~2)h。冷成形后弹簧直径越小强化效果越好，强度极限可达 1600 MPa 以上，且表面质量好。

(2) 热成形弹簧：对于中大型弹簧一般应加热至奥氏体区进行热卷成型，并使成形温度略高于淬火温度，利用余热淬火，然后进行中温回火（回火温度(350~450)°C），得到回火屈氏体组织，保证了高的弹性极限和足够韧性。对热成形弹簧，由于加热过程易造成表面氧化和脱碳等缺陷，故一般还要补充进行一道表面喷丸处理，这样可大大提高其疲劳强度和寿命。如汽车板簧用 60Si2Mn 钢热成型后，经喷丸处理可使其寿命提高(3~5)倍。

7.3.4 滚动轴承钢

1. 轴承钢的工作条件及性能要求

主要用于制造滚动轴承的钢称为轴承钢。滚动轴承由内套、外套、滚动体及保持架组成，除保持架常用低碳钢（08 钢）板冲制成型外，均由轴承钢制成。

高速运转的滚动轴承工作时，实际受载面积很小，有很高的集中交变负荷的作用；接触部位不仅有滚动摩擦，还有滑动摩擦。因此其工作时要求：

(1) 高而均匀的表面硬度（HRC 61~65）以提高耐磨性；

(2) 高的弹性极限和接触疲劳强度；

(3) 足够的韧性和淬透性；

(4) 良好的组织和尺寸稳定性（尤其对精密轴承）；

(5) 一定的耐蚀性。

2. 轴承钢及其合金化

为满足轴承钢高性能的要求常用轴承钢成分一般如下：

(1) 高碳：一般含碳量为(0.95~1.15)%，保证了马氏体中足够的碳含量及足够的弥散碳化物，满足了高硬度高耐磨要求；

(2) 加入 Cr、Mn、Si 等合金元素：其中 Cr 为主加元素。Cr、Si、Mn 的主要作用是提高淬透性，强化铁素体，提高碳化物稳定性；同时细化组织，提高回火稳定性。但合金含量过高会使残余奥氏体 A_r 增多，导致钢硬度和零件的尺寸稳定性降低；

(3) 轴承钢高的接触疲劳性能要求对材料微小缺陷十分敏感，故材料中的非金属夹杂应尽量避免，即应大大提高其冶金质量，严格控制其 S、P 含量（S<0.02%，P<0.02%）。表 7–8 是常用轴承钢的牌号及相关性能。

除上述常用的轴承钢外，在一些轧钢、矿山等机械中受冲击负荷较大的轴承以及一些大型轴承也可选用渗碳钢，如 20NiMo 和 20Cr2Ni4A 钢等，经渗碳淬火并低温回火后使用，效果也相当不错。高温轴承则选用高合金钢如 Cr4Mo4V 和 9Cr18Mo 等。

由于轴承钢是高碳低合金钢，且其冶金质量好，因此它还常常成为制作某些工具的首选材料。

3. 常用轴承钢的加工工艺及热处理

以常用的 GCr15 钢为例，其加工工艺过程为：

锻造——正火+球化退火——机械粗加工——淬火+冷处理——低温回火——磨削——去应力回火

轴承钢锻造组织为索氏体+少量粒状二次渗碳体，硬度 HB（255~340）。正火的目的是细化组织并消除锻造缺陷；球化退火目的是降低硬度（≤HB210）便于切削加工，同时为最终热处理做好组织准备（球状珠光体）。GCr15 淬火温度严格为(840±10)℃，油淬（得到隐晶马氏体）后立即于(-60~-80)℃ 低温冷处理；再低温回火，温度为(150~160)℃，时间为 (2~3)h，此时其显微组织为回火马氏体+细小弥散碳化物。回火的目的主要是消除内应力，提高韧性，稳定组织和尺寸。磨削后的时效在(120~150)℃进行(2~3)h，目的是进一步稳定尺寸并消除磨削应力。

表 7-8　常用轴承钢的牌号，热处理，性能及用途

牌　号	化 学 成 分				热 处 理		回火硬度 HRC	用　途
	C %	Cr %	Si %	Mn %	淬火温度 ℃	回火温度 ℃		
GCr6	1.05-1.15	0.40-0.70	0.15-0.35	0.20-0.40	800-820	150-170	62-66	<10mm 的滚珠，滚柱和滚针
GCr9	1.0-1.1	0.90-1.12	0.15-0.35	0.20-0.40	800-820	150-160	62-66	20mm 以内的各种滚动轴承
GCr9SiMn	1.0-1.1	0.9-1.2	0.4-0.7	0.9-1.2	810-840	150-200	61-65	壁厚<14mm 外径<250mm 的轴套，25~50mm 的钢球
GCr15	0.95-1.05	1.30-1.65	0.15-0.35	0.20-0.40	820-840	150-160	62-66	与 GCr9SiMn 相同
GCr15SiMn	0.95-1.05	1.30-1.65	0.40-0.65	0.90-1.20	820-840	170-200	>62	壁厚≥14mm 外径 250mm 的轴套，20~200mm 的钢球

7.4 工具钢

主要用于制造各种加工和测量工具的钢称工具钢。按其加工用途分为刃具、量具和模具用钢，按成分不同也可分为碳素工具钢、低合金工具钢及高速钢。

要用于各类材料的加工制造，工具钢应具有高硬度，高耐磨性及较高温度下的强硬性，即其强度指标的要求是第一位的，因此工具钢有较高的含碳量（0.7~1.3%）；同时为进一步提高高温硬度和耐磨性、淬透能及防止其变形，常加入合金元素 Cr、W、Mo、V 等，甚至是高含量的。为保证工具钢优秀性能，尤其是较好塑性韧性，钢中杂质含量尤其是 S、P 含量必须严格限制。

一般来说，工具钢的加工工艺过程为：

坯料——锻造——预备热处理——机械加工——最终热处理——精加工及表面处理——装配

由于工具钢一般含有较高的碳含量，其铸态组织常含有网状碳化物等缺陷；而当合金元素含量高时甚至出现共晶组织，因此工具钢必须进行严格而充分的锻造热加工，以完全消除其铸造缺陷。而预备热处理一般为球化退火（或正火+球化退火）获得球状珠光体，这主要是为降低材料硬度以利于切削加工，也是为最终热处理进行必需的组织准备；当锻造冷却后材料的组织不均匀或有网状碳化物时，预备热处理应为正火+球化退火。工具钢的最终热处理工艺则主要由工具使用时的性能需求而定。

7.4.1 切削工具钢

1. 刃具的工作条件及性能要求

刃具在切削材料时，其刃部不仅会与被切削材料及切屑发生强烈摩擦而发热（温度甚至高于 500℃）；同时还由于切削材料不均匀以及机械原因，使不同方向切削力变化而对刃具产生冲击和震动，因而要求刃具材料：

(1) 高硬度、高耐磨性：一般其硬度≥HRC60，应远远大于工件硬度并保证强化相数量多，分布均匀且稳定。

(2) 高的红硬性：红硬性是指钢在受热条件下仍能保持足够高的硬度和切削能力的特性。工具的红硬性可以用多次高温回火（如 600℃）后在室温下测得的硬度值表示；或以保持材料一定的高硬度（如 HRC60）而能使用的最高回火温度表示。因此这也表示钢抵抗多次高温回火软化的能力，即是一个回火抗力问题，即高的红硬性要求钢有高的回火抗力。

(3) 一定的强韧性：为保证刃具在工作中受到拉压弯扭和冲击等作用时不折断，不崩刃，刃具具有一定的韧性是必须的。

2. 刃具钢钢种及其加工工艺

(1) 碳素刃具钢：常用的碳素刃具钢有 T8、T10、T12、T8A 等。如表 7-9 所示。碳素刃具钢满足一般工具加工条件，其价格便宜，耐磨及加工性好。其中含碳量越高碳化物多，耐磨性好，但韧性变差。碳素刃具钢的热处理工艺有：

预备热处理—— 即在机加工之前进行正火及球化退火（T8 钢则可完全退火）组织为铁素体 F+ 细小均布的粒状渗碳体，硬度 HB<217；

最终热处理—— 淬火（780℃）+低温回火（180℃），组织为 $M_回$+ 粒状渗碳体+少量 A_r（2~8%），硬度达 HRC60~65。

碳素刃具钢红硬性差（刃部温度大于 200℃，其硬度耐磨性即显著降低），且淬透性差。故其一般只用于手工工具，低速或小走刀量的机用工具和小尺寸模具量具，也只能用于加工低硬度材料。

(2) 低合金刃具钢：为克服碳素刃具钢的缺点，在碳钢基础上加入少量的合金元素（一般不超过 3~5%）就形成低合金刃具钢。表 7-10 是常用该类钢的钢号及特点。

表 7-9　碳素刃具钢的牌号、硬度及用途

牌　号	硬　度		用　途　举　例
	供应态 HB≤	*淬火后 HRC≥	
T7　T7A	187	62	硬度适当，韧性较好耐冲击的工具，如扁铲，手钳，大锤，改锥，木工工具
T8　T8A	187	62	承受冲击，要求较高硬度的工具，如冲头，压缩空气工具，木工工具
T8Mn T8MnA	187	62	同上，但淬透性好，可作断面较大的工具
T9　T9A	192	62	韧性中等，硬度较高的工具，如冲头，木工工具，凿岩工具
T10　T10A	197	62	无剧烈冲击，要求高硬度耐磨的工具，如车刀，刨刀，丝锥，钻头，手锯条
T11　T11A	207	62	同上
T12　T12A	207	62	不受冲击，要求高硬度高耐磨的工具，如锉刀，刮刀，精车刀，丝锥，量具
T13　T13A	217	62	同上，要求更耐磨的工具如刮刀，剃刀

*注：淬火后硬度不是指用途举例中各工具的硬度，而是指碳素工具钢材料淬火后的最低硬度。

表 7-10　常用低合金刃具钢的钢号、成分、热处理及用途

牌　号	合金元素含量，%					热处理及硬度				用途举例
	C	Mn	Si	Cr	其它	淬火 ℃	淬火后 HRC	回火℃	回火后 HRC	
Cr06	1.30~1.45	≤0.40	≤0.40	0.50~0.70		800~810 水	63~65	160~180	62~64	锉刀，刮刀，刻刀，刀片，剃刀
Cr2	0.95~1.10	≤0.40	≤0.40	1.30~1.65		830~850 油	62~65	150~170	60~62	车刀，插刀，铰刀，冷轧辊，其它同上
9SiCr	0.85~0.95	0.30~0.60	1.20~1.60	0.95~1.25		830~860 油	62~64	150~200	61~63	丝锥，板牙，钻头，铰刀，冷冲模等
CrWMn	0.90~1.05	0.80~1.10	≤0.40	0.90~1.20	W1.2~1.6	800~830 油	62~63	160~200	61~62	板牙，拉刀，长丝锥长铰刀，冷作模具，
9Mn2V	0.85~0.95	1.70~2.00	≤0.40		V0.1~0.25	760~780 油	>62	130~170	60~62	丝锥，板牙，铰刀，量规，块规等
CrW5	1.25~1.50	≤0.40	≤0.40	0.40~0.70	W4.5~5.5	800~850 油	65~66	160~180	64~65	低速切削硬金属刃具，如铣刀，车刀

这类钢高的含碳量保证了钢高硬度及形成足够的合金碳化物，耐磨性高。同时钢中常加入 Cr、W、Si、Mn、V 等合金元素，大大提高了钢的淬透性和回火抗力，并细化了晶粒。例如，应用较多的 9SiCr 钢淬透性好，油淬透直径达(40~50)mm；且铁素体组织细化，碳化物细化均匀分布，使其强韧性得到提高；同时加入 Si 后其回火稳定性提高，钢在(250~300)℃ 仍能保持 HRC60 以上。

低合金刃具钢的加工工艺及热处理方式与碳素刃具钢类似，处理后的组织状态也类似。

(3) 高速钢：低合金刃具钢基本上解决了碳素工具钢淬透性低耐磨性不足的缺点；红硬性也有一定程度提高，但仍满足不了高速切削和高硬度材料的加工的生产需求。

为适应高速切削，发展了高速钢，其红硬性可达 600℃ 以上，强度比碳素工具钢

提高(30~50)%。高速钢按其成分特点可分为钨系、钼系和钨钼系等，如常用的有钨系钢 W18Cr4V（即 18-4-1），钨钼系钢 W6Mo5Cr4V2（6-5-4-2）等，这些材料的成分特点是：

高碳：含碳量为(0.7~1.65)%，其作用是保证基体能溶入足够的碳获得高碳马氏体，与碳化物形成元素 W、Mo、V、Cr 等形成足量碳化物，细化晶粒，增大耐磨性。

W、Mo 元素：主要用于提高钢的红硬性，含大量 W、Mo 的马氏体有高的回火稳定性；且在(500~600)℃ 回火时析出弥散细小稳定的特殊碳化物，具有二次硬化效应，大大提高了材料的高温强度和耐磨性。

Cr：主要在奥氏体化时溶入奥氏体，大大提高钢的淬透性；同时回火时也能形成细小的碳化物，提高材料的耐磨性。

V：其碳化物十分稳定，能会细化奥氏体晶粒；并提高耐磨性、红硬性。

生产中还常向钢中加入 Ti、Co、Al、B 等合金元素，它们都以提高材料硬度和红硬性为主要目的。表 7-11 是常用高速钢的性能特点。

表 7-11 常用高速钢的牌号、性能及红硬性

种 类	牌 号	热 处 理			硬 度		*红硬性 HRC
		退火温度 ℃	淬火温度 ℃	回火温度 ℃	退火 HB≤	淬火+回火 HRC>	
钨 系	W18Cr4V (18-4-1)	850~870	1270~1280	550~570	255	63	61~62
钼 系	Mo8Cr4V2		1175~1215	540~560	255	63	60~62
钨钼系	W6Mo5Cr4V2 (6-5-4-2)	840~860	1210~1245	540~560	241	64~66	60~61
	W6Mo5Cr4V3	840~885	1200~1240	560	255	64~67	64
超硬系	W18Cr4VCo10	870~900	1270~1320	540~590	277	66~68	64
	W6Mo5Cr4V2Al	850~870	1220~1250	540~560	255	68~69	64

*注：红硬性是将淬火回火试样由室温加热至 600℃ 四次，每次保温一小时的条件下测得的室温硬度值。

高速钢中大量合金元素的存在使其铸态含有大量共晶莱氏体（如图 7-1），共晶碳化物呈鱼骨状，脆性大，用热处理方法是不能消除的。一般通过反复锻造打碎，并使之均匀。高速钢锻后必须缓冷，并进行球化退火，消除了内应力，获得的索氏体+粒状碳化物组织，硬度为 HB(207~255)，可以进行机械加工。高速钢的优越性能需要经正确的淬火回火处理后才能获得。其淬火温度高达(1250~1300)℃，这既保证了有足够碳化物溶入奥氏体，使奥氏体中固溶碳和合金元素含量高，淬透性非常好；淬火后马氏体强度高，且较稳定；同时还不至使钢过热或过烧。但合金元素多也使高速钢导热性差，传热速率低，淬火加热时必须有中间预热（约800~850)℃)；而冷却也多用分级淬火，高温淬火或油淬。正常淬火组织为隐晶马氏体+粒状碳化物+(20~25)%残余奥氏体。

高速钢常用回火工艺是：(550~570)°C 保温 1h，并重复(3~5)次才能保证充分消除应力，减少残余奥氏体数量，稳定组织。其不同于其他材料的回火工艺的原因是由于马氏体中合金元素含量很高，只有在约(550~570)°C 温度才产生马氏体的明显分解；且由于残余奥氏体多，第一次回火后仍有 10%左右的残余奥氏体未转变，三次回火后残余奥氏体才基本转变完成。如图 7-2 是高速钢 W18Cr4V 热处理工艺及回火性能曲线。在 560°C 左右的二次硬化的原因一是回火时析出了高硬度的细小弥散分布的 W、Mo 等的合金碳化物；二是每次回火冷却时发生残余奥氏体向马氏体转变的二次淬火现象。高速钢回火后组织为：极细的 $M_{回}$ + 较多粒状碳化物及少量 A_r（<1~3%），回火后硬度为 HRC(63~66)。

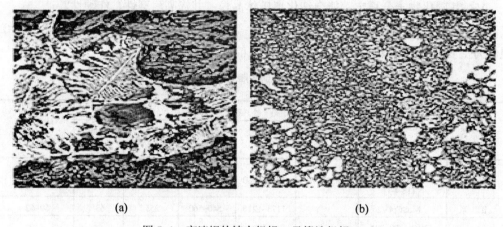

(a)　　　　　　　　　　　　　　　(b)

图 7-1　高速钢的铸态组织(a)及锻造组织(b)

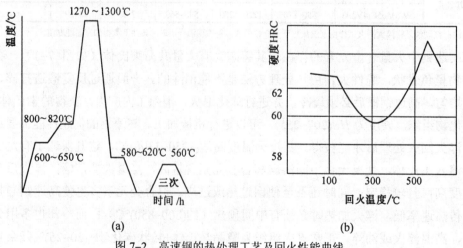

(a)　　　　　　　　　　　　　　　(b)

图 7-2　高速钢的热处理工艺及回火性能曲线

7.4.2 模具钢

根据模具工作条件的不同，模具钢有冷作模具钢和热作模具钢之分。

1. 冷作模具钢（冷模钢）

(1) 冷作模具钢的工作条件与性能要求

用于冷态下变形加工材料的模具，如冷冲、冷镦、冷轧和拉丝模等，其工作条件与刃具用钢的比较类似，如要求高硬度高耐磨性，较高的强韧性等；但由于其在冷态下工作，其对材料红硬性要求不高，但磨损面大，摩擦力更大；工作时受到冲击更大，且模具形状复杂，尺寸常常较大，因此冷作模具钢较刃具钢需要更高的耐磨性，更高的强韧性，而且要求硬化能高，热处理变形应尽可能小。

(2) 钢种选择

按冷作模具钢使用条件，大部分刃具用钢都可以用作制造某些冷作模具。如T8A、T12A、Cr2、9CrSi、Cr6WV 等碳素和低合金工具钢可用作尺寸较小，形状简单且工作负荷不太大的模具，这类钢的主要缺点是淬透性较差，热处理变形较大，且耐磨性不足，使用寿命短。

由于上述原因，为冷作模具专门设计了高碳高铬钢。这主要是指 Cr12 型冷作模具钢，如 Cr12、Cr12MoV 等。其成分中含碳(1.4~2.3)%、含铬(11~12)%。另外有些钢还加入 1%的 Mo、V 等合金元素。由于含碳高并含大量铬，因而冷作模具钢中有足够的铬碳化物，能细化晶粒并提高了耐磨性，且可大大提高钢的淬透性；同时 Mo、V 能进一步细化晶粒，使碳化物分布均匀，从而进一步提高耐磨性和韧性。因此这类钢可用于制作截面大，负荷大的冷冲、挤压、滚丝和剪裁模等。

Cr12 型钢为莱氏体钢，其铸态的网状共晶碳化物和铸造组织缺陷（碳化物不均）必须在模具成型前反复锻造来改善。Cr12 型钢的热处理包括：预备热处理的球化退火——目的是消除应力，降低硬度以便于切削加工。退火硬度为 $HB(207~255)$，组织为球状珠光体+均匀分布碳化物；最终热处理——淬火+低温回火，组织为 $M_回$ + 弥散粒状碳化物+少量 A_r。除此之外，高速钢由于其优异的工艺和使用性能，也是很好的高档冷作模具用钢。表 7-12 是冷模钢的选用举例。

表 7-12 冷作模具钢的选用举例

冷模种类	受载状态及选用材料			备　注
	简单轻载	复杂轻载	重　载	
硅钢片冲模	Cr12, Cr6WV Cr12MoV	同左		加工批量大，要求使用寿命长，均采用高合金钢
冲孔落料模	T10A, 9Mn2V	9Mn2V,Cr6WV, Cr12MoV	Cr12MoV	
压弯模	T10A, 9Mn2V	-	Cr12, Cr12MoV, Cr6WV	
拔丝拉伸模	T10A, 9Mn2V	-	Cr12，Cr12MoV	
冷挤压模	T10A, 9Mn2V	9Mn2V, Cr6WV, Cr12MoV	Cr12MoV，Cr6WV	要求红硬性时还可选用高速钢
*小冲头	T10A，9Mn2V	Cr12MoV	W18Cr4V, W6Mo5Cr4V2	
*冷墩模	T10A，9Mn2V	-	Cr12MoV, Cr4W2MoV 8Cr8Mo2SiV, W18Cr4V	

*注：用于冷挤压钢件，硬铝件或冷墩轴承钢和球钢时，还可选用超硬高速或基体钢。基体钢是指 5Cr4W2Mo3V、6Cr4Mo3Ni2WV 等，其成分相当于高速工具钢在正常淬火状态时马氏体（奥氏体）基体成分。这种钢过剩碳化物数量少，颗粒细，分布均匀，在保证一定耐磨性和热硬性的条件下能显著改善钢抗弯强度和韧性，淬火变形也小。

2. 热作模具用钢（热模钢）

(1) 热作模具钢的工作条件与性能需求

热模是用于金属热加工和热成型的模具，如热锻模，热挤压模和压铸模等。这类模具工作时会反复受热和冷却，同时还会在热态下受到摩擦冲击等作用，因此其主要性能要求是：

① 要求综合机械性能很好：这主要在于模具工作时要承受较大载荷，且会受冲击，对强韧性都有较高要求；

② 抗热疲劳性好：热模具工作时型腔温度可达$(400\sim600)℃$，反复工作时循环冷却加热的应力及表面氧化等会引起材料的破坏失效，即热疲劳失效。因此要求材料要同时保持高温和常温下的高强韧性，抗氧化性和蠕变性能。

③ 淬透性高：这是为了保证模具整体优异的机械性能；同时还要求热模钢导热性好，减少热应力并避免型腔表面温度过高。

(2) 常用热模钢

根据性能要求，热模钢一般使用中碳合金调质钢，含碳为$(0.3\sim0.6)\%$（压铸模钢材含碳量为下限），保证了淬火回火后钢材的硬度和韧性；同时在模具材料中还常加入Cr、Ni、Mn、Mo、Si 等合金元素以提高淬透性及材料的整体性能均匀性，提高回火稳定性并有固溶强化作用，Cr、W、Mo 还形成碳化物提高了材料的耐磨性；合金元素还可提高材料的共析温度，保证材料高温组织和性能稳定性，提高了其抗热疲劳能力。

常用的热模钢有 5CrMnMo 及 5CrNiMo（其在载面尺寸较大时使用）；对压铸模钢常用 3Cr2W8V、4Cr5MoSiV 和 4CrW2Si。表 7-13 为常用热作模具的选材举例。

表 7-13 热作模具选材举例

名称	类　型	选　材　举　例	硬度 HRC
锻 模	高度小于 400mm 的中小型热锻模	5CrMnMo, 5Cr2MnMo	39~47
	高度大于 400mm 的大型热锻模	5CrNiMo, 5Cr2MnMo	35~39
	寿命要求高的热锻模	3Cr2W8V, 4Cr5MoSiV, 4Cr5W2SiV	40~54
	热镦模	4Cr3W4Mo2VTiNb, 4Cr5MoSiV, 4Cr5W2SiV, 3Cr3Mo3V	39~54
	精密锻造或高速锻造	3Cr2W8V, 4Cr3W4Mo2VtiNb, 4Cr5MoSiV, 4Cr5W2SiV,	45~54
压 铸 模	压铸锌、铝、镁合金	3Cr2W8V, 4Cr5MoSiV, 4Cr5W2SiV	
	压铸铜和黄铜	3Cr2W8V, 4Cr5MoSiV, 4Cr5W2SiV, 钨基粉末冶金材料,钼、钛，锆等难熔金属	
	压铸钢铁	钨基粉末冶金材料、钼、钛、锆等难熔金属	
挤 压 模	温挤压镦锻（300~800℃）	8Cr8Mo2SiV，基体钢	
	*热挤压	挤压钢、钛、镍合金用 4Cr5MoSiV、3Cr2W8V（>1000℃）	43~47
		挤压铜合金用 3Cr2W8V（<1000℃）	36~45
		挤压铝、镁合金用 4Cr5MoSiV、4Cr5W2SiV（<500℃）	46~50
		挤压铅用 45 钢（<100℃）	16~20

*注：热挤压温度均为被挤压材料的加热温度。

热模钢必须经过反复锻造使碳化物均匀分布；锻后应退火以消除应力，降低硬度（HB197~241），以便于切削加工。其最终热处理为淬火+高温回火（即调质处理），得到回火索氏体组织，具有良好的综合机械性能和热疲劳抗力。

3. 塑料模具用钢

塑料模具是指用于制造塑料制品的模具。目前塑料制品在日常生活用品，电子仪表，电器等行业中应用十分广泛，在航空航天航海及机械工业中的应用也越来越多，塑料制品大多采用模压成型，因而需要模具。其模具的结构形式和质量对塑料制品的质量和生产效率有直接影响。

压制塑料包括热塑性塑料和热固性塑料两种。热固性塑料如胶木粉等，都是在加热加压下进行压制并永久成形的，胶木模具要周期地承受压力，并在(150~200)℃ 温度下持续受热；热塑性塑料如聚氯乙烯等，通常采用注射模塑法，塑料原料在单独的加热器中加热软化并以软化状态注射到较冷的塑料模具中加压，使之冷硬成型。注射模的工作温度为(120~260)℃，工作时通水冷却型腔，故受热受力及受磨损程度较轻，但值得注意的是含有氯，氟的塑料，在压制时常析出有害的气体，对模腔有较大的腐蚀作用。由上述塑料模具的工作条件，对塑料模具钢有如下性能及工艺要求：

(1) 钢料纯净，夹杂物少，偏析小；

(2) 表面耐磨抗蚀，并要求有一定的表面硬化层，表面硬度一般在 HRC45 以上；

(3) 表面光洁度高，脱模性好。常常需要进行表面处理才能达到这一要求；

(4) 模具有足够的强度和韧性；

(5) 热处理变形小，以保证互换性和配合精度。

塑料模具一般较复杂，制造成本高，而原材料费用只占模具成本的极小部分，因此一般优先选用工艺性能好，性能稳定的钢种。塑料模具用钢可分以下几类：

(1) 适于冷挤压成形的塑料模用钢有工业纯铁和低碳钢，如 10，15，20，20Cr 钢。其加工工艺路线：

锻造——正火——粗加工成型——渗碳——淬火——回火——抛光——镀铬——抛光——装配

(2) 中小尺寸且不很复杂的塑料模具，可选用 $T7A$、$T10A$、9Mn2V、CrWMn、Cr2 钢等。对于大尺寸且形状复杂的塑料模具可采用 4Cr5MoSiV 钢；在要求高耐磨性时也可采用 Cr12MoV 钢。其加工工艺路线：

锻造——球化退火——粗加工——调质或高温回火——精加工——淬火——回火——钳工抛光——镀铬——抛光——装配

(3) 复杂精密塑料模具一般选用 18CrMnTi、12CrNi3A 和 12Cr2Ni4A 等优质渗碳钢，其加工工艺路线同上述(1)所示。

(4) 当塑料成型模压时析出有害气体与钢起强烈反应，其模具应采用马氏体不锈钢 2Cr13 或 3Cr13 钢。模具在(950~1000)℃ 加热并在油中淬火，然后在(200~220)℃ 回火，热处理后其硬度为 $HRC(45\sim50)$，可直接抛光并装配使用。这类模具不需要镀铬表面处理。

塑料模具在热处理时（尤其淬火加热时）应注意保护，防止表面氧化脱碳。热处理后最好先镀铬或进行表面涂镀层处理使其表面具有优异耐磨耐蚀性且脱模性好，以防止使用时的腐蚀和粘附，这样既易于脱模，又可提高耐磨性和模具使用寿命。

7.4.3 量具用钢

1. 量具工作条件与性能要求

量具是用于度量工件尺度的工具，如卡尺，块规及塞规等，其一般有如下的主要性能要求：

(1) 量具最基本要求是保证长期存放和使用中尺寸不变，形状不变，即要求高的尺寸精度。

(2) 量具存放和使用时不磨损，不腐蚀。

为满足上述要求，量具钢一般可采用高碳量的钢，并应回火得到稳定均匀的马氏体组织。但作为精密件，为更好地解决热处理和使用过程中变形小的问题，在选材与热处理过程中有以下几种对策：

(1) 用低变形钢，如铬锰，铬镍锰钢等。这类钢材由于含锰，Ms 降低，淬火时残余奥氏体 A_r 增加，使钢淬火变形小，故其又称作低变形钢。

(2) 淬火前进行调质处理，得到回火索氏体。由于马氏体与回火索氏体之间体积差小，而其与珠光体间体积差大。

(3) 淬火后进行冷处理。降低 A_r 含量，使材料使用时组织稳定。

(4) 淬火后长时间低温回火（低温时效），进一步降低内应力，且使 M 回 进一步稳定。

(5) 许多量具在最终热处理后一般要进行电镀铬防护处理，可提高表面装饰性和耐磨耐蚀性。

2. 量具用钢及热处理

如表 7-14 是常用量具钢的选用举例。可见常用的量具常用碳素工程钢，低合金工具钢，轴承钢及渗碳钢制作。碳素工具钢淬透性低，热处理变形大，只能用于制作尺寸小，形状简单，精度要求低的量具。

低合金工具钢（包括 $GCr15$）由于加入合金元素提高了淬透性，变形小；形成的合金碳化物使合金耐磨性提高。这类钢中 $GCr15$ 使用较多，是由于滚动轴承钢冶炼质量好，耐磨性及尺寸稳定性都较好，是优秀的量具材料。例如用 $GCr15$ 制量规，其工艺路线为：

锻造——球化退火——机加工——粗磨——淬火+低温回火——精磨——时效——涂油保存

渗碳钢及氮化钢可在渗碳及氮化后制作精度不高，但耐冲击性的量具。在腐蚀介质中则使用不锈钢制作量具。

表 7-14 常用量具用钢的选用举例

用　途	选用钢举例	
	钢类别	钢牌号
尺寸小、精度不高、形状简单的量规、塞规、样板等	碳素工具钢	*T10A*，*T11A*，*T12A*
精度不高、耐冲击的卡板、样板、直尺等	渗碳钢	15，20，15Cr
块规、螺纹塞规、环规、样柱、样套	低合金工具钢	CrMn，9CrWMn，CrWMn
块规、塞规、样柱	滚动轴承钢	*G*Cr15
各种要求精度的量具	冷作模具钢	9Mn2V，Cr12MoV，Cr12
要求精度和耐腐蚀性量具	不锈钢	3Cr13，4Cr13，9Cr18

7.5 特殊性能钢

特殊性能钢是指具有特殊物理化学性能并可在特殊环境下工作的钢，如不锈钢，耐热钢，耐磨钢及低温用钢等。

7.5.1 不锈钢

1. 不锈钢的使用条件及材料设计原则

在腐蚀性介质中能稳定不被腐蚀或腐蚀极慢的钢，一般被称为不锈钢。材料在一般的酸碱环境中，电化学作用是其腐蚀失效的主要原因。根据电化学腐蚀的基本原理，对不锈钢通常采取以下措施来提高其性能：

(1) 尽量获得单相的均匀的金属组织，从而不会产生原电池作用。如在钢中加入大于9%的Ni可获得单相奥氏体组织，提高了钢的耐蚀性。

(2) 通过加入合金元素提高金属基体的电极电位。如加入一定量的铬会达到这一目的；钢中含铬量与其电极电位关系服从 n/8 规律，即铬原子含量为 n/8 时电位发生突变而升高，如当加入 13%Cr 时钢中铁素体电极电位由-0.56V 提高到+0.2V，金属腐蚀速率大大减小（图 7-3），使金属抗蚀性大大提高。

(3) 加入合金元素使金属表面在腐蚀过程中形成致密保护膜如氧化膜（又称钝化膜），使金属材料与介质隔离开，防止进一步腐蚀。如 Cr、Al、Si 等合金元素就易于在材料表面形成致密的氧化膜 Cr_2O_3、Al_2O_3、SiO_2 等。

不锈钢中常加入的合金元素有 Cr、Ni、Ti、Mo、V、Nb 等。其中铬是最重要的必加元素，它不但提高铁素体电位，形成致密氧化膜，且在一定成分下也可获得单相铁素体组织；镍是扩大奥氏体区元素，用于形成单相固溶体，也可提高材料电极电位，但镍稀缺；而钢中镍与铬常配合使用则会大大提高其在氧化性及非氧化性介质中的耐蚀性。锰、氮也是奥氏体化元素，在钢中可部分代替镍的作用。钼则可增加钢钝化能力，提高钢在还原性介质中的耐蚀性和抗晶间腐蚀能力。碳虽然是扩大奥氏体区元素，但由于易形成碳化物，使材料在环境中形成原电池数增多，腐蚀加剧；若碳化物

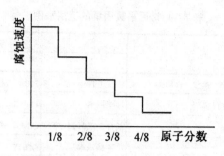

图 7–3　含 Cr 不锈钢的 n/8 规律图

沿晶界析出时更易导致破坏，因此一般不锈钢中含碳量较低，大多在(0.1~0.2)%，不大于 0.4%。只有在高硬度，高耐磨性的要求时，才可适当提高不锈钢的含碳量；同时为消除碳对不锈钢中主要合金元素铬的亲和，不致出现铬碳化物造成晶界或晶内贫铬，因此不锈钢中常入强碳化物形成元素 Ti、Nb 等以形成稳定的碳化物。

2. 不锈钢的分类及常用不锈钢

(1) 不锈钢分类：按不锈钢正火（供应）状态的组织分为：马氏体形不锈钢（Cr13 型）；铁素体型不锈钢（Cr17、Cr25 型）；奥氏体不锈钢（18–8 型）；双相不锈钢及沉淀硬化型不锈钢。

(2) 马氏体型不锈钢：即常规 Cr13 不锈钢，其含铬(12~18)%、含碳(0.1~0.4)%。因铬多碳高，使用态组织为马氏体，故这类钢有较高的强度，耐磨和耐蚀性。常用钢有 1Cr13、2Cr13、3Cr13、9Cr18、1Cr17Ni2 等；为改善耐蚀性及力学性能还可加入 Mo、V、Si、Cu 等合金元素。这类材料中含碳量高则强度较高耐蚀性下降，低则强度较低而有较好耐蚀性。

马氏体型不锈钢由于具有很好的力学性能，热加工性和切削加工性能，用于制作在腐蚀介质中工作的结构件和一些不锈工具，量具，医疗器械等。一般来说，1Cr13 和 2Cr13 具有优良的抗大气，蒸气等介质腐蚀能力，常作为耐蚀结构钢用，如制作汽轮机叶片，热裂设备配件，锅炉管附件等；为获得良好的综合机械性能，其热处理常为淬火+高温回火（600~700℃）调质获得回火索氏体组织。需要指出是这类钢的耐蚀性，焊接性和冷冲压性都不很高，且有回火脆，回火后必须快速冷却。

而 3Cr13 和 4Cr13 钢，由于含碳高，耐蚀性有所下降，但强度高。一般通过淬火+低温回火（200~300℃）获得回火马氏体（达 *HRC*50），用于制作不锈工具，如医疗机械，刃具，热油泵轴等。

(3) 铁素体型不锈钢：这类钢含 Cr(17~30)%，含碳低于 0.15%，工业上常用的有 1Cr17、1Cr17Ti、1Cr28、1Cr25Ti、1Cr17Mo2Ti 等，即所谓 Cr17 型钢。它都是在退火及正火态使用，加热及冷却时没有$\alpha \Leftrightarrow \gamma$ 相变，为单相铁素体组织。因此不能用热处理强化，其铸态的粗晶组织也只能通过形变再结晶来改善；但其耐蚀性由于铬含量高而大大提高；另外其塑性、焊接性能也较好。该类钢中加入 Ti 能细化晶粒、稳定碳和氮，改善韧性和焊接性。

铁素体不锈钢在(450~550)℃ 长期使用或停留会引起所谓"475℃ 脆性"，主要是由于共格富铬金属间化合物（含 80%Cr 和 20%Fe）析出引起，可通过 600℃ 加热快冷消除之。另外其在(600~800)℃ 长期加热还会产生硬而脆的 σ 相而使材料脆化（即 σ 相脆化）。

铁素体型不锈钢主要用于对力学性能要求不高而耐蚀要求高的环境下，如用于硝酸和氮肥等化工生产结构件。

(4) 奥氏体不锈钢：在含 18%Cr 的钢中加入(8~11)%Ni，就是 18-8 型的奥氏体不锈钢，如 1Cr18Ni9Ti 是最典型的钢号。由于镍的加入，扩大了奥氏体区，在室温下就能得到亚稳定的单相奥氏体组织。由于含有高的铬和镍量，呈单相奥氏体组织，因而18-8 型钢具有比铬不锈钢更高的化学稳定性及耐蚀性，是目前应用最多性能最好的一类不锈钢。

这类钢不仅耐蚀性好，且其冷加工性和焊接性也较好，故广泛用于制造化工设备，管道等。单相奥氏体不锈钢具有很强的加工硬化特性，因比其可以通过加工硬化实现材料的强化；其还具有较好的耐热性，可在 700℃ 下长期使用。

18-8 型不锈钢退火状态呈 A+碳化物组织，而碳化物对材料耐蚀性有很大的损伤，因此它通常要采用 1100℃ 加热固溶处理并水冷，使碳化物不析出，以保证单相奥氏体组织。正因为如此，这类钢在(450~850)℃ 加热或焊接时，容易在晶界析出铬碳化物 $Cr_{23}C_6$，使晶界附近贫铬，引起晶间腐蚀，因此钢中常加入一定量的 Ti、Nb、Mo 等强碳化物元素形成极稳定的弥散的 TiC、MoC 等碳化物，抑制了铬碳化物的析出及晶间腐蚀的发生，且提高了钢的强度。如常用的 1Cr18Ni9Ti、1Cr18Ni11Nb 性能很好，可在(600~700)℃ 下长期使用。当然进一步降低钢中碳含量，也可防止晶间腐蚀并大大提高其耐蚀性，如 0Cr18 Ni9、00Cr18 Ni9 等（其含 C<0.08%和<0.03%）。

需要指出的是奥氏体型不锈钢虽然耐蚀性优良，但在有应力时在某些介质中（尤其含有 Cl⁻的介质中）易发生应力腐蚀破裂，而温度会增大产生这一破坏的敏感性，因此这类钢在变形，加工和焊接后必须进行充分的去应力退火处理，以消除加工应力，避免应力腐蚀失效。

(5) 其他类型不锈钢：

①双相(或复相)不锈钢：研究表明当不锈钢是由奥氏体和δ铁素体两相形成的复相材料时（其中铁素体占(5~20)%），不仅克服了奥氏体不锈钢应力腐蚀抗力差的缺点，而且还具有提高抗晶间腐蚀性能及焊缝热裂性的作用。0Cr21Ni5Ti、1Cr21Ni5Ti、1Cr18Mn10Ni5Mo3 Si2 等都属于双相不锈钢。

②沉淀硬化型不锈钢：为解决奥氏体不锈钢强度不足，以及加工硬化过程中由于变形不均匀造成的强化不均等问题，设计并采用了沉淀硬化型不锈钢。这类钢含 Ni 较低，经热处理可形成不稳定的奥氏体甚至马氏体，经时效可沉淀析出金属间化物（如 Ni_3Al、Ni_3Nb 等）使材料强化而不失其耐蚀性，其强度可达 σ_b (1250~1600)MPa。因此这类钢主要用作要求高强度，高硬度而又耐蚀的化工机械设备的零配件及某些航空航天设备零件和军工机械中。如 0Cr17Ni4Cu4Nb（*17-4PH*）、Cr17Ni7Al（*17-7PH*）和 Cr15Ni7Mo2（*PH15-7Mo*）等均属于这类钢。

7.5.2 耐热钢

1. 耐热钢工作条件及耐热性要求

在航空航天，发动机，热能工程，化工及军事工业部门，有许多机器零件是在高温下工作的，常常使用具有高耐热性的耐热钢。钢的耐热性包括高温抗氧化性和高温强度两方面，即高温下对氧化作用的抗力和高温下承受机械负荷的能力。因此耐热钢既要求高温抗氧化性能好，又要求高温强度高。

(1) 高温抗氧化性：金属的抗氧化性通常不是说其不氧化，而是其在高温下表面迅速氧化形成一层致密的氧化膜，隔离了高温氧化环境与钢基体的直接作用，使钢不再被氧化。一般碳钢在高温下表面生成疏松多孔的氧化亚铁（FeO），易剥落，且环境中氧原子能不断地通过 FeO 扩散至钢基体，使钢连续不断地被氧化。通过合金化方法，如向钢中加入 Cr、Si、Al 和 Ni 等元素后，钢在高温氧化环境下表面就容易生成高熔点致密的且与基体结合牢固的 Cr_2O_3、SiO_2、Al_2O_3 等氧化膜，或与铁一起形成致密的复合氧化膜，这就抑制了疏松 FeO 的生成，阻止了氧的扩散；另外为防止碳与 Cr 等抗氧化元素的作用而降低材料耐氧化性，耐热钢一般只含有较低的碳，约为(0.1~0.2)%之间。

高温工作时受力较小的一些炉用构件用钢常加入大量的耐氧化元素，其又称为耐热不起皮钢。如 Cr3Si、Cr13Si3、Cr17Al14Si、Cr24Al2Si、Cr18Ni25Si2（含碳量为(0.3~0.4)%）等。

(2) 高温强度：高温强度又称热强性，是钢在高温下抵抗塑性变形和破断的能力，它通常以潜变极限和持久强度表示。

为了提高钢的高温强度，通常采用固溶强化，沉淀析出相强化和晶界强化的方法，以阻碍原子扩散及错位的运动。其中由于材料在高温下（大于等强温度 *Te*）。其晶界强度低于晶内强度，晶界成为薄弱环节（如图 7-4 所示）。因此耐热钢的晶粒粒径应该是不大不小，并且还可通过加入钼、锆、钒、硼等晶界吸附元素，降低晶界表面能，稳定和强化晶界。

除了能承受高温气体介质的作用外，还能承受一定载荷作用的耐热钢及合金，又称作热强钢或热强合金。

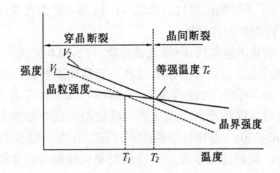

图 7-4 金属强度与温度关系（加载速度 $V_2 > V_1$）

2. 常用耐热钢（热强钢）

耐热钢按组织一般可分为珠光体型钢（组织为珠光体+铁素体），马氏体型和奥氏体型耐热钢。常用珠光体型钢有 16Mo、15CrMo 和 12CrMoV，其使用温度较低，为 (350~550)℃，主要用于制造锅炉，化工压力容器，热交换器，汽阀等耐热构件。马氏体型耐热钢的使用温度在(550~600)℃ 之间，主要用于制造汽轮机叶片和汽油机或柴油机的汽阀等，常用的钢种有：1Cr13、2Cr13、15Cr11MoV 为叶片钢，4Cr9Si2 及 4Cr10Si2Mo 为阀门钢等。

当工作温度在（600~700）℃ 时就要选用耐热性好的奥氏体型耐热钢，这类钢除含有大量的 Cr、Ni 元素外，还可能含有较高的其他合金元素，如 Mo、V、W 等。其品种也很多，包括：

(1) 固溶强化型钢（主要为 1Cr18Ni9 和 1Cr18Ni9Ti 等 18-8 型钢），其通常用于制作加热器管，燃烧室筒体，过热器管等以及喷汽发动机的排气管。还有 4Cr25Ni20（HK40）钢，其中碳及 Cr、Ni 含量均有很大提高，强化效果显著，其在 900℃ 工作寿命达 10 万小时，是石化设备上大量使用的耐热钢。

(2) 碳化物沉淀硬化奥氏体型耐热钢，如国内外应用较多的 4Cr13Ni8Mn8MoVNb（GH36）钢综合力学性能好，可制作增压蜗轮，叶片材料或高温紧固件。

(3) 金属间化合物强化型奥氏体耐热钢，如 0Cr15Ni26MoTi2AlVB（GH132）、0Cr15Ni35W2Mo2Ti2Al3B（GH135）等，含碳量低，强化相为金属间化合物，可制作高温工作的叶片、紧固件和轮盘等。

7.5.3 其它特殊钢

1. 耐磨钢

从广泛的意义上讲表面强化结构钢，工具钢和滚动轴承钢等具有高耐磨性的钢种都可称做耐磨钢，但这里所指的耐磨钢主要是指在强烈冲击载荷或高压力的作用下发生表面硬化而具有高耐磨性的高锰钢，常用的钢的牌号有 ZGMn13 等，这种钢的含碳量为(0.8~1.4)%，保证了足够的耐磨性；含锰(11~14)%，使钢在常温下呈现单相奥氏体组织，因此高锰钢又称为奥氏体锰钢。

高锰钢的铸态组织基本是奥氏体+残余碳化物（Fe，Mn）$_3$C， 其性能硬而脆，且碳化物沿奥氏体晶界析出，显著降低钢的强度，韧性和耐磨性，使用中必须进行水韧处理（即固溶处理）——将铸件加热至高温（1000~1100°C）并适当保温，使碳化物完全溶入奥氏体中，然后水淬激冷，使碳化物不析出而得到单相奥氏体组织。此时钢的硬度很低，约 HB(190~220)，但韧性很高。不过在工作中一经受到强烈冲击摩擦，则产生显著的加工硬化，同时还可能发生形变诱发奥氏体向马氏体的转变，使表面硬度在受载区急剧上升至 HB(500~550)，获得高耐磨性；而心部仍为具有高韧性的奥氏体组织，故高锰钢具有很高的抗冲击能力和耐磨性。但在一般机器工作条件下，材料只承受较小的压力或冲击力，不能产生或仅有较小的加工硬化效果，也不能诱发马氏体转变，此时高锰钢的耐磨性甚至低于一般的淬火高碳钢或铸铁。需要指出的是高锰钢经水韧处理后，不可再回火或在高于 300°C 的温度下工作，否则碳化物又会沿奥氏体晶界析出而使钢脆化。

上述高锰耐磨钢常用于制作球磨机衬板，破碎机颚板，挖掘机斗齿，坦克或某些重型拖拉机的履带板，铁路道叉和防弹钢板等。此外对承受液体或气体流冲刷磨损的零件，可用 30Cr10Mn10 奥氏体钢制造，这种钢具有优秀的抗气蚀能力。

2. 低温（耐寒）用钢

低温用钢主要是指用于钢铁，化学和能源工业中存储运输液氧液氮等液化气体和液体燃料的低温容器及运输设备。低温条件下要求材料具有足够的低温强度，足够的低温韧性，还要具有良好的焊接性和一定的耐蚀性。

按显微组织的不同低温用钢可分为奥氏体型钢，低碳马氏体型钢和铁素体型钢。

(1) 奥氏体型低温用钢：面心立方结构的奥氏体钢具有良好的低温韧性，是最早也是最适宜的低温用钢。其中 18Cr-8Ni 型钢 0Cr18Ni9 和 1Cr18Ni9 使用最广泛，但由于其在-200°C 以下因奥氏体性能不稳定而应慎重选用；而用于超低温（-269°C，液氦）下的稳定的奥氏体钢有 25Cr-20Ni 钢等。

(2) 低碳马氏体型低温钢：由于镍可以改善铁素体的低温韧性并降低其脆性转变温度，故属于这类钢的主要是含 Ni9%（1Ni9）的钢。1Ni9 钢可用在-196°C 条件下，广泛用作制取液氮的设备。

(3) 铁素体型钢：这类钢主要是一些低碳低合金用钢，其显微组织是铁素体加少量珠光体，使用温度较前两类材料要高。为了降低钢的脆性转变温度，需要尽可能降低钢中的碳含量和硫，磷等杂质的含量。常用的钢有 16MnRE、09Mn2VRE 及 09MnTiCuRE 等。

除上述特殊性能钢外，工业中使用的特殊性能钢铁材料还很多，常用的还有用作软磁材料的硅钢（矽钢）片，用作永久磁铁的 Fe-Ni-Al 系硬磁合金，而茵瓦合金（Fe-36Ni 合金）则在 100°C 以下的膨胀系数几乎为零，用于一些精密仪表零件，在此不一一列举了。

7.6 铸铁

7.6.1 概述

铸铁是含碳量大于 2.11%的铁碳合金，其主要组成元素为铁，碳，硅和一定量的锰，而硫磷等杂质的含量也比普通碳钢要高。工业上常用铸铁的成份范围大致为：C(2.5~4.0)%、Si(1.0~3.0)%、Mn(0.5~1.4)%、P(0.01~0.5)%、S(0.02~0.20)%等，还可以加入一定量的合金元素以改善和提高铸铁的力学及物理化学性能。虽然铸铁是人类社会最早使用的金属材料之一，但由于铸铁成本低廉，生产工艺简单并具有优良的铸造性能和切削加工性能，有很高的耐磨减摩性和消震性以及低的缺口敏感性等，使其目前仍然是机械制造业中最重要的材料之一。例如，机床的床身、床头箱、尾架、内燃机的气缸体、缸套、活塞环以及凸轮轴、曲轴等都是铸铁制造的。在农用机械、汽车、拖拉机、机床等行业中，铸铁件约占总重量的(40~90)%。

根据碳在铸铁中的存在形式及石墨的形态，可将铸铁分为白口铸铁、灰口铸铁、球墨铸铁、蠕墨铸铁和可锻铸铁等五大类。其中碳在白口铁中完全以碳化物的形式存在，这种铸铁本身并没有实用价值。另外，凡具有耐热、耐蚀、耐磨等性能的铸铁又称为特殊性能铸铁。

7.6.2 铸铁的石墨化

可实用的铸铁中的碳有大部分或全部是以石墨的形式存在，其组织中都是由基体和石墨两部分组成的。石墨的形态、大小、数量和分布对铸铁的性能有着非常重要的影响，而石墨的特点和基体的类别都与铸铁的石墨化过程有关。

铸铁的石墨化就是铸铁中碳原子析出和形成石墨的过程。研究表明：灰口铸铁、球墨铸铁、蠕墨铸铁中的石墨都是从液体铁水中直接结晶出来的，而可锻铸铁中的石墨则是由白口铁中的碳化物在加热过程中分解而获得的。

1. 铁碳合金双重相图

由于 Fe–C 合金中渗碳体（Fe_3C）是一个亚稳定相，其中的碳以石墨的形态存在才是稳定的。因此描述铁碳合金组织转变的相图应为两个：一个是 $Fe-Fe_3C$ 系相图，另一个是 Fe–C 系相图。将两个相图迭加在一起，就得到如图 7–5 所示的双重相图。图中实线表示 $Fe-Fe_3C$ 系相图，虚线加上部分实线表示 Fe–C 系相图。显然按 $Fe-Fe_3C$ 相图结晶，就得到白口铸铁；而按 Fe–C 系相图结晶就会析出石墨，即发生石墨化过程。

2. 铸铁的石墨化过程

铸铁在加热或铁水结晶过程中当条件合适就会发生石墨化，按石墨化过程进行的温度可将其分为两个阶段：

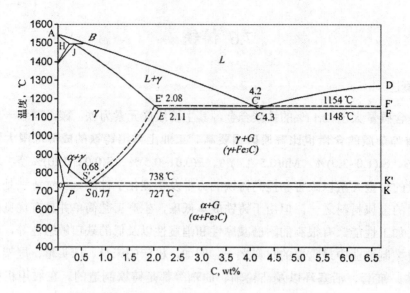

L—液态金属，γ—奥氏体，G—石墨，δ，α—铁素体，P—珠光体

图 7-5　Fe-Fe₃C 和 Fe-C 双重相图

(1) 第一阶段石墨化：包括从过共晶铁水中直接析出的初生（一次）石墨；在共晶转变中形成的共晶石墨；由一次渗碳体（Fe₃C$_I$）、共晶渗碳体和二次渗碳体（Fe₃C$_{II}$）在高温下分解析出石墨。

(2) 第二阶段石墨化：包括共析转变过程中形成的共析石墨和由共析渗碳体分解析出的石墨。由于石墨化过程是一个原子扩散过程，很显然温度高是有利于这一过程的实现，所以石墨化如果在第一阶段进行时反应会更充分，速度更快；反之第二阶段石墨化则难以充分进行。而石墨化程度的不同将会对铸铁的组织结构及性能有很大的影响。完全石墨化的铸铁的得到的组织为：铁素体基体+石墨；部分石墨化的铸铁可以的得到两类组织：（铁素体+珠光体）基体+石墨，珠光体基体+石墨。表 7-15 是不同类型的铸铁的组织与其石墨化进程之间的关系。

3. 影响铸铁石墨化的因素

研究表明，铸铁某种原因的化学成分和铸件结晶冷却速度是影响其石墨化和组织的主要因素。

(1) 化学成分：铸铁中的常存元素碳、硅、锰、磷、硫对其石墨化的影响是不同的。碳、硅、磷会促进其石墨化，锰和硫则起着相反的作用。由于磷和硫应是严格控制的杂质，因此在铸铁生产中，锰的含量也不能过高并应严格控制，而调整碳和硅的含量就成为控制铸铁组织和性能的基本措施之一。铸铁中碳、硅含量过低，易出现白口，其机械性能和铸造性能都较差；反之则使铸铁中的石墨数量多且粗大，机械性能下降。因此碳、硅的含量一般在下列范围内：碳(2.5~4.0)%，硅(1.0~3.0)%。

铸铁中的其它合金元素对铸铁的石墨化过程也会有一定的影响。一般地说，碳化物形成元素，如 W、Mo、Cr、V 以及 Mg、Ce、B 等会阻碍铸铁的石墨化过程；而非碳化物形成元素，如 Co、Cu、Ni、Al 等则常起着促进石墨化过程的作用。

(2) 冷却速度：一般地说，在其它条件相同时，铸件的冷却速度越缓慢，过冷度比较小时，有利于石墨化过程的充分进行；反之，冷却速度增大，过冷度增大，使原子扩散能力弱，碳元素更容易以碳化物的形式析出，不利于铸铁石墨化的进行。

铸铁的冷却速度与铸模类型，浇铸温度，铸件壁厚及铸件尺寸等工艺因素有关。图 7-6 表示了铸铁的化学成分和冷却速度对铸铁组织的影响。

表 7-15　铸铁组织与其石墨化进程的关系

铸 铁 名 称	显 微 组 织	石 墨 化 程 度	
		第一阶段石墨化	第二阶段石墨化
灰口铁	$F+G_{片}$	完全进行	完全进行
	$F+P+G_{片}$		部分进行
	$P+G_{片}$		未进行
球墨铸铁	$F+G_{球}$	完全进行	完全进行
	$F+P+G_{球}$		部分进行
	$P+G_{球}$		未进行
蠕墨铸铁	$F+G_{蠕}$	完全进行	完全进行
	$F+P+G_{蠕}$		部分进行
可锻铸铁	$F+G_{团絮}$	完全进行	完全进行
	$P+G_{团絮}$		未进行

7.6.3 常用普通铸铁

1. 灰口铸铁

(1) 灰口铸铁的成分，组织性能和用途

灰铸铁的成分大致范围为：(2.5~4.0)%C，(1.0~3.0)%Si，(0.25~1.0)%Mn，(0.02~0.20)%S，(0.05~0.50)%P。具有上述成分范围的铸铁水当缓慢冷却结晶时，将发生石墨化，且析出片状石墨。其断口的外貌呈浅灰色，故称为灰口铸铁（灰铁）。

灰铸铁的牌号，组织性能及应用见表 7-16 所示。牌号中"*HT*"表示"灰铁"二字的汉语拼音大写字首，"*HT*"后的数字表示铸铁的最低抗拉强度值。如 *HT*200 表示最低抗拉强度为 200MPa 的灰铸铁。

组织特征：普通灰铸铁的组织是有片状石墨和钢的基体组成，其片状石墨形态或直或弯且不连续。钢的基体根据石墨化进程不同可以是铁素体，铁素体+珠光体或珠光体三种，其显微组织如图 7-7 所示。*HT*250、*HT*300 和 *HT*350 三个牌号的灰铸铁需经孕育处理（即结晶时向铁水中加入孕育形核剂）获得，其显微组织是在细珠光体基体上分布着细片状石墨。

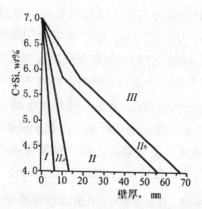

I—白口铸铁，II_a—麻口铸铁，II—珠光体铸铁，

II_b—珠光体+铁素体铸铁，III—铁素体铸铁

图7-6　铸件壁厚和碳硅含量对铸铁组织的影响

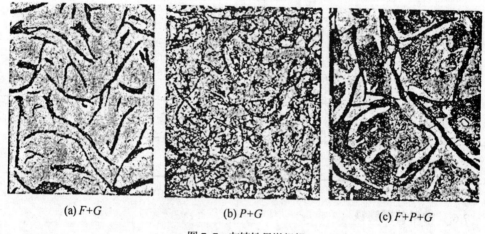

(a) F+G　　　　　　(b) P+G　　　　　　(c) F+P+G

图7-7　灰铸铁显微组织

与普通钢材相比，灰铸铁具有如下性能特征：

① 机械性能低：灰铸铁的抗拉强度低（表 7-16 所示），这是由灰铸铁的组织特征决定的，其组织中的低性能石墨（$\sigma_b = 20MPa$，$HB = 3\sim5$，$\delta = 0$）实际上就相当于布满于材料内的孔洞或裂纹，在受载时其对钢基体有很强的分割和应力集中效应，大大降低了材料的强度和塑性。

② 优异的耐磨性和消震性：铸铁中的石墨因其层状结构而有润滑作用，而当低强度的石墨磨损后留下的空隙有利于贮油，从而使灰铁的耐磨性好；同样石墨的存在使灰铁的有较好的消震性。

③ 工艺性能好：灰铸铁的成分接近于相图中的共晶成分点，熔点较低，使材料在铸造时流动性好，分散缩孔少，能制造复杂形状的零件；而石墨的润滑效应有利于材料的切削加工。

(2) 灰铸铁的热处理

灰铸铁的热处理只能改变其基体组织，不能改变石墨的形态和分布，即热处理不能显著改善灰铸铁的力学性能。热处理主要用来消除铸件的内应力，稳定尺寸，消除白口组织和提高铸铁的表面性能。

表 7-16 灰铸铁的牌号、组织性能及应用举例

牌　号	铸件壁厚 mm		抗拉强度 MPa	显微组织		应　用　举　例
	大于	小于	不小于	基体	石墨	
HT100	2.5	10	130	F	粗片状	手工铸造用砂箱，盖，下水管，底座，外罩，手轮，手把，重锤
	10	20	100			
	20	30	90			
	30	50	80			
HT150	2.5	10	175	F+P	较粗片状	一般铸件，如底座，手轮，刀架等；冶金业中流渣槽，渣缸，轧辊机托辊；机车用铸件如水泵壳，阀体，动力机械用拉钩，框架，泵壳等。
	10	20	145			
	20	30	130			
	30	50	120			
HT200	2.5	10	220	P	中等片状	一般运输器械中的气缸体，缸盖，飞轮；一般机床的床身，机床；运输通用机械中的中压泵体，阀体；动力机械中的外壳，轴承座，水套筒等
	10	20	195			
	20	30	170			
	30	50	160			
HT250	4	10	270	细 P	较细片状	运输机械中的薄壁缸体，缸盖，进排气歧管；机床的立柱，横梁，床身，滑板，箱体；冶金矿山机械的轨道，齿轮；动力机械的缸体缸套活塞等
	10	20	240			
	20	30	220			
	30	50	200			
HT300	10	20	290	细 P	细小片状	机床导轨，受力较大的床身，立柱机座；通用机械中的水泵出口管，吸入盖；动力机械的液压阀体，蜗轮，气轮机隔板，泵壳；大型发动机缸体缸套
	20	30	250			
	30	50	230			
HT350	10	20	340	细 P	细小片状	机床导轨，工作台的耐摩擦件；大型发动机气缸体缸套衬套；水泵缸体，阀体凸轮；须经表面淬火的铸件
	20	30	290			
	30	50	230			

①去应力退火：铸件在铸造冷却过程中由于形状尺寸不均容易造成内应力，可能会导致铸件的翘曲开裂，因此为保证尺寸稳定和防止变形开裂，对一些形状复杂的铸件如机床床身，柴油机汽缸等，常常要进行去应力退火（又称人工时效）。工艺规范一般为：随炉缓慢加热至(500~550)℃，保温一段时间（每 10mm 的有效厚度保温 2h）后，随炉缓冷至(150~200)℃ 出炉空冷。

②消除白口退火：灰铸铁表面及一些薄截面处，在冷却时易产生白口，增加了表面硬度和切削加工困难，需要退火消除之。其工艺规范为：

厚壁铸件：缓慢加热至(850~950)℃ 保温(2~3)h

薄壁铸件：缓慢加热至(800~900)℃ 保温(2~5)h

冷却方式要根据材料的使用性能要求而定，如果主要是为了减低硬度改善切削加工性能，可采用炉冷至 400~500℃ 出炉空冷；若要保持铸件表面的耐磨性，则可采用直接空冷得到珠光体基的灰口铁。

③表面淬火：为了提高某些铸件的表面硬度，可对铸铁进行表面淬火。常用的方法有高（中）频感应加热表面淬火，还可用火焰加热，激光加热，等离子加热和电接触加热等新型表面淬火方法。例如，机床导轨用高（中）频淬火时，表面基体淬硬层深度约为 1.1~2.5（3~4）mm，硬度为 $HRC50$。

2. 可锻铸铁

可锻铸铁是由一定成分的白口铁经过可锻化（石墨化）退火而获得的具有团絮状石墨的铸铁。其大致成分范围为：(2.4~2.7)%C，(1.4~1.8)%Si，(0.5~0.7)%Mn，<0.008%P，<0.025%S；同时为缩短石墨化退火周期，还往往向铸铁中加入 B、Al、Bi 等孕育剂（可缩短一半多时间）。

表 7-17 列出了我国可锻铸铁的牌号，性能和应用。其牌号中，"KTH" 和 "KTZ" 分别表示铁素体基可锻铸铁和珠光体基体可锻铸铁的代号，代号后的第一组数字表示铸铁的最低抗拉强度，第二组数字表示其最低延伸率。如 KTZ700-02 表示珠光体可锻铸铁，其最低抗拉强度为 700MPa，最低延伸率为 2%。

表 7-17 可锻铸铁的牌号，机械性能和用途

分类	牌号	试样直径 mm	σ_b/MPa	σ_s/MPa	δ%	硬度 HB	应用举例
			不小于				
铁素体可铁	KTH300-06	12 或 15	300	186	6	120~150	管道，弯头接头，三通，中压阀门
	KTH330-08	12 或 15	330		8	120~150	板手，犁刀犁柱，初纺机印花机盘头
	KTH350-10	12 或 15	350	200	10	120~150	汽车拖拉机：轮壳，差速器壳，制动器支架；农机：犁刀犁柱；其它瓷瓶铁帽，铁道部扣板，船用电机壳
	KTH370-12	12 或 15	370	226	12	120~150	
珠光体可铁	KTZ450-06	12 或 15	450	270	6	150~200	曲轴，凸轮轴，连杆，齿轮，摇臂，活塞环，轴套，犁刀，耙片，万向接头，棘轮，板手，传动链条，矿车轮等
	KTZ550-04	12 或 15	550	340	4	180~250	
	KTZ650-02	12 或 15	650	430	2	210~260	
	KTZ700-02	12 或 15	700	530	2	240~290	

可锻铸铁的组织特征：石墨化工艺不同，可锻铸铁的组织状态就不同。如图 7-8 为可锻铸铁的石墨化退火工艺曲线。若对可锻铸铁进行完全石墨化退火，则可得到铁素体+团絮状石墨的组织（图 7-9(a)），称其为铁素体基体可锻铸铁；若按图 7-8 工艺只进行了第一阶段石墨化退火，则得到的组织为珠光体+团絮状石墨（图 7-9(b)），将其称为珠光体基体可锻铸铁。上述两种可锻铸铁中的团絮状石墨表面不规则，表面积与体积比较大。

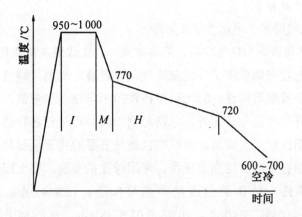

I=第一阶段石墨化；II=第二阶段阶段石墨化；M=中间阶段石墨化

图 7-8 可锻铸铁的石墨化退火工艺曲线

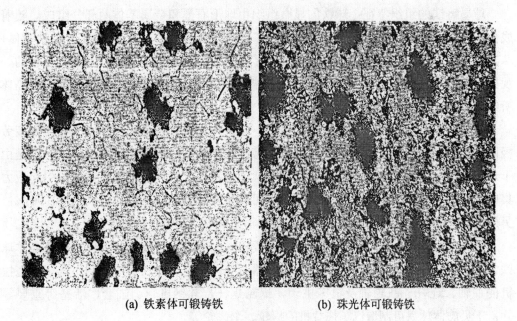

(a) 铁素体可锻铸铁   (b) 珠光体可锻铸铁

图 7-9   可锻铸铁的显微组织

可锻铸铁的性能特征：由于团絮状石墨对金属基体的割裂作用较片状石墨大大减轻，使可锻铸铁的机械性能比灰铸铁高，强度、塑性和韧性都有明显的提高。铁素体可锻铸铁具有较高的塑性和韧性，且铸造性能好，它常用于制造形状复杂的薄截面零件，其工作时易受冲击和振动，如汽车、拖拉机的后桥壳、轮壳、转向机构及管接头等；珠光体可锻铸铁强度和耐磨性较好，可用于制造曲轴、连杆、凸轮、活塞等强度和耐磨性要求较高的零件。

3. 球墨铸铁（球铁）

(1) 球墨铸铁的牌号、组织性能和用途

石墨呈球状的铸铁即为球墨铁铸，简称球铁。它比普通灰铸铁具有高得多的强度、塑性和韧性，同时较好地保留了普通灰铸铁具有耐磨、消震、减磨、易切削、好的铸造性能和对缺口不敏感等特性。它比可锻铸铁的力学性能也更高，且产生工艺简单，周期短，不受铸件尺寸限制。此外，球铁与钢相同，可进行各种热处理改变金属基体的组织，能使力学性能大大提高。所以球铁是最重要的铸造金属材料。球铁是液体铁水经球化处理及孕育处理后结晶而获得。常用球化剂有镁、稀土或稀土镁；孕育剂常用的是硅铁和硅钙。球铁的大致化学成分如下：(3.8~4.0)%C，(2.0~2.8)%Si，(0.6~0.8)%Mn，S<0.04%，P<0.1%，(0.03~0.08)% Mg$_残$。表 7-18 所示是我国国标中七个球墨铸铁的牌号，性能和主要用途。球墨铸铁牌号中，"QT"代表球铁二字的汉语拼音字头，后面的第一组数字代表该铸铁的最低抗拉强度值，第二组数字代表其最低延伸率值。

球墨铸铁的组织特征：球铁的显微组织由球形石墨和金属基体两部分组成。随着成分和冷速的不同，球铁在铸态下的金属基体可分为铁素体（图 7-10(a)），铁素体+珠光体（图 7-10(b)）和珠光体（图 7-10(c)）三种。在光学显微镜下观察，石墨的外观接近于球形，但在电子显微镜下观察到球形石墨实际上是由许多倒锥形的石墨晶体所组成的一个多面体。

球墨铸铁的性能特点：与灰铸铁相比，球墨铸铁具有较高的抗拉强度和弯曲疲劳极限，也具有相当良好的塑性、韧性及耐磨性，球铁是力学性能最好的铸铁。这是由于球形石墨对金属基体截面削弱作用较小，使得基体比较连续，且在拉伸时引起应力集中的效应明显减弱，从而使基体的作用可以从灰铸铁的(30~50)%提高到(70~90)%；另外，球铁的刚性也较灰铸铁好，但球铁的消震能力比灰铸铁低很多。

优异的力学性能使球铁可用于制造承载较大，受力复杂的机器零件。如铁素体球铁常用于制造受压阀门、机器底座、减速器壳等；珠光体球铁常用于制作汽车、拖拉机的曲轴、连杆、凸轮轴及机床主轴、蜗轮蜗杆、轧钢机辊、缸套、活塞等重要零件；下贝氏体球铁可制造汽车拖拉机的蜗轮、伞齿轮等。

表 7-18 球墨铸铁的牌号、性能和主要用途

牌号	基体组织	机械性能（不小于）					应用举例
		σ_b / MPa	σ_s / MPa	δ / %	α_k / J/cm^2	HB	
QT400-17	F	400	250	17	60	≤197	汽车拖拉机底盘零件，阀门的阀体和阀盖
QT420-10	F	420	270	10	30	≤207	
QT500-05	F+P	500	350	5		147~241	机油泵齿轮等
QT600-02	P	600	420	2		229~302	柴油机汽油机的曲轴；磨床铣床车床的主轴；空压机冷冻机的缸体缸套
QT700-02	P	700	490	2		231~304	
QT800-02	S回	800	560	2		241~321	
QT1200-01	B下	1200	840	1	30	≥HRC38	汽车拖拉机齿轮等

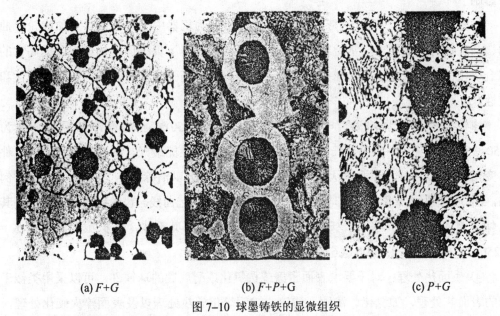

(a) F+G   (b) F+P+G   (c) P+G

图 7-10 球墨铸铁的显微组织

(2) 球墨铸铁的热处理

球铁中金属基体是决定球铁机械性能的主要因素，所以像钢一样，球铁可通过合金化和热处理强化的办法进一步提高它的机械性能。例如，加入 0.78%Cu、 0.35%Mo 的稀土铜钼球铁经正火热处理后，其机械性能可达到 σ_b =975MPa， δ =3.0%， α_k= 3.2J/cm^2， HB=269。球铁的热处理方法主要有退火、正火、淬火及回火、等温淬火和表面热处理。其中退火也包括去应力退火和高温及低温石墨化退火，其方法和作用与灰铸铁类似。下面主要介绍其它几种热处理方法。

①正火：目的是为了在球铁中获得珠光体基体组织，并使晶粒细化、组织均匀，从而提高零件强度硬度及耐磨性。根据加热温度不同可将正火工艺分为高温正火（又称完全奥氏体化正火）和中温正火（又称不完全奥氏体化正火）。

高温正火时将工件加热至(900~950)°C 保温(1~3)h 后空冷或风冷或喷雾冷却，获得完全珠光体基体的球铁；中温正火则是将工件加热至(850~900)°C 保温(1~4)h，然后空冷获得珠光体+少量铁素体基体的球铁。

正火后，为了消除正火时铸铁的内应力，通常再进行一次(550~600)°C 的去应力退火处理。

②淬火及回火：为了提高球墨铸铁件的机械性能，可将球铁进行淬火和回火处理。淬火加热温度一般取 Ac_1 + (30~50) °C；回火温度分三种：低温回火，温度为(150~250)°C；中温回火，温度为(350~500)°C；高温回火，温度为(500~600)°C。淬火及回火后的组织，除有球状石墨外，其它与碳钢的淬火组织相同。需要指出的是球铁的淬透性好，但也只宜用油淬，以防淬裂；回火时最好快冷，缓冷易造成球铁冲击韧性急剧下降。

③等温淬火：为了满足日益发展的高速，大马力机器中受力复杂件（如齿轮、曲轴、凸轮轴等）的要求，常把球铁件进行等温淬火获得下贝氏体基体组织以提高它的综合机械性能。实践证明，球铁经等温淬火后可获得高强度，同时具有较好的塑性和韧性。

球铁等温淬火加热温度一般推荐采用 Ac_1+(30~50)°C；等温冷却温度一般为(250~350)°C，获得下贝氏贝氏体的球铁，其综合机械性能最好，同时等温淬火的工件的变形开裂倾向小。等温淬火后工件应进行低温回火以消除内应力并稳定组织。例如，图 7-11 为稀土镁钼合金球铁减速齿轮等温淬火工艺曲线。齿轮经这样处理后，其基体组织主要为细针状下贝氏体和少量马氏体及残余奥氏体，其机械性能为：σ_b = (1250~1450)MPa，α_k = (3.0~3.6)J/cm^2，HRC (47~51)。

④ 表面热处理：对于要求表面耐磨或抗氧化或耐腐蚀的球铁件，可以采用类似于钢的表面热处理，如氮化、渗硼、渗硫、渗铝等化学热处理以及表面淬火硬化处理，以满足性能要求，其处理工艺与钢的类似。

4. 蠕墨铸铁

蠕墨铸铁是近几十年来迅速发展起来的新型铸铁材料，它是在一定成分的铁水中加入适量的蠕化剂，凝固结晶后铸铁中的石墨形态介于片状与球状之间，形似蠕虫状。通常变质剂蠕化剂为稀止硅铁镁合金、稀土硅铁合金、稀土硅铁钙合金或混合稀土。蠕墨铸铁的化学成分与球铁相似，即要求高碳、高硅、低磷并含有一定量的镁和稀土，一般成分范围是：(3.5~3.9)%C，(2.1~2.8)%Si，(0.4~0.8)%Mn，P 和 S 均应小于0.1%。

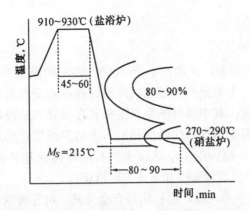

图 7-11 稀土镁钼合金球铁减速齿轮等温淬火工艺

蠕墨铸铁的组织特征：其显微组织是由蠕虫状石墨+金属基体组成。与片状石墨相比，蠕虫状石墨的长径比值明显减小，一般在 2~10 范围内（图 7-12）；同时，蠕虫状石墨往往还与球状石墨共存。在大多数情形下，蠕墨铸铁组织中的金属基体比较容易得到铁素体基体(含量超过 50%)；当然，若加入 Cu、Ni、Sn 等稳定珠光体元素，可使基体中珠光体量高达 70%，再加上适当的正火处理，珠光体量更可增加为 90%以上。

蠕墨铸铁的性能特点：蠕铁的力学性能介于基体组织相同的优质灰铸铁和球铁之间。当成分一定时，蠕墨铸铁的强度、韧性、疲劳极限σ_{-1}和耐磨性等都优于灰铸铁，对断面的敏感性也较小；但蠕虫状石墨是互相连接的，使蠕铁的塑性和韧性比球铁低，强度接近球铁。此外，蠕墨铸铁还有优良的抗热疲劳性能、铸造性能、减震能力以及导热性能接近于灰铸铁，但优于球铁。因此，蠕墨铸铁广泛用来制造柴油机缸盖、气缸套、机座、电机壳、机床床身、钢锭模、液压阀等零件。

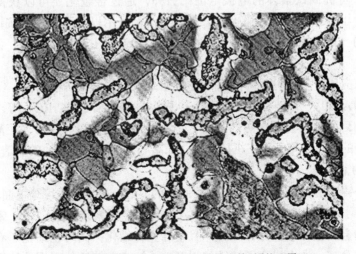

图 7-12 蠕墨铸铁的显微组织（铁素体+蠕状石墨）

7.6.4 特殊性能铸铁

1. 耐热铸铁

普通灰铸铁的耐热性较差，只能在小于 400℃ 左右的温度下工作。研究表明，铸铁在高温下的损坏形式，主要是在反复加热冷却过程中相变和氧化引起铸铁的生长和微裂纹形成扩展以致失效；其中铸铁的生长是指其在反复加热冷却时产生的不可逆体积长大现象，其主要原因是由于氧化性气体沿石墨边界或裂纹渗入内部产生内氧化，或铸铁中的渗碳体高温分解为密度小体积大的石墨和铸铁基体的其它组织转变引起的。提高铸铁耐热性的途径可以采取如下几方面措施：

(1) 合金化：在铸铁中加入硅、铝、铬等合金元素，可使铸铁表面形成一层致密的稳定性很高的氧化膜，阻止氧化气氛渗入铸铁内部产生内氧化；通过合金化获得单相铁素体或奥氏体基体，使其在工作温度范围内不发生相变，从而减少因相变而引起的铸铁生长和微裂纹。

(2) 球化处理或变质处理：经过球化处理或变质处理，使石墨转变成球状和蠕虫状，提高铸铁金属基体的连续性，减少氧化气氛渗入铸铁内部的可能性，有利于防止铸铁内氧化和生长。

常用耐热铸铁有：中硅耐热铸铁（RTSi-5.5），中硅球墨铸铁（RTQSi-5.5），高铝耐热铸铁（RTA1-22），高铝球墨铸铁（RTQA1-22），低铬耐热铸铁（RTCr-1.5）和高铬耐热铸铁（RTCr-28）等。常用作炉栅、水泥培烧炉零件、辐射管、退火罐、炉体定位板、中间架、炼油厂加热耐热件、锅炉燃烧嘴等。

2. 耐蚀铸铁

提高铸铁耐蚀性的主要途径是合金化。在铸铁中加入硅、铝、铬等合金元素，能在铸铁表面形成一层连续致密的保护膜；在铸铁中加入铬、硅、钼、铜、镍、磷等合金元素，可提高铁素体的电极电位；另外，通过合金化还可以获得单相金属基体组织，减少了铸铁中的腐蚀微电池。上述方法都可用以提高铸铁的抗蚀性，同时还保持了铸铁的一定的力学性能。因此其广泛用于制造化工管道、阀门、泵、反应器及存贮器等。

目前应用较多的耐蚀铸铁有高硅铸铁（STSi15）、高硅钼铸铁（STSi15Mo4）、铝铸铁（STA15）、铬铸铁（STCr28）、抗碱球铁（STQNiCrRE）等。例如，高硅铸铁有优良的耐酸性（但不耐热的盐酸），常用作耐酸泵、蒸馏塔等；高铬铸铁具有耐酸耐热耐磨的特点，用于化工机械零件（如离心泵、冷凝器等）的制造。

3. 耐磨铸铁

耐磨铸铁主要用于制造要求高耐磨性的零件。根据组织可分下面几类：

(1) 耐磨灰铸铁：在灰铸铁中加入少量合金元素磷、钒、铬、钼、锑、稀土等，可以增加金属基体中珠光体数量，且使珠光体细化；同时也细化了石墨，使铸铁的强度和硬度升高，大大提高了铸铁的耐磨性。这类灰铸铁如磷铜钛铸铁、磷钒钛铸铁，铬钼铜铸铁、稀土磷铸铁、锑铸铁等，具有良好的润滑性和抗咬合抗擦伤的能力，可广泛用于制造要求高耐磨的机床导轨、汽缸套、活塞环、凸轮轴等零件。

(2) 抗磨白口铸铁：通过控制化学成分（如加入 Cr、Mo、V 等促进白口化元素）和增加铸件冷却速度，可以使铸件获得没有游离石墨而只有珠光体，渗碳体和碳化物组成的组织，这种白口组织具有高硬度和高耐磨性。例如，含铬大于 12%的高铬白口铸铁，经热处理后基体可为高强度的马氏体；加上高硬度的铬碳化物，具有优异的抗磨料磨损性能。抗磨白口铸铁广泛应用于制造犁铧、杂质泵叶轮、泵体、各种磨煤机、矿石破碎机、水泥磨机、抛丸机的衬板、磨球、叶片等零件。

(3) 冷硬铸铁（激冷铸铁）：冷硬铸铁实质上是一种加入少量硼、铬、钼、碲等元素的低合金铸铁经表面激冷处理（工艺中用冷的金属铸模成型即可）获得的，其表面有一定深度的白口层，而心部仍为正常铸铁组织。如冶金轧辊、发动机凸轮、汽门摇臂及挺杆等零件，要求表面应具有高硬度和耐磨性且心部应具有一定的韧性，就可以采用冷硬铸铁制造。

(4) 中锰抗磨球墨铸铁：中锰抗磨球墨铸铁是一种含锰为(4.5~9.5)%的抗磨合金铸铁。当含锰量在(5~7)%时，基体部分主要为马氏体；当含锰量增加到(7~9)%时，基体部分主要为奥氏体；同时组织中还存在有复合型的碳化物（Fe，Mn）$_3$C。马氏体和碳化物具有高的硬度，是一种良好的抗磨组织；奥氏体加工硬化显著，使铸件表面硬度升高，提高耐磨性，而其心部仍具有一定韧性。所以中锰抗磨球铁具有较高机械性能，良好的抗冲击性和抗磨性。中锰抗磨球墨铸铁可用于制造磨球、煤粉机锤头、耙片、机引犁铧、拖拉机履带板等耐冲击、耐磨零件。

学习要求：

1. 根据材料的主要用途，能够对钢铁材料进行分类，熟知我国各类钢材和铸铁的牌号及可能的主要用途。

2. 能够根据各类零件的工作条件确定选用可能的钢材，并能大致制订其加工工艺。

3. 清楚合金钢和碳钢在使用性能和工艺性能上的差别。与碳钢相比，合金钢的优势何在？

4. 合金元素对钢的回火稳定性和红硬性的影响。一些合金工具钢的二次硬化效果及其产生的原因。高速钢的发展过程，成分设计和加工工艺。

5. 清楚不锈钢、耐热钢和耐磨钢的工作条件，掌握其材料设计原理。

6. 能根据显微组织区分不同类型的铸铁；由 Fe-C 相图能详细描述铁素体和珠光体型的灰口、球墨及可锻铸铁的生产过程。

小结

钢铁材料是目前机械工程中应用最多最广泛也是最经济的材料，本章在介绍个类钢和铸铁材料的分类和工程牌号后，主要讲述了工程构件用钢，零件用钢（渗碳钢，调质钢，弹簧钢，轴承钢），工具钢和特殊性能钢（不锈钢，耐热钢，耐磨钢）的使用条件和性能要求，材料成分设计（工程选材）和其加工技术（主要是热处理技术）的确定以及它们之间的关系。

重要概念

红硬性，二次淬火，二次硬化，潜变，热强钢，莱氏体钢，高速钢，奥氏体钢，灰口铸铁，可锻铸铁，球墨铸铁，白口铁，蠕墨铸铁，石墨化，尺寸稳定化，冷处理，水韧处理

课堂讨论：

1. 列举五种不同种类的钢并指出各自的性能特点和主要用途。
2. 汽车挡板用什么材料制成？若用装甲板制成，则其碰撞时就不会粉碎，至少列出三条理由说明为什么不这样设计？
3. 金属材料的主要强化方法在常用零件用钢中是如何体现的？低温，常温和高温工作的金属材料的强化方法有什么不同？
4. 假定有一汽车曲轴，考虑如何通过选材和工艺设计来提高其抗冲击能力和抗疲劳性能。
5. 在机械工程中，需要耐磨的零件很多，如要求里韧外硬的汽车齿轮，销子；负荷较大的轴类，齿轮；高速运转对磨副轴承，喷油嘴；在冲击和高压下的坦克履带，破碎机颚板等。它们的选材相同吗？为什么？加工和热处理工艺有什么不同？
6. 含硅的钢不宜长期用于高温的场合，说明为什么？
7. 铸铁一般采用钎焊而不用焊接，而钎焊合金通常是一种铜基焊料；用高速钢作车刀的刀头时也是用这种方法将其与普通的刀柄连接的。说明为什么不能象钢那样焊接？

习题：

1. 与碳钢相比，为何含碳量相当的合金钢淬火加热温度要提高，加热时间要延长？
2. 试述我国钢材的编号方法。
3. 何胃调质钢？有哪些用途？它应具备哪些性能？为何含碳量为中碳？调质钢中常加入哪些合金元素？目的是什么？说明其热处理特点。
4. 何谓渗碳钢？含碳量通常是多少？为什么？常加入哪些合金元素？作用如何？合金元素为何不能过多？渗碳钢为何采用低温回火？
5. 弹簧钢的含碳量通常为多少？常加入哪些合金元素？作用如何？说明各类弹簧的成型工艺及其热处理工艺。

6. 滚动轴承钢应具备什么性能？为何要求高的含碳量？加入 Cr，Mn，Si 等合金元素的目的何在？热处理特点如何？最终得到什么组织？

7. 说明下列钢号的类别，用途及其成分

   （1）16Mn；（2）20CrMnTi；（3）T10；（4）60Si2Mn；（5）65Mn；（6）40Cr，（7）GCr15；（8）42Mn2B；（9）20Cr；（10）12CrNi3A；（11）Y12

8. 直径为 25mm 的 40CrNiMo 棒料，经正火处理后硬度高，难以切削加工，这是什么原因？如何改善其切削加工性能？

9. 造下列零部件，请选择合适的材料：

   （1）桥梁；（2）滚动轴承；（3）汽车齿轮；（5）车床主轴

10. 说明 W18Cr4V 高速钢的用途，碳及合金元素的含量及主要作用。

11. W18Cr4V 高速钢的最终热处理工艺规范如何？为何采用高温加热淬火？570℃ 多次回火的目的是什么？

12. W18CrV4 钢铸态组织为什么会出现莱氏体？对钢的性能有何影响？怎样消除？

13. Cr12MoV 钢中含有很多铬，为什么它不是不锈钢？

14. Cr 保护不锈钢表面的机理是什么？为使不锈钢不锈，铁中需要多少重量百分数的 Cr？

15. 至少列出三种 18—8 型不锈钢牌号，其中的合金元素的作用如何？为何在室温下可以得到单相奥氏体？为进一步提高其抗腐蚀性能，应采取什么工艺方法？说明固溶处理工艺及作用。

16. 何谓热强钢？常用的有哪几种？说明其性能及用途。

17. 造下列零部件，请选用合适的材料：

   (1)手术钳；（2）手术刀；（3）汽轮机叶片；（4）航空发动机排气阀；（5）硝酸槽；（6）坦克履带；（7）壁温 600~620℃ 的锅炉过冷器；（8）锅炉吊钩；(9)内燃机排气阀

18. 与钢相比，铸铁化学成分有何特点？铸铁作为工程材料有何优点？

19. 试诉石墨形态对铸铁性能的影响。灰口铸铁，可锻铸铁，球墨铸铁的石墨形态有何不同？

20. 为何钢中碳以 Fe_3C 形式出现而不形成石墨？

21. 简述化学成分及冷却速度对灰口铸铁石墨化过程的影响。若按基体显微组织，灰口铸铁可分为哪几类？

22. 何谓球墨铸铁？球墨铸铁的成分和组织有何特点？可进行何种热处理？

23. 说明下列铸铁的类别，主要性能指标及用途：

   （1）HT200；（2）HT350；（3）KTH300-06；（4）KTZ550-04；（5）QT400-18；（6）QT800-2；（7）QT900-25

24. 为制造下列零件，应选择哪一种牌号的铸铁：

（1）气缸套；（2）齿轮箱；（3）汽车后桥壳；（4）耙片；（5）空气压缩机曲轴；（6）球磨机磨球；（7）输油管；（8）(1000~1100)℃加热炉炉底板

第八章　有色金属及其合金

金属分为黑色金属和有色金属两大类，黑色金属包括铁、铬、锰；工业中主要是指钢铁材料。而黑色金属以外的所有金属则为有色金属（非铁金属材料）。相对于黑色金属，有色金属有许多优良的特性，在工业领域尤其是高科技领域具有极为重要的地位。例如铝、镁、钛、铍等轻金属具有相对密度小、比强度高等特点，广泛用于航空航天、汽车、船舶和军事领域；银、铜、金（包括铝）等贵金属具有优良导电导热和耐蚀性，是电器仪表和通讯领域不可缺少的材料；镍、钨、钼、钽及其合金是制造高温零件和电真空元器件的优良材料；还有专用于原子能工业的铀、镭、铍；用于石油化工领域的钛、铜、镍等。本章主要介绍目前工程中广泛应用的铝、镁、钛、铜及其合金以及镍基合金和相关材料，了解这些材料的典型性能特点，合金化及热处理以及材料一般用途等。

8.1 铝及铝合金

8.1.1 工业纯铝

铝在地壳中储量丰富，占地壳总重量 8.2%，居所有金属元素之首，因其优异性能已在几乎所有工业领域得到应用。

工业纯铝有银白色光泽，密度小（2.72g/cm³），熔点低（660°C），导电导热性优良（仅次于 Ag、Cu），为非磁性材料。纯铝化学性质活泼，在空气中极易氧化形成一层牢固致密的表面氧化膜，从而使其在空气及淡水中具有良好的抗蚀性。固态铝具有面心立方晶体结构，无同素异构转变，因此铝具有良好的塑性和韧性，可以很容易通过压力加工制成铝箔和各种尺寸规格的半成品；且在低温下也有很好的塑性韧性，其在(0~-253)°C 之间塑性韧性不降低。纯铝还易于铸造和切削，具有好的工艺性能。

工业纯铝强度低，室温下仅为(45~50)MPa，故一般不宜用作结构材料。纯铝按其纯度分为高纯，工业高纯和工业纯铝，纯度依次降低。工业纯铝主要用作配制铝基合金；高纯铝则主要用于科学试验，化学工业和其他特殊领域。此外纯铝还可用于制作电线、铝箔、屏蔽壳体、反射器、包覆材料及化工容器等。

8.1.2 铝合金的分类及强化

1. 铝的合金化及其强化方式

为改善铝的机械性能，研究发现向铝中加入适量的某些合金元素，并进行冷变形加工或热处理，可大大提高其机械性能，其强度甚至可以达到钢的强度指标（σ_b 可达

(400~700)MPa）。目前铝中主要可能加入的合金元素有 Cu、Mg、Si、Mn、Zn 和 Li 等，它们可单独加入，也可配合加入。由此得到多种不同工程应用的铝合金。除上述主加元素外，许多 Al 合金还常常要加入一些辅助的微量元素，如 Ni、B、Zr、Cr、Ti、稀土等，进一步改善合金的综合性能。

无论加入哪种合金元素，各类 Al 合金的相图一般都具有如图 8-1 的形式，相图靠 Al 端都具有共晶相图特点。以相图上合金元素在 Al 中的最大饱和溶解度 D 为界线将各种 Al 合金分为变形铝合金和铸造 Al 合金两大类。成分小于 D 点的合金可以得到单相固溶体组织，塑性变形能力好，适合于冷热加工（如轧制、挤压、锻造等）而制成类似半成品或模锻件，属变形铝合金。而变形 Al 合金又可分为热处理强化及不可热处理强化铝合金两种：成分小于 F 点的合金其固溶体成分不随温度而变化，故不能用热处理强化；反之则可以通过时效处理而沉淀强化。成分比 D 点高的合金属铸造铝合金，这类合金有良好的铸造性能，熔液流动性好，收缩性好，抗热裂性高，可直接浇铸在砂型或金属型内，制成各种形状复杂的甚至薄壁的零件或毛坯。

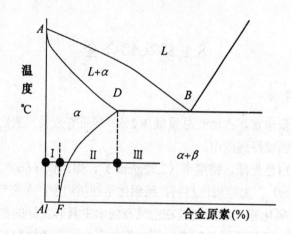

**I==不可热处理强化铝合金，II==可热处理强化铝合金，III==铸造铝合金，I+II==变形铝合金

图 8-1 铝合金分类示意图

2. 铝合金的强化方式

获得高强度铝合金的主要强化方式有：

(1) 固溶强化：铝合金中常加入的主要合金元素 Cu，Mg，Zn，Mn，Si，Li 等都与 Al 形成有限固溶体，有较大的固溶度（见表 8-1），具有较好的固溶强化效果。

(2) 时效（沉淀）强化：单独靠固溶作用对 Al 合金的强化作用是很有限的，另一种更为有效的强化方式是 Al 合金的固溶（淬火）处理+时效热处理。较强的沉淀强化效果的先决条件是：加入铝中的合金元素应有较高的极限固溶度，且其随温度降低而显著减小；同时淬火后形成过饱和固溶体在时效过程中能析出均匀，弥散的共格或半共格的亚稳相，在基体中能形成强烈的应变场。在上述几种主要合金元素中，Cu 的沉淀强化效果最好，其他元素比较一般。因此为达到好的性能效果，一般在二元铝合金中常加入第三或第四合金组元，构成了三元以上的多元合金系列。

表 8-1 部分合金元素在铝中的溶解度

合金元素	极限溶解度, $wt\%$	室温溶解度, $wt\%$	合金元素	极限溶解度, $wt\%$	室温溶解度, $wt\%$
Zn	82.2	< 4.0	Mn	1.8	< 0.3
Ag	55.5	< 0.7	Si	1.65	< 0.17
Mg	17.4	< 1.9	Cr	0.4	0.002
Cu	5.6	< 0.1	Li	4.2	< 0.85

铝合金的时效强化的效果还与淬火后的时效温度有关。时效温度高，脱溶沉淀过程加快，合金达最高强度所需时间缩短，但过高时最高强度值会降低，强化效果不佳；若温度过低，如当 Al-Cu 合金时效温度低于室温时，原子扩散困难，时效过程极慢，效率低。若时效时间过长（或温度过高）反而使合金软化，这种现象称为过时效。时效若是在室温下自然进行，称为自然时效；若是加热至一定温度下进行，称人工时效。

(3) 过剩相（第二相）强化：当合金元素加入量超过其极限溶解度时，合金固溶处理时就有一部分第二相不能溶入固溶体，这部分第二相称作过剩相。过剩相一般为强硬脆的金属间化合物，当其数量一定且分布均匀，对铝合金有较好的强化作用，但会使合金塑性韧性下降；数量过多还会脆化合金，其强度也会下降。

(4) 形变强化：对合金进行冷塑性变形，利用金属的加工硬化效应提高合金强度。这对不能热处理强化的铝合金提供了强化方法。

(5) 细化组织强化：通过向合金中加入微量合金元素，或改变加工技术及热处理技术，使合金基体及沉淀相和过剩相细化，既提高合金的强度，还会改善合金的塑性和韧性。如变形铝合金的形变再结晶退火，铸造铝合金通过改变铸造技术（如变质处理）及加入微量元素（如(0.1~0.3)%Ti）的方法都可以达到细化组织的目的。

8.1.3 铝合金的热处理

热处理也是提高铝合金的综合机械性能和组织稳定性的重要工艺方法，Al 合金在使用前主要进行的热处理工艺方法有退火、淬火（固溶处理）和时效等。

1. 退火

根据目的不同，铝合金的退火分为低温不完全退火，再结晶退火和均匀化退火。

(1) 低温退火：对于变形铝合金，低温退火主要是用于消除材料冷变形内应力，并保留加工硬化效果（即回复退火处理），这对不可热处理强化铝合金十分重要；对于铸造铝合金，低温退火则主要用于消除铸造应力。铝合金低温退火温度一般为(180~300)°C。

（2）再结晶退火：是变形铝合金冷变形后，在再结晶温度以上加热以消除加工硬化，恢复塑性，以利于继续变形加工的处理方法。大变形量冷轧的中间退火就应采用再结晶退火；有时再结晶退火也用于改善和细化铸造组织的目的。

（3）均匀化退火：即扩散退火，目的是消除铸锭或铸件的成分偏析和内应力，提高组织和性能的均匀性。

2. 淬火

淬火即铝合金的固溶处理，是将合金加热到固溶线以上的特定温度保温后快冷，以得到不稳定的过饱和固溶体组织，为后续的合金的时效强化处理作好准备。淬火后铝合金的强度和硬度不高，且有良好的塑性，可以进行一定的压力加工。

3. 时效

固溶处理后，铝合金都要进行时效强化处理。这种处理可以是自然时效，也可以是人工时效。时效过程可以一次完成（单级时效），也可以是多次完成（多级时效），这都是根据 Al 合金的组织转变特征和性能需求确定的。

8.1.4 常用铝合金及其应用

1. 铸造铝合金

（1）铸造 Al 合金的分类：铸造 Al 合金一般含较多的合金元素（总量为(8~25)%），成分接近共晶点，具有良好的铸造性能，可直接铸造成型各种形状复杂的零件；并有足够的力学性能和其他性能，还可能通过热处理等方式改善其机械性能；且生产工艺和设备简单，成本低，因此尽管其力学性能水平不如变形铝合金，但在许多工业领域仍然有着广泛的应用。

根据合金中加入主要合金元素的不同，铸造铝合金可分为铝硅基铸造 Al 合金（共有 11 个牌号，牌号为：ZL101，ZL102，...，ZL111）；铝铜基铸造铝合金（牌号为：ZL201，ZL202，ZL203）；铝镁基铸造铝合金（牌号为：ZL301，ZL302）；和铝锌基铸造铝合金（ZL401，ZL402）四大类。铸造铝合金的牌号、化学成分、力学性能及用途见表 8-2。

（2）铸造铝合金的性能特点和应用

① Al-Si 系铸造铝合金：又称硅铝明，具有极好的铸造性，线收缩性好，热裂倾向小，还有高气密性及优良耐蚀性，是应用最多的铸造铝合金系列。但铸造铝硅系合金在生产中必须进行变质处理——即浇铸前向合金熔液中加入微量钠约(0.005~0.15)%或钠盐(2~3)%，使铸造合金的组织由 Al（α）+粗大针状共晶 Si 变为细小的 Al（α）树枝状晶+弥散分布的细粒状（枝状）硅组成，使合金力学性能大为改善。例如，简单硅铝明即二元 Al-Si 合金变质前σ_b<140MPa、δ<3%；变质后σ_b达 180MPa、δ 达 8%，它适宜制作形状复杂但强度不高的零件，如仪器仪表、抽水机壳等；图 8-2 为其变质

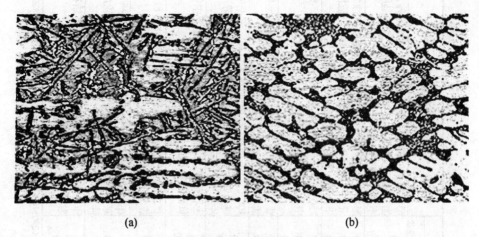

(a)   (b)

图 8-2 ZL102 合金变质前后的铸态组织

前后的铸态组织。当再加入其他的合金元素形成复杂硅铝明时，由于可形成更多强化相，其强度进一步提高。如 ZL101、ZL104 加入 Mg 可形成 Mg_2Si 强化相，且可进行时效强化，其 σ_b 可达 260MPa，耐蚀性可焊性优良，故可用于制造受载大的复杂件如气缸体、发动机压气匣等。

② Al-Cu 系铸造铝合金：铸造 Al 合金中该类合金热强性最好的，但其强度和铸造性能不如 Al-Si 系合金，耐蚀性也较差。一般只用作要求强度高且工作温度较高的零件，如活塞、内燃机缸头等。

③ Al-Mg 系铸造铝合金：这类合金密度最小、比强度高、耐蚀性最好、且抗冲击、切削加工性好；但其铸造性和耐热性差，冶炼复杂。因此其主要用作承受冲击，耐海水腐蚀且外形较简单的零件，如舰船配件、雷达底座、螺旋桨等。

④ Al-Zn 系铸造铝合金：该类合金的突出优点是价格便宜，成本低，而且其铸造，焊接和尺寸稳定性较好，但耐热耐蚀性差。故其一般只用于制作工作温度低（<200℃）但形状复杂受载小的压铸件及型板、支架等。

2. 变形铝合金

(1) 变形铝合金的分类：按性能和使用特点不同，变形铝合金可分为防锈铝，硬铝，超硬铝和锻铝四大类。除防锈铝外，变形铝合金都是可热处理强化的铝合金。如表 8-3 列出了各类变形铝合金的牌号、成分和力学性能。

根据国标 GB3190-82，变形铝合金的牌号采用汉语拼音字母加顺序号表示，如防锈铝为 LF，后跟顺序号（如 LF2 等）；而硬铝，超硬铝和锻铝则分列表示为 LY、LC 和 LD，后跟顺序号，如 LY12、LC4 和 LD5 等。

(2) 变形铝合金性能特点和应用

① 防锈铝合金：主要是 Al-Mg 系和 Al-Mn 系合金，大多为单相合金，不可热处理强化，主要特点是抗蚀性，焊接和塑性好，并有良好的低温性能。Al-Mn 系合

表8-2 常用铸造铝合金牌号、成分、性能和用途（GB1173-86）

类别	牌号	合金元素成分%						*铸造方法与合金状态	机械性能			**用途
		Si	Cu	Mg	Mn	Zn	Ti		σ_b/MPa	δ_5/%	$HB_{5/250/30}$	
铝硅合金	ZL101	6.5~7.5		0.25~0.45			0.08-0.20	J,T5 S,T5	202 192	2 2	60 60	形状复杂的砂型、金属型和压力铸造零件，如飞机、仪器零件、抽水机壳体、工作温度不超过185℃的汽化器
	ZL102	10.0~13.0						J,F SB,JB,F SB,JB,T2	153 143 133	2 4 4	50 50 50	形状复杂的、受力不大的且有一定耐腐蚀要求的气密性机件，工作温度低于200℃。适用于压铸，如仪器表、抽水机壳体
	ZL105	4.5~5.5	1.0	1.5	0.4~0.6			J,T5 S,T5 S,T6	231 212 222	0.5 1.0 0.5	70 70 70	250℃以下工作且承受中等负荷的零件，如中小型发动机汽缸头、机匣和油泵壳体
	ZL108	11~13		0.4~1.0	0.3~0.9			J,T1 J,T6	192 251		85 90	要求高温强度和低膨胀系数的高速内燃机活塞及其它耐热零件
铝铜合金	ZL201		4.5~5.3		0.6~1.0		0.15~0.35	S,T4 S,T5	290 330	8 4	70 90	300℃以下能受力瞬时重大负荷，长期中等负荷的结构件，如增压器的导风叶轮叶片
	ZL202		9.0~11.0					S,J,F S,J,T6	104 163		50 100	形状简单、表面粗糙度较低、耐高温受中等负荷的结构件
铝镁合金	ZL301			9.5~11.5				J,S,T4	280	9	60	要求耐大气海水腐蚀且承受较大的冲击和震动的零件
	ZL302	0.8~1.2		10.5~13			Be0.03~0.07 Ti0.05~0.15	J,T1	240	4	70	在腐蚀介质作用下的中等负荷的零件及在严寒大气和温度低于200℃的零件，如海轮配件
铝锌合金	ZL401	6.0~8.0		0.1~0.3		9.0~13.0		J,T1 S,T1	241 192	1.5 2	90 80	压力铸造零件，工作温度不超过200℃结构形状复杂的汽车飞机零件

*铸造方法与合金状态符号：J 金属型铸造；S 砂型铸造；B 变质处理；T6 淬火+人工时效（约180℃，时间较短）；F 铸态。T1 人工时效；T2 退火（约180℃，时间较长）；T4 淬火+自然时效（290±10℃）；T5 淬火+不完全时效（时效温度或低或时间短，不必进行）。

**合金用途在中国国标（GB）中未作规定。

表 8-3 常用变形铝合金的牌号、成分和机械性能

合金类别	合金牌号	主要合金元素含量, wt%							机械性能		
		Cu	Mg	Mn	Si	Zn	Ti	其它	σ_b, MPa	δ, %	HB
防锈铝合金	LF2	-	2.0~2.8	0.15~0.4	-	-	-	-	200	17	45
	LF5	-	4.0~5.0	0.3~0.6	-	-	-	-	280	15	70
	LF10	-	4.7~5.7	0.2~0.6	-	-	-	-	270	23	70
	LF11	-	4.8~5.5	0.3~0.6	-	-	0.02~0.1	-	280	15	70
	LF21	-	-	1.0~1.6	-	-	-	-	130	20	30
硬铝合金	LY1	2.2~3.0	0.2~0.5	-	-	-	-	-	300	24	70
	LY2	2.6~3.2	2.0~2.4	0.45~0.7	-	-	-	-	-	-	-
	LY4	3.2~3.7	2.1~2.6	0.5~0.8	-	0.05~0.4	-	Fe0.001~0.01	-	-	-
	LY6	3.8~4.3	1.7~2.3	0.5~1.0	-	0.03~0.15	-	Fe0.001~0.005	430	12	
	LY9	3.8~4.5	1.2~1.6	0.3~0.7	-	-	-	-	-	-	-
	LY11	3.8~4.8	0.4~0.8	0.4~0.8	-	-	-	-	380	15	100
	LY12	3.9~4.9	1.2~1.6	0.3~0.9	-	-	-	-	430	10	105
	LY14	4.6~5.2	0.65~1.0	0.5~1.0	-	-	-	-	460	15	105
	LY16	6.0~7.0	-	0.4~0.8	-	-	0.1~0.2	-	280	12	-
超铝合金	LC4	1.4~2.0	1.8~2.8	0.2~0.6	-	5.0~7.0	-	Cr0.1~0.25	540	6	
	LC5	0.3~1.0	1.2~2.0	0.3~0.8	-	7.0~8.0	-	-	550	10	140
	LC6	2.2~2.8	2.5~3.2	0.2~0.5	-	7.6~8.6	-	Cr0.1~0.25	680	7	190
	LC9	1.2~2.0	2.0~3.0	-	-	5.1~6.1	-	Cr0.16~0.30	584	11	150
锻铝合金	LD2	0.2~0.6	0.45~0.9	0.15~0.35	0.5~1.2	-	-	-	300	12	85
	LD5	1.8~2.6	0.4~0.8	0.4~0.8	0.7~1.2	-	-	-	390	10	100
	LD7	1.9~2.5	1.4~1.8	Fe1.0~1.5	Ni1.0~1.5	-	0.02~0.1	-	400	5	117~148
	LD8	1.9~2.5	1.4~1.8	Fe1.1~1.6	0.5~1.2	Ni1.0~1.5	-	-	380	4	100
	LD10	3.9~4.8	0.4~0.8	0.4~1.0	0.5~1.2	-	-	-	440	10	120

注: (1) 防锈铝合金性能均为在退火状态的机械性能;

(2) 合金性能均为在淬火加自然时效状态的机械性能;

(3) 超硬铝合金性能均为挤压棒在淬火加人工时效状态的机械性能;

(4) 锻铝合金性能均为在淬火加人工时效状态的机械性能。

金具有高耐蚀性,优于纯铝。Mg 加入到铝中不降低铝的耐腐蚀性,且 Al 与 Mg 形成的金属间化合物的电极电位与基体铝很接近,因此 Al-Mg 系合金有较好耐蚀性,同时强度高,密度小,在航空航天等领域有广阔的应用前景。

② 硬铝合金：主要是指 Al-Cu-Mg 系合金，其可时效形成θ相（CuAl$_2$）及 S 相（CuMgAl$_2$）强化相而强化合金，最高强度可达 420MPa，而比强度则与钢接近。硬铝合金根据 Mg、Cu 含量的高低又可分为低合金硬铝（LY1、LY10）；中合金硬铝（LY11），此即标准硬铝；高合金硬铝（LY12、LY6）。合金含量越高，强度越高，而塑性韧性变差。低合金硬铝主要用作铆钉，现场操作的变形件；中合金硬铝用作中等强度的零构件和半成品，如骨架、螺旋桨叶片、螺栓、大型铆轧材冲压件等；而高合金硬铝则主要用作高强度的重要结构件，如飞机翼肋、翼梁、重要的销铆钉等，是最为重要的飞机结构材料。

③ 超硬铝合金：超硬铝属 Al-Cu-Mg-Zn 系合金（LC4、LC6），是室温强度最高的铝合金。其时效后的强度可高达σ_b=680MPa，但高温软化快；耐蚀性差，常用包 Al-1%Zn 合金来提高耐蚀性。主要用于受力较大的重要结构和零件，如飞机大梁、起落架、加强框等。

④ 锻铝合金：主是指 Al-Mg-Si-Cu 系合金，如 LD5、LD8 等。其中合金元素较多，但含量较低，故有优良热塑性，热加工性能好；铸造性和耐蚀性较好，力学性能可与硬铝相当。该类合金主要用作复杂的航空及仪表零件，如叶轮、支杆等；也可作耐热合金（工作温度(200~300)℃），如内燃机活塞及气缸头等。

近年还开发了新型的 Al-Li 合金，由于 Li 的加入使 Al 合金密度降低(10~20)%，而 Li 对铝的固溶和时效强化效果十分明显。该类合金综合力学性能和耐热性好，耐蚀性较高，已达到部分取代硬铝和超硬铝的水平，使合金的比刚度比强度大大提高，是航空航天等工业的新型的结构材料，应用中具有极大的技术经济意义，并且已经在飞机和航天器中有部分应用。

8.2 镁及镁合金

8.2.1 纯镁

镁的密度只有铝的 2/3，使镁合金在许多性能上可与铝合金相媲美，在许多飞机零件和航天器中越来越多地使用镁合金；同时镁资源丰富，是地壳中仅次于铝，铁的第三种最为丰富的金属元素，其储量占地壳的 2.5%，因此镁合金也将越来越多地用于其他日常工业领域。

镁的相对密度为 1.74，表观为银白色，熔点 650℃，沸点 1100℃。其晶体结构为密排六方，无同素异构转变，室温以下其滑移面为基面，滑移系少（3 个），故塑性较低，其最大延伸率仅为 10%左右，因此其冷变形能力差；但当温度升至(150~250)℃ 以上时，滑移系增多，使其塑性显著增加，因而镁及镁合金可以进行各种热变形加工。纯镁弹性模数小（室温下仅为 45GPa），因此在外力作用下弹性变形功较大，镁合金可承受较大的冲击和振动载荷。纯镁的强度不高，与纯铝接近，一般不能直接用作结构材料。

镁的原子序数为 12，常见化合价为+2，是一个化学性能非常活泼的元素。镁粉在空气中可燃烧，而镁材在空气中表面易氧化形成疏松多孔的氧化膜，对底层金属无明显的保护作用；高温下镁的氧化更严重，散热不充分甚至可能燃烧。纯镁的电极电位很低，因此极易发生电化学腐蚀。在潮湿大气、工业大气、淡水和绝大多数酸，盐中易受腐蚀，但镁较耐氢氟酸及其盐的腐蚀。

工业纯镁牌号用拼音字母 M 加顺序号表示。其主要用于制造镁合金和用于其他合金的添加元素，其次还常用作化工与冶金生产中的还原剂和烟火工业、钢铁脱硫等。

8.2.2 镁的合金化及热处理

1. 镁的合金化

作为结构材料，一般要向纯镁中加入一些合金元素制成镁合金而应用。镁合金中常加入的合金元素有 Al、Zn、Mn、Zr 及稀土元素等。Al 在镁中可产生固溶强化作用，同时可沉淀析出强化相 $Mg_{17}Al_2$，增加了合金强度和塑性；Zn 对 Mg 有固溶强化效果，其沉淀析出相 MgZn，强化效果不及 $Mg_{17}Al_2$ 元素，故一般 Zn 元素用于配合其他合金元素来强化 Mg；镁中的 Mn 主要用于提高合金的耐热性和抗蚀性，并改善焊接性；少量 Zr 和稀土元素加入 Mg 中起到细化晶粒，提高耐热性并改善镁合金的工艺性能等多方面作用。Fe、Ni、Cu 等元素对 Mg 合金性能危害很大，作为杂质必须严格控制其在合金中的含量。

2. 镁合金的热处理

镁无同素异构转变，其合金化原理与 Al 合金是相似的，所加入的合金元素能产生固溶强化，有时效强化效果，也可以获得细晶强化及过剩相强化作用，这些作用提高了合金机械性能，并改善其耐腐蚀性和耐热性等性能。

很显然 Mg 合金的热处理方式与铝合金也基本相同，但也有其自身的一些特点：

(1) 镁合金组织一般较粗大，因此淬火加热温度较低；

(2) 合金元素在镁中扩散速度慢，故镁合金淬火保温时间较长；而时效时若为自然时效，脱溶沉淀过程必然极慢，故镁合金一般都进行人工时效；

(3) 镁合金氧化倾向大，故热处理加热炉内需保持一定的保护气氛，一般为 SO_2 气体，并应密封加热炉。

镁合金常用热处理工艺包括：在铸造或锻造后直接人工时效；淬火不时效；淬火+人工时效和退火等，具体工艺规范应根据合金成分特点和性能要求而定。

8.2.3 镁合金的分类及常用镁合金

1. 镁合金的分类

与铝合金类似，镁合金也分为变形镁合金和铸造镁合金两大类，其编号方法与铝合金类似，如 MB1 表示 1 号变形镁合金，ZM1 表示 1 号铸造镁合金。如表 8-4 及表

8-5 是常用变形和铸造镁合金力学性能。工业中常用镁合金主要集中于 Mg-Al-Zn、Mg-Zn-Zr、Mg-RE-Zr、Mg-Mn 等几个合金系列。

表 8-4 变形镁合金的牌号、成分和力学性能

牌号	主要化学成分	品种	状态	σ_b/MPa	σ_s/MPa	δ %	HB
MB1	Mn1.3~2.5	板材	退火	206	118	8	441
MB2	Al3.0~4.0,Zn0.4~0.6,Mn0.2~0.6	棒材	挤压	275	177	10	441
MB3	Al3.5~4.5,Zn0.8~1.4,Mn0.3~0.6	板材	退火	280	190	18	
MB5	Al5.5~7.0,Zn0.5~1.5,Mn0.15~0.5	棒材	挤压	294	235	12	490
MB6	Al5.5~7.0,Zn2.0~3.0,Mn0.2~0.5	棒材	挤压	320	210	14	745
MB7	Al7.8~9.2,Zn0.2~0.8,Mn0.15~0.5	棒材	时效	340	240	15	628
MB8	Mn1.5~2.5,Ce0.15~0.35	板材	退火	245	157	18	539
MB15	Zn5.0~6.0,Zr0.3~0.9,Mn0.1	棒材	时效	329	275	6	736

表 8-5 铸造镁合金的牌号、成分和力学性能

牌号	主要化学成分	*状态	σ_b/MPa	σ_s/MPa	δ%
ZM1	Zn3.5~5.5,Zr0.5~1.0	T1	280	170	8
ZM2	Zn3.5~5.0,Zr0.5~1.0,RE0.7~1.7	T1	230	150	6
ZM3	Ce2.5~4.0,Zr0.3~1.0,Zn0.2~0.7	T6	160	105	3
ZM4	Ce2.5~4.0,Zr0.5~1.0,Zn2.0~3.0	T1	150	120	3
ZM5	Al7.5~9.0,Mn0.15~0.5,Zn0.2~0.8	T4	250	90	9
ZM6	Nd2.0~3.0,Zr0.4~1.0	T6	250	160	4
ZM7	Zn7.5~9.0,Zr0.5~1.0,Ag0.6~1.2	T6	300	190	9.5
ZM8	Zn5.5~6.5,Zr0.5~1.0,RE2.0~3.0	T6	310	200	7

*注: T1 不预先淬火的人工时效；T2 退火；T3 淬火；T4 淬火及人工时效；T5 淬火及不完全人工时效；T6 淬火加完全人工时效。

2. 常用镁合金

(1) 变形镁合金：我国目前八个牌号的变形镁合金主要为 Mg-Mn 系，Mg-Al-Zn 系和 Mg-Zn-Zr 系三类。其中 Mg-Mn 系合金（MB1，MB8）有良好的耐蚀性和焊接性能，其板材用于制作蒙皮等焊接结构件，以及通过锻造制作外形复杂的耐蚀构件，且一般在退火状态使用；Mg-Al-Zn 系合金（MB2~MB7）强度较高，塑性好，多用于制造有中等力学性能要求的零件；而 Mg-Zn-Zr 系（MB15）强度最高，属高强镁合金，是在航空等工业应用最多的变形镁合金，使用时应进行人工时效强化。

(2) 铸造镁合金：我国八个牌号的铸造镁合金又分为高强度铸造镁合金和耐热铸造镁合金两大类。其中高强度铸造镁合金有 Mg-Al-Zn 系（ZM5）和 Mg-Zn-Zr 系（ZM1，ZM2，ZM7，ZM8），其有高的室温强度，塑性好且工艺性能优异，但耐热性

差（<150°C 使用），可用于制造飞机，发动机，卫星中承受较高载荷的铸造结构件或壳体。耐热铸造镁合金是 Mg-RE-Zr 系（ZM3、ZM4、ZM6），合金工艺性能好，铸件致密性高，长期使用温度(200~250)°C，短期使用温度可达(300~350)°C，但其常温强度和塑性较低。

8.3 铜及铜合金

8.3.1 工业纯铜及其性能和用途

纯铜外观呈紫红色，又称紫铜。纯铜密度为 8.9g/cm³，熔点 1083°C，纯铜导电性和导热性优良，在所有金属材料中仅次于银而居第二位，同时其无磁性，在碰撞冲击时无火花。

铜是元素周期表中 IB 族元素，为贵重金属元素。常见化合价为+2 及+1 价，纯铜具有很好的化学稳定性，在大气、淡水、冷水中具有很好的耐蚀性；但在海水、氨盐、氯化物、碳酸盐及氧化性酸中抗蚀性差。纯铜在含 CO_2 的潮湿空气中，表面会产生绿色的碱式碳酸铜薄膜，又称铜绿。

纯铜无同素异构转变，为面心立方结构；其强度较低，但塑性极好，可加工成铜箔；但纯铜加工硬化指数高，故通过冷变形强化效果好；而且其低温韧性好，焊接性能优良。

工业纯铜中常含有(0.1~0.5)%的杂质（铝、铋、氧、硫、磷等），使铜的导电性下降，且杂质 Al、Bi 等还可与 Cu 形成低温共晶体，热加工时易产生热脆；氧，硫则易在晶界形成脆性氧性物、硫化物，导致冷加工的冷脆；电工用纯铜中由于氧的存在，其在还原性气氛中退火时还会导致氢病。

纯铜主要用于导电导热及兼有耐蚀性要求的结构件，如电机、电器、电线电缆、电刷、防磁机械、化工换热及深冷设备等，也用于配制各种性能的铜合金。

我国工业纯铜按其纯度不同有四个牌号，即 Tl（99.95%Cu）、T2（99.90%Cu）、T3（99.7%Cu）、T4（99.5%Cu），其常用作导电，一般铜材及制铜合金。还有专用于焊接及电真空器件用的无氧铜（其含氧量不超过 0.003%）。

8.3.2 铜的合金化及分类

1. 铜的合金化

为满足制作结构件力学性能和其它物理化学性能的需要，需对纯铜进行合金化，得到特定的铜合金。铜的合金化与铝、镁相似，合金元素只能通过固溶，淬火时效和形成过剩相来强化材料，提高合金的性能。

铜合金主要固溶强化元素有 Zn、Sn、Al、Mn、Ni 等，这些元素在铜中的固溶度均大于 9.4%，有显著的固溶强化效果；Be、Ti、Zr、Cr 等元素在 Cu 中固溶度随温度的降低急剧减小，有很强的时效强化作用，是常用的沉淀强化元素。

2. 铜合金的分类

按铜合金的成形方法可将其分为变形铜合金及铸造铜合金。除高锡，高锰，高铅等专用铸造铜合金外，大部分的铜合金既可用于变形铜合金，又可用于铸造铜合金。工业中常按化学成分特点对铜合金分类，包括黄铜，青铜和白铜三大类。

8.3.3 常用铜合金及其性能特点和应用

1. 黄铜的特性及应用

黄铜是以锌为主要合金元素的铜合金，根据其成分特点又分为普通黄铜和特殊黄铜。普通黄铜是指铜锌二元合金，其锌含量小于 50%，牌号以"H" 加数字表示，数字代表铜的百分含量。如 H62 表示含 Cu62%和 Zn38%的普通黄铜；特殊黄铜是在普通黄铜的基础上又加入 Al、Mn、Si、Pb 等元素的黄铜，其牌号以"H+主加元素的化学符号+铜含量及主加元素含量"表示。如 HMn58-2 表示含 Cu58%和 Mn 2%，其余为 Zn 的特殊黄铜。若材料为铸造黄铜，则在其牌号前加"Z"，如 ZH62、ZHMn58-2。

(1) 普通黄铜：普通黄铜的性能与其含锌量有关(如图 8-3)。一般来说，当 Zn 含量低于 32%时，黄铜为单相α黄铜，其具有良好的机械性能，易进行各种冷热加工；并对大气，海水具有相当好的抗蚀能力，且成本低，色泽美丽。但α黄铜强度较低。常用的 α 黄铜有 H80、H70、H68 等，用于制作防护镀层、冷凝器、弹壳等。

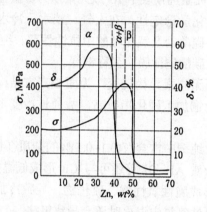

图 8-3 锌对黄铜力学性能的影响（退火状态）

普通黄铜当其含锌量为 32~47%时，为双相α+β黄铜，如 H59、H62 等。它们低温下塑性较低，不能进行冷变形加工，但可进行热加工（>500°C）。双相黄铜一般轧成板材、棒材，再经切削加工制成各种耐蚀零件，如螺钉、弹簧等。

普通黄铜易产生脱锌腐蚀和应力腐蚀。采用低锌黄铜或加入少量的砷(0.02~0.06%)或加镁形成致密氧化膜来避免或抑制脱锌腐蚀；黄铜零件采用(260~280)°C 去应力退火或表面喷丸或表面沉积防护层（如电镀 Zn、Sn）可以防止应力腐蚀。

(2) 特殊黄铜：在特殊黄铜中，除主加元素 Zn 外，按主要的辅加元素又分为锰黄铜、铝黄铜、铅黄铜、硅黄铜等。这些元素的加入除可不同程度地提高黄铜的强度硬度外，其中 Al、Sn、Mn、Ni 等元素还可提高合金的抗蚀性和耐磨性；Mn 用于提高耐热性；Si 可改善合金的铸造性能；Pb 则改善了材料的切削加工性能和润滑性等。生产中特殊黄铜常用于制造螺旋桨，紧压螺帽等船用重要零件和其它耐蚀零件。

常用的普通黄铜和特殊黄铜的产品牌号，性能和主要用途列于 表 8-6。

表 8–6　变形黄铜的牌号、性能和主要用途

类别	牌号	*机械性质				用途
		σ_b/MPa		δ%		
		M (R)	Y	M (R)	Y	
普通黄铜	H96	250	400	35	-	散热器，冷凝器管道
	H90	270	450	35	5	热双金属，双金属板
	H80	270	-	50	-	用于镀层及制装饰制品，造纸工业用金属网
	H68	300	400	40	15	弹壳，冷凝器管等
	H65	300	420	40	10	散热器，弹簧，螺钉
	H62	300	420	40	10	散热器，弹簧，螺钉，垫圈，各种网等
	H59	300	420	25	5	热压及热轧零件
锡黄铜	HSn90-1	270	400	35	-	汽车拖拉机的弹性套管
	HSn70-1	300	-	40	-	海轮用管材，冷凝器管
	HSn62-1		400		5	船舶零件
铅黄铜	HPb74-3	≥300	≥600	45	1	汽车拖拉机零件及钟表零件
	HPb64-2	≥300	450~520	40	5	钟表零件及汽车零件
	HPb59-1	350	450	25	5	即快削黄铜，用于热冲压或切削制作的零件
铁黄铜	HFe59-1-1(Mn)	450	550	25	5	适于在摩擦及受海水腐蚀条件下工作的零件
锰黄铜	HMn58-2	390	600	30	3	制造海轮零件及电讯器材
	HMn59-3-1	(450)		(10)		耐腐蚀零件
	HMn55-3-1(Fe)	(500)		(15)		用于制造螺旋桨
铝黄铜	HAl60-1-1(Fe)	(450)		(15)		海水中工作的高强度零件
	HAl67-2.5	(400)		(15)		船舶及其它耐蚀零件
	Hal66-6-2	(700)		(3)		蜗杆及重载荷条件下工作的压紧螺帽

*注：M——退火态；Y——硬化态；R——热轧或挤压态

2. 白铜及其性能特点与应用

白铜是指以 Ni 为主要合金元素（含量低于 50%）的铜合金。按成分可将白铜分为简单白铜和特殊白铜。简单白铜即铜镍二元合金，其牌号以"B+数字"表示，后面的数字表示镍的含量，如 B30 表示含 Ni30%的白铜合金；特殊白铜是在简单白铜的基础上加入了 Fe、Zn、Mn、Al 等辅助合金元素的铜合金，其牌号以"B+主要辅加元素符号+镍的百分含量+主要辅加元素含量"表示，如 BFe5-1，表示含 Ni5%、Fe1%白铜合金。

白铜按用途又可分为耐蚀白铜和电工白铜两类：

(1) 耐蚀结构用白铜：主要为简单白铜，其具有较高的化学稳定性，抗腐蚀疲劳性，且冷热加工性能优异；其主要用于制造海水和蒸汽环境中精密仪器仪表零件，热

交换器和高温高压工作的管道。常用的有 B5、B19 及 B30。若在上述合金中加入少量 Fe、Zn、Al、Nb 等元素，会进一步改善白铜的使用性能和某些工艺性能。

(2) 电工用白铜：白铜的高电阻，高热电势和极小的电阻温度系数使其成为重要的电工材料，已广泛用于制造电阻器，低温热电偶及其补偿线，变阻器和加热器等电工器件。常用的有 B0.6 和 B16 等简单白铜，以及 BMn3-12（锰铜）、BMn40-1.5（康铜）和 BMn43-0.5（考铜）等。

3. 主要的青铜合金及应用

青铜是指以除 Zn 和 Ni 以外的其他元素为主要合金元素的铜合金。其牌号为"Q+主加元素符号+主加元素的百分含量"（若后面还有数字，则为其他辅加元素的百分含量）；若为铸造青铜，则在牌号前再加"Z"。青铜合金中，工业用量最大的为锡青铜和铝青铜，强度最高的为铍青铜。

(1) 锡青铜：锡含量是决定锡青铜性能的关键，含锡(5~7)%的锡青铜塑性最好，适用于冷热加工；而含锡量大于10%时，合金强度升高，但塑性却很低，只适于作铸造用。图 8-4 表示了锡对锡青铜力学性能的影响曲线。锡青铜铸造流动性较差，易形成分散缩孔，故铸件致密度不高，但合金凝固时线收缩很小，适于铸造形状复杂但对外形和尺寸要求精确的铸件或工艺品，但不适于铸造要求致密度高和密封性好的铸造零件。锡青铜在大气、海水和无机盐类溶液中有极好耐蚀性，但在氨水、盐酸和硫酸中耐蚀性较差。

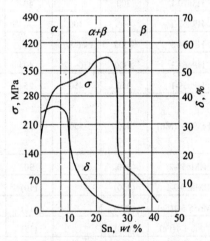

图 8-4 锡含量对锡青铜力学性能的影响

(2) 铝青铜：根据合金的性能特点，铝青铜中含铝量一般控制在 12% 以内。工业上压力加工用铝青铜的含铝量一般低于(5~7)%；含铝 10% 左右的合金，强度高，可用于热加工或铸造用材。铝青铜相图上液固相线间隔极小，铸造流动性好，缩孔集中，故易获得致密的铸件；且铝青铜强度高、韧性好、疲劳强度高、受冲击不产生火花；而在大气、海水、碳酸及多数有机酸中有极好的耐蚀性，比黄铜和锡青铜好。因此铝青铜在结构件上应用极广，主要用于制造在复杂条件下工作要求高强度，高耐磨高耐蚀零件和弹性零件，如齿轮、摩擦片、蜗轮、弹簧和船用设备等。

(3) 铍青铜：指含铍(1.7~2.5)%的铜合金，其时效硬化效果极为明显，通过淬火时效，可获得很高的强度和硬度，抗拉强度可达 $\sigma_b=(1250\sim1500)MPa$，$HB=(350\sim400)$，远远超过了其他铜合金，且可与高强度合金钢相媲美。由于铍青铜没有自然时效效应，故其一般供应态为淬火态，易于成型加工，可直接制成零件后再时效强化。

铍青铜不但强度硬度高，且有很高的疲劳强度和弹性极限，弹性稳定，弹性滞后小；导热导电性好、无磁性、耐磨耐蚀耐寒耐冲击。因此被广泛地用于制造精密仪器仪表的重要弹性元件，耐磨耐蚀零件，航海罗盘仪中零件和防爆工具等。但其生产工艺复杂，价格昂贵。

除上述几类铜合金外，近年来又发展了多种新型铜合金。有用于微电子和航空航天等高技术领域中要求高导电，高导热及高强度和良好高温性能的弥散无氧铜——以细小弥散的 Al_2O_3 或 TiB_2 粒子强化的弥散铜是制作大规模集成电路引线框及高温用微波管的导电材料；有耐高温的高弹性铜合金，这包括粉末冶金 Cu-Ni-Sn 合金和 Cu4NiSiCrAl 合金；有多功能的 Ag/Cu、Au/Cu、Al/Cu 或钢/铜等特殊多层复层材料，还有 Cu-Zn、Cu-Al 及 Cu-Al-Zn 铜基形状记忆合金。

8.4 钛及其合金

8.4.1 纯钛的性质和应用

钛在地壳中蕴藏丰富，仅次于铝、铁、镁而居第四。纯钛为银白色金属，相对密度 4.54，也是一种轻有色金属。钛熔点高（1680℃）、线膨胀系数小（$8.5×10^{-6}$/℃）、热导率差(16.32W/(m.K))。

钛具有同素异物转变，其转变温度 882℃，以此为界低温下为密排六晶格的α-Ti，高温下为体心立方晶格的β-Ti，而α-Ti 晶格结构中的 c/a 比值（1.587）略小于密排六方结构的理想 c/a 值 1.633，使α-Ti 除有基面滑移外，还可进行棱柱面和锥面的滑移，滑移系增多，因此α-Ti 也具有良好的塑性。

纯钛（α-Ti）弹性模数低，耐冲击性好，但低温塑变回弹大，不易成形校直；其强度与铁相似（σ_b=220~260MPa），故其比强度很高，且具有很高的塑性（δ=50~60%）。但工业纯钛的力学性能对所含杂质十分敏感，尤其是当 H、N、O、C 等轻元素微量存在时，对钛的固溶强化显著，或易形成脆性化合物，使纯钛强度大大升高，甚至可高达 550MPa，但塑性有所下降，因此工业纯钛可直接用作工程结构材料。钛具有较好的低温塑性，在 550℃ 以下有较好的耐热性，故钛还常用作低温材料和耐热材料。

钛的化学性质极为活泼，极易与氧、氮、氢、碳等元素相互作用，形成极稳定的化合物，这也就是造成金属钛冶炼、提纯、铸造和热加工困难的原因。但钛表面可以生成一层致密的氧化膜，在大气、海水、高温气体（550℃ 以下）及中性和氧化性介质中具有极高耐蚀性，高于不锈钢；但高温高浓度盐酸和硫酸、干燥氯气、氢氟酸和高浓度磷酸等介质对钛有较大的腐蚀作用。

工业纯钛按其杂质含量和力学性能不同有 TA1、TA2、TA3 三个牌号，牌号顺序增大，表明杂质含量多，使强度增加，塑性下降。

工业纯钛（α-Ti）因其密度小，耐蚀性优异，而更重要的是其力学性能良好，因此是航空航天、船舶、化工等工业中常用的一种结构材料。常用于制造 350℃ 以下及超低温下工作的受力较小的零件及冲压件，如飞机蒙皮、构架、隔热板、发动机部件、柴油机活塞、连杆及耐海水等腐蚀介质下工作的管道阀门等。

8.4.2 钛的合金化及分类

为了进一步提高钛的性能，常常向其中加入合金元素。根据合金元素对钛同素异构转变温度的影响，可将钛合金分为三类四种形式，如图 8-5 为二元钛合金的主要相图。其中图 8-5(a)为 Zr、Hf 等元素与 Ti 形成的二元合金的相图，这些合金元素与α-Ti 及β-Ti 均完全固溶，对同素异构转变影响不大；图 8-5(b)表示添加 Al、Ni、O、Sn、C 等元素形成的α相稳定型相图，合金元素扩大α相区并稳定α相；图 8-5(c)表示β相稳定型相图，主要合金元素为与同晶型β稳定元素 Nd、Mo、V、Mo 等元素；图 8-5(d)是添加 Ag、Cu、Fe、Cr、Mn、Si 等元素后形成的β共析型相图，其中 Cu、Ag、Si 等与 Ti 形成的合金极易发生共析转变，在室温下难以得到β相；而 Fe、Cr、Mn 等为非活性β共析型元素，这类合金共析转变速度极慢，一般冷却条件下不发生转变，故β相可保留至室温。

根据退火态下组织状态，将钛合金分为α型、β型及α+β型三类。其牌号以"T"后分别跟 A、B、C 和顺序数字号表示。如 TA4~TA8 表示α型钛合金；TB1~TB2 表示β型钛合金；而 TC1~TC10 表示α+β型钛合金。

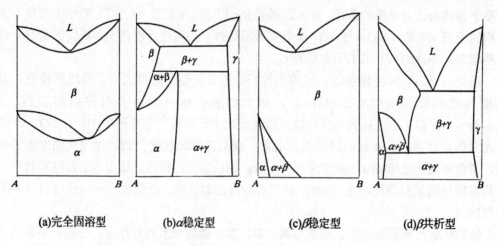

(a)完全固溶型　　(b)α稳定型　　(c)β稳定型　　(d)β共析型

图8-5 二元钛合金相图的主要类型（A：钛，B：合金元素）

8.4.3 钛合金的热处理

钛合金的热处理主要有退火及淬火时效。退火的主要目的是提高合金塑性和韧性，消除应力及稳定组织；淬火时效的目的是相变强化合金。

1. 钛合金的退火

为了消除钛合金在机械压力加工及焊接时的内应力，可进行消除应力退火和再结晶退火。消除应力退火通常在(450~650)°C 加热，对机加工件其保温时间可选用(0.5~2)小时，焊接件选用(2~12)小时；再结晶退火温度为(750~800)°C，保温(1~3)小时。

2. 钛合金的淬火和时效

钛合金有同素异构转变，当把钛合金加热到 β 相区后淬火时，体心立方的 β 相将以无扩散的方式转变成 α 相，其也具有与 α 相同的六方晶体结构，是 β 稳定元素在 α 钛中的过饱和置换式固溶体，有固溶强化效果，但其强化效果远不如钢中的过饱和间隙碳原子对马氏体的强化那样显著；因此钛合金的强化是靠亚稳定 β 和 α' 相分解析出高度弥散的固溶体 α 相来实现。

钛合金的淬火和时效是其主要的热处理强化工艺。淬火温度一般选在 $\alpha + \beta$ 两相区，淬火加热时间根据工件厚度而定，冷却条件可以是水冷或空冷；而钛合金的时效温度在(450~550)°C 范围，时效时间根据具体要求可从数小时到数十小时不等。钛合金在热处理加热时必须严格注意污染和氧化，最好在真空炉或在惰性气体保护下进行。

8.4.4 钛合金的性能特点与应用

1. α 型钛合金

α 型钛合金的组织一般为 α 单相固溶体或 α 固溶体加微量金属间化合物，不能热处理强化。这类钛合金室温强度较低（ $\sigma_b \sim 850MPa$ ），但高温（500~600°C）强度（500°C 时，$\sigma_b = 400MPa$）和蠕变强度却居钛合金之首；且该类合金组织稳定，耐蚀性优良，塑性及加工成型性好，还具有优良的焊接性能和低温性能。常用于制作飞机蒙皮、骨架、发动机压缩机盘和叶片、蜗轮壳以及超低温容器。

2. β 型钛合金

β 型钛合中有较多的 β 相稳定元素，如 Mn、Cr、Mo、V 等，含量可达(18~19)%。目前工业应用的主要为亚稳 β 型钛合金，退火组织为 $\alpha+\beta$ 两相；淬火时有类似于钢中马氏体转变的亚稳 β 相生成。合金淬火时效后沉淀强化效果显著，性能可达 $\sigma_b=1300MPa$，$\delta=5\%$。该类合金在淬火态塑性韧性很好，冷成型性好；但该合金密度大，组织不够稳定，耐热性差，使用不太广泛。主要是用来制造飞机中使用温度不高但要求高强度的零部件，如弹簧、紧固件及厚截面构件。

3. $\alpha+\beta$ 型钛合金

$\alpha+\beta$ 型钛合金同时加入了稳定 α 相元素和稳定 β 相元素，合金元素含量低于 10%。室温为 $\alpha+\beta$ 两相，但 β 相含量不超过 30%。这类合金兼有 α 型及 β 型钛合金的特点——有非常好的综合机械性能，是应用最广泛的钛合金。如有代表性的 TC4 合金（Ti-6Al-4V），经 930°C 固溶淬火后再经 540°C 时效 2h 后，合金的综合机械性能极佳：$\sigma_b=1300MPa$，$\sigma_{0.2}=1200MPa$，$\delta=13\%$；TC4 在 400°C 时 σ_b 约为 630MPa，具有良好的耐热性；另外 TC4 还有很好低温性能，可用于−196°C 下。因此 TC4 合金经过不同的加工处理，既可用于常温，又可用于高温耐热和低温结构件，在航空航天工业及其它工业部门得到了广泛的应用，可用于制造航空发动机压气机盘和叶片，火箭发动机外壳及冷却喷管、飞行器用特种压力容器及化工用泵、船舶零件和蒸汽轮机部件等。

8.5 其他合金

8.5.1 轴承合金

1. 滑动轴承工作条件及对组织性能要求

滑动轴承是汽车，拖拉机及机床等机械制造工业中用以支承轴进行工作的零件。是由轴承体和轴瓦组成，轴瓦可直接用耐磨合金制成，也可在钢背上浇注（或轧制）一层耐磨合金形成复合的轴瓦。这些用于制作轴瓦及其内衬的合金称轴承合金。

当轴高速旋转时，轴瓦表面要承受轴颈的周期性负荷，有时还会有冲击作用，这时滑动轴承的基本作用是要保证轴的准确定位，在载荷作用下支承轴颈不损坏。轴工作时，与轴瓦间的强烈摩擦和磨损是不可避免的；虽然工作时常注入润滑油进行理想的液体润滑，但在机器启动，停车，受冲击或重载和载荷变动时，还是常常出现边界润滑或半干摩状态，引起磨损。

根据轴承的工作条件，轴承合金应具有下述基本性能：

(1) 足够的抗压强度和疲劳强度；

(2) 具有良好的减摩性，磨合性，抗冷焊性和嵌镶性；

(3) 有一定的塑性和韧性；

(4) 有良好的导热性和小的膨胀系数。

为满足上述基本性能的要求，轴承合金的组织和结构应具备如下特征：

(1) 轴承材料的组成基本采用对钢铁互溶性小的元素组成的合金，如 Sn、Pb、Al、Cu、Zn 等的合金，其对钢铁材料的粘着性和擦伤性小；

(2) 轴承材料的组织应是软基体上分布有均匀硬质点或硬基体上分布有均匀的软质点。这样当其工作时，软基体（或质点）被磨损凹陷而可保持润滑油，还可起到嵌藏外来硬质点磨粒的作用，以免划伤轴颈；而硬质点（或基体）耐磨而相对凸起以支承轴的压力并使轴和轴瓦接触面积减小；

(3) 轴承材料有适量低熔点元素。当轴承与轴的接触点由于工作而产生高温时，熔化的低熔点合金会在摩擦力作用下展平于摩擦面并形成塑性好的润滑层，减少接触点处的压力和摩擦阻力。

2. 常用轴承合金

(1) 锡基轴承合金（锡基巴氏合金）：锡基轴承合金的成分是由 Sn-Sb 合金基础上添加 Cu、Pb 等元素形成，又称锡基巴氏合金，属软基体硬质点类材料。其牌号主要有 ZchSnSb11-6、ZchSnSb8-4、ZchSnSb4-4 等，字母中"Z"表示铸造，"ch"表示轴承合金，后为基本元素（Sn）+主加元素+主加元素含量+辅加元素含量等，ZchSnSb11-6 表示含 11%Sb 和 6%Cu 的 Sn 基铸造轴承合金。

这类合金的特点是摩擦系数小、线膨胀小、有良好的工艺性、嵌镶性和导热性、耐蚀性优良；但其抗疲劳性能较差，运转工作温度应小于 110℃，且成本高。主要用于制作重要轴承，如汽轮机、蜗轮机、内燃机、压气机等大型机器的高速轴瓦等。

(2) 铅基轴承合金（铅基巴氏合金）：该合金是 Pb-Sb 基合金基础上加入 Sn 和 Cu 元素形成，又称铅基巴氏合金，亦为软基硬质点类合金，图 8-6 是这种合金的显微组织。常用牌号有 ZchPbSn16-16-2，表示含 16%Sn、16%Sb 及 2.0%Cu 和余量的 Pb，它可制成双层或三层金属结构。该合金显著特点是高温强度高、亲油性好、有自润滑性、适于润滑较差的场合；而强度硬度、耐磨性、耐蚀性、导热性低于锡基合金，但成本低，适宜制作中低载荷的轴瓦，如汽车拖拉机的曲轴轴承。

图 8–6 铅基轴承合金组织

(3) 铝基轴承合金：铝基轴承合金比重小，导热性好，疲劳强度高，抗蚀性和化学稳定性好，且价格低廉，适用于高速高载荷下工作的汽车和拖拉机，柴油机的轴承。按化学成分可分为 Al-Sn 系（Al-20%Sn-10%Cu）、Al-Sb 系（Al-4%Sb-0.5%Mg）和铝石墨系（Al-8Si 合金+3~6%石墨）三类。

Al-Sn 系合金具有疲劳强度高，耐热耐磨的特点，常用于制作高速重载条件下工作的轴承；Al-Sb 系合金疲劳抗力高，耐磨但承载能力不大，用于低载（<20MPa）低速（<10m/s）下工作的轴承；Al-石墨有优良的自润滑和减震作用，耐高温性能好，适用于制造活塞和机床主轴的轴承。

(4) 粉末冶金减磨材料：用于轴承的粉末冶金材料包括铁-石墨及铜-石墨多孔含油轴承材料及金属塑料减磨材料。与巴氏合金，铜基合金相比，这类材料减摩性好，寿命高，成本低，效率高；且自润滑性优良，材料孔隙能贮润滑油，使其工作时具有长期的润滑性。该类材料已广泛用于汽车、农机、冶金矿山和纺织机械中的轴承。

(5) 其他轴承材料：除上述之外，还有锌基轴承合金，铜基轴承合金以及充分利用不同材料的特性而制作的多层轴承合金（如将上述轴承合金与钢带轧制成的双金属轴承材料等）。 还有非金属材料轴承，其所用材料为酚醛夹布胶木、塑料、橡胶等，它们主要用于不能采用机油润滑而只能采用清水或其他液体润滑的轴承，如自来水深井泵中的滑动轴承。

8.5.2 硬质合金

硬质合金是用粉末冶金方法制成，即将极细的金属粉末或金属与非金属粉末混合并于模具中加压成型，然后在低于材料熔点的某温度下加热烧结，得到所需材料，其主要用于难熔材料难冶炼材料的生产。目前常用的硬质合金有金属陶瓷硬质合金和钢结硬质合金。

1. 金属陶瓷硬质合金

该类材料是将一些高硬难熔金属碳化物粉末（如 WC、TiC 等）和粘结剂（Co、Ni 等）混合加压成型，再经高温烧结而成，其与陶结烧结成型方法相似。金属陶瓷硬质合金特点是：硬度高（HRC69~81），热硬性好（可达(900~1000)°C），故耐磨性优良。由此制成的硬质合金刀具的切削速度比高速钢提高(4~7)倍，而刀具寿命可提高(5~80)倍。可用于切削高速钢刀具难加工的高加工硬化合金如奥氏体耐热钢及不锈钢，以及高硬度（HRC50 左右）的硬质材料。但硬质合金质硬性脆，不能进行机械加工，其常制成一定规格的刀片镶焊在刀体上使用。目前金属陶瓷硬质合金除作切削刀具外，还广泛用于模具、量具等耐磨件制造，以及用于采矿、石油及地质钻探等的钎头和钻头等。

金属陶瓷硬质合金主要有三类：

(1) 钨钴类：主要牌号有 YG3、YG6、YG8 等，YG 表示钨钴类硬质合金，后边的数字表示钴的含量的百分数。合金含钴多，材料韧性好，但硬度耐磨性降低。

(2) 钨钴钛类：主要牌号有 YT5、YT15、YT30 等，该类合金除含有 Co 和 WC 外，还有硬度比 WC 更高的 TiC 硬质粉末。Y 表示硬质合金，T 表示含 TiC，后面的数字是 TiC 的百分含量。该类合金耐磨性高，热硬性好，但强韧性较低。一般用于制作切削钢材的工具。

(3) YW 类：该类合金含有 TaC，是新型硬质合金。TaC 使合金热硬性显著提高，使该合金适宜切削耐热钢、不锈钢、高锰钢和高速钢等切削性能差的钢材的刀具。

2. 钢结硬质合金

钢结硬质合金的硬化相仍为 TiC、WC 等，但粘结剂则以各种合金钢（如高速钢，铬钼钢）代替了 Co、Ni，制作方法与上述硬质合金类似；但钢结硬质合金经退火后可进行切削加工，还可进行淬火回火等工艺处理，可锻造焊接，具有更好的使用和工艺性能。适用于制造各种形状复杂的刀具，如麻花钻头、铣刀等，也可制作高温下工作的模具或零件等。

8.5.3 镍及镍基高温合金

1. 纯镍的特性及应用

镍的相对密度为 8.9，熔点为 1455°C，其晶体结构为面心立方，有特殊的磁性能，无同素异构转变，镍耐蚀耐热，金属键强，蠕变起始温度高；常温下镍表面极易生成具有保护作用的致密氧化膜，且即使 800℃ 下也不会发生强烈氧化，因此镍是配制高强度、耐腐蚀、抗氧化的高温合金的基本元素之一。纯镍的室温强度不高（σ_b~340MPa），塑性极好，低温性能好，可进行各种冷热加工。除制备镍基高温合金外，纯镍还用于电镀、钢铁和其他金属合金化以及用于电真空器件的制造。

2. 常用镍基合金

(1) 镍基高温合金：基于镍自身的耐高温特点，向其中加入多种可形成耐热强化相合金元素而形成的高温性能优异的一类镍合金。主要加入的元素包括：提高抗氧化能力的 Cr、Al、Si 等；可形成固溶强化效果及形成具有高温稳定强化作用的金属间化合物的元素如 Cr、Co、W、Mo、Ti、Al、C 等（形成 Ni_3Al、Ni_3Ti 等金属间化合物或 MC、M_6C 等）；以及强化晶界的 B、Zr、Mg、Ce 等元素。经上述合金化作用后镍基高温合金可在 650~1000℃ 温度范围内有较高强度，良好抗氧化性和耐蚀性，主要用于制造航空涡轮发动机，各种燃气轮机热端部件，如导向叶片、涡轮盘燃烧室等。

表 8–7 常用镍基高温合金的成分、性能

合金类别	合金牌号	主要化学成分 %	状态	室温性能			高温持久强度 σ_{100}/MPa (800℃)
				σ_b/MPa	σ_s/MPa	δ%	
固溶强化型合金	GH30	Cr19.0~22.0,≤Fe1.0, Ti0.35~0.75,≤A10.15	板材固溶处理	750	280	39	45
	GH39	Cr19.0~22.0,≤Fe3.0Mo1.8~2.8, Nb0.9~1.3Ti0.15~0.35,A10.35~0.75	板材固溶处理	850	400	45	70
	GH44	Cr23.5~26.5,W13~16,≤Fe4, Ti0.3~0.7,≤A10.5	板材固溶处理	830	350	55	110
	GH170	Cr18~22,Co15~22,W18~29,Zr0.1~0.2	板材固溶处理	890	410	10	205
时效强化型合金	GH33	Cr19~22,Ti2.2~2.8,A10.55~1.0,≤Fe1.0	板材固溶时效	1 020	660	22	250
	GH37	Cr13~16,W5~7,Mo2~4,A11.7~2.3, Ti1.8~2.3,V0.3	板材固溶时效	1 140	750	14	280
	GH49	Cr9.5~11,Co14~16,W5~6,Mo4.5~5.5, A13.7~4.4,Ti1.0~4.0,V0.2~0.5	板材固溶时效	1 100	770	9	430
	GH141	Cr19.0~21.0,Mo9.5~10.5,≤(Al+Ti)4.5, ≤Fe0.5	板材固溶时效	1 160	810	11	296
*铸造镍基合金	K1	Cr14~17,W7.0~1.0,A14.5~5.5, Ti1.4~2.0,≤B0.12,≤C0.10	铸坯淬火处理	950	—	2	
	K2	Cr10~12,Co4.5~6.0,A15.3~5..9, W4.8~5.5Mo3.8~4.5,Ti2.3~2.9	铸坯淬火处理	950	840	1.5	*320
	K5	Cr5.5~11,Co9.5~10.5,A15.5~5.8 W4.5~5.2,Mo3.5~4.2,Ti2.0~2.9	铸坯	1030	—	8	*320
	K17	Cr8.5~9.5,Co14~16,A14.8~5.7, Ti4.1~5.2,W2.5~3.5,Mo0.6~0.9	铸坯	1000	780	12	*320

*注：铸造镍基合金的高温持久强度是在 900℃ 下测量得到的，即为 σ_{100}/MPa（900℃）。

镍基高温合金按成形方法分为铸造镍基高温合金和变形镍基高温合金。

变形镍基高温合金牌号以"GH"后加序号表示，如 GH36、GH39、GH41 等；铸造合金则以"K"加序号表示，如 K1、K2 等。如表 8–7 为常用 Ni 基高温合金的成分、性能。变形镍基高温合金中 Cr、Co 等固溶元素含量较高，而 Al、Ti 等沉淀相形成元素含量较低，合金可以用压力加工方式成型，因此塑性较好，但耐高温性能较差。一般只能用于低于 850°C 工作的的零件。

铸造镍基高温合金中沉淀强化型元素 Al，Ti 等的含量增加，合金再结晶温度高，热加工性能差，难以采用热加工成型，只能铸造成型，但铸造镍基高温合金具有更高的持久强度和蠕变强度，且还可作成空心或多孔型叶片，其可进行对流冷却，提高了工作温度，其使用温度可达近 1000°C。

(2) 其他镍基合金：镍与一些元素一起能形成许多有特殊性能的合金，其中常用的有蒙耐尔（*Monel*）合金和因科镍（*Inconel*）合金。*Monel* 合金是含 Cu30%的镍合金，其强度较高，具有非常高的耐腐蚀性，是船舶工业，化工工业及食品工业的重要结构材料；若合金中加入少量的 Si，Al，Ti 等元素，能与镍固溶并时效形成弥散金属间化合物，获得高强度的 *Monel* 合金，且其耐腐蚀性不降低。*Inconel* 合金是指含铬 15%的镍合金，也具有极高耐腐蚀性并有高的强度，通过加入 Nb，Fe，Si 还能大大提高其强度，主要用于化工，制药和电真空工业。

学习要求：

1. 熟悉常用有色金属 Al，Cu，Mg，Ti，Ni 及其合金的基本物理化学性能。
2. 了解常用有色金属 Al，Cu，Mg，Ti，Ni 及其合金的合金化原则和强化方法。
3. 熟悉 Al 合金及 Cu 合金的热处理特点，合金的分类和牌号。
4. 了解有色金属及合金的主要特性，用途和应用。

小结：

这一章主要讲述常用有色金属 Al，Mg，Cu，Ti 及其合金的基本性能，合金化和合金牌号，并列举了各类合金的主要用途。着重阐述了铝，镁和铜的合金合金化和强化方法及热处理，明确工程选材中各类有色合金的性能优势和主要应用领域。还介绍了轴承合金，硬质合金，粉末冶金材料和镍基合金等常用的材料类型和应用。

重要概念：

变形铝合金，铸造铝合金，防锈铝合金，硬铝，锻铝，变质处理，黄铜，青铜，白铜，季裂，粉末冶金，硬质合金，铝硅明。

课堂讨论：

1. 铝合金和钢铁材料在强化方式上有什么不同？为什么？
2. 为什么大多数的铝，镁，铜合金的强化方式基本相同。

3. 镁合金及锌合金用作铸造合金比用作锻造合金更广泛。提出合理的原因。
4. 锡青铜常用于铸造精密的工艺品，而很少用于铸造精密零件。试说明其原因。
5. 说明滑动轴承的工作条件和性能要求，提出合理的材料设计原则。举例说明。

习题：

1. 纯铝的特性和用途。
2. 铝合金的固溶处理，时效处理（包括自然时效、人工时效）对材料组织性能有什么影响？铝合金零件的加工和应用中如何利用或避免这种影响？
3. 简要说明铝硅明的性能特点及用途。
4. 一飞机制造商收到一批已经时效硬化的铝合金铆钉，试问还能挽救吗？说明原因。
5. 解释含 92%Cu，8%Ni 合金为什么能（或不能）时效硬化？
6. 铍青铜可以有很高的强度指标（高弹性极限、强度极限和疲劳极限），可以与高强钢相比，而其供应态一般较软且易于加工。说明其原因。
7. 纯铜有哪些特性和用途？如何强化？
8. 列举铝及铝合金在航空航天、交通和建筑等领域的 10 个应用实例。
9. 为什么铸造铝合金的化学组成一般比较复杂？
10. 选择合适的铜合金制造下列零件：
    （1）船用螺旋桨；（2）弹壳；（3）发动机轴承；（4）高级精密弹簧；（5）冷凝器；（6）钟表齿轮
11. 钛合金的强化方式与钢，铝合金的有什么异同点？
12. 指出镍在工业中的主要用途，说明为什么镍及镍基合金常用于耐腐蚀、耐高温或电真空条件下？
13. 说明下列材料的类别、成分、特性和用途：
    ZL102，LF21，ZL201，LY12，LC4，LD7，H70，B30，ZHSi80-3，ZQSn5-5-5，QBe2，ZQAl9-2，ZChSnSb11-9，ZChPbSn16-16-1.8，YG8，YT15，TC4，TA2，MB1，ZM6

第九章 陶瓷材料

9.1 概述

9.1.1 陶瓷材料发展及组成

陶瓷是人类最早使用的材料之一，传统的陶瓷所使用的原料主要是粘土等天然硅酸盐类矿物，故又称为硅酸盐材料；其主要成分是 SiO_2、Al_2O_3、Fe_2O_3、TiO_2、CaO、MgO、K_2O、Na_2O、PbO 等氧化物，形成的材料又统称为传统陶瓷或普通陶瓷，包括陶瓷、玻璃、水泥及耐火材料等。

随着生产的发展和科学技术的进步，现代陶瓷材料虽然制作工艺和生产过程基本上还沿用传统陶瓷的生产工艺——即粉末原料处理→成型→烧结的方法，但其所用原料已不仅仅是天然的矿物，有很多则是经过人工提纯或是人工合成的，组成配合范围已扩大到整个无机非金属材料的范围。因此，现代陶瓷材料是指除金属和有机材料以外的所有固体材料，又称无机非金属材料，是三大类固体材料之一类，有着十分重要的作用。

现代陶瓷更为充分地利用了各不同组成物质的特点以及特定的力学性能和物理化学性能。从组成上看，其除了传统的硅酸盐，氧化物和含氧酸盐外，还包括碳化物，硼化物，硫化物及其他的盐类和单质；材料更为纯净，组合更为丰富；而从性能上看，现代陶瓷不仅能够充分利用无机非金属物质的高熔点、高硬度、高化学稳定性，得到一系列耐高温（Al_2O_3、SiO_2、SiC、Si_3N_4 等），高耐磨和高耐蚀（BN、Si_3N_4、Al_2O_3+TiC、B_4C 等）的新型陶瓷，而且还充分利用无机非金属材料优异的物理性能，制得了大量的不同功能的特种陶瓷，如介电陶瓷（$BaTiO_3$）、压电陶瓷（PZT，ZnO）、高导热陶瓷（AlN）以及具有铁电性、半导体、超导性和各种磁性的陶瓷，适应了航天、能源、电子等新技术发展的需求，也是目前材料开发的热点之一。

9.1.2 陶瓷材料的分类

陶瓷材料及产品种类繁多，且还在不断扩大和增多，为便于掌握各种材料或产品特征，通常以成分和性能或用途对陶瓷材料加以分类。

1. 按化学成分分类

(1) 氧化物陶瓷：氧化物陶瓷是最早被使用的陶瓷材料，其种类也最多，应用最广泛。最常用的是 Al_2O_3、SiO_2、MgO、ZrO_2、CeO_2、CaO 及莫来石（$3Al_2O_3 \cdot 2SiO_2$）和尖晶石（$MgAl_2O_4$）等，其中 Al_2O_3 和 SiO_2 就象金属材料中钢铁和铝一样广泛应用。除了上述单一氧化物外，还有大量氧化物的复合氧化物陶瓷，常用的玻璃和日用陶瓷均属于这一类。

(2) 碳化物陶瓷：碳化物陶瓷具有比氧化物更高的熔点，但碳化物易氧化，因此在制造和使用时必须防止。最常用的有 SiC、WC、B_4C、TiC 等。

(3) 氮化物陶瓷：包括 Si_3N_4、TiN、BN、AlN 等。其中 Si_3N_4 具有优良的综合力学性能和耐高温性能；TiN 有高硬度；BN 具有耐磨减摩性能；AlN 具有热电性能，其应用正日趋广泛。类似的化合物还包括目前正在如火如荼研究的 C_3N_4，它可能会具有更为优越的物理化学性能。

(4) 其他化合物陶瓷：指除上述几类陶瓷和金属及高分子材料以外的无机化合物，包括常作为陶瓷添加剂的硼化物陶瓷以及具有光学、电学等特性的硫族化合物陶瓷等，其研究和应用也日益增多。

2. 按性能和用途分类

(1) 结构陶瓷：这类陶瓷是作为结构材料用于制造结构零部件，要求有更好的力学性能，如强度、韧性、硬度、模量、耐磨性及高温性能等。上述所述四类不同成分陶瓷均可设计成为结构陶瓷，如 Al_2O_3、Si_3N_4、ZrO_2 等，是常用的结构陶瓷。

(2) 功能陶瓷：作为功能材料，主要是利用无机非金属材料除机械性能外的优异的物理和化学性能，如电磁性、热性能、光性能及生物性能等，用以制作功能器件。例如用于制作电磁元件的铁氧体、铁电陶瓷；制作电容器的介电陶瓷；作为力学传感器的压电陶瓷，还有固体电解质陶瓷、生物陶瓷、光导纤维材料等大量的功能性陶瓷。

上述按性能和用途的分类，也只是相对的。因为材料在使用环境下运转时，往往不只是单一的性能和功能需求，有时是多方面的；但选材时必须分清主次，互相兼顾，才能更完美地选择和使用材料。表 9–1 是各类常用陶瓷及其用途。

表 9–1 陶瓷材料的分类及用途

类 别	特 性	典 型 材 料 及 状 态	主 要 用 途
工程陶瓷	高强度（常温，高温）	Si_3N_4，SiC（致密烧结体）	高温发动机耐热部件，如叶片，转子，活塞，内衬，喷嘴，阀门
	高韧性	Al_2O_3，B_4C，金刚石（金属结合）；TiN，TiC，B_4C，Al_2O_3，WC（致密烧结体）	切削工具
	硬度	Al_2O_3，B_4C，金刚石（粉状）	研磨材料
功能陶瓷	绝缘性	Al_2O_3（薄片高纯致密烧结体），BeO（高纯致密烧结体）	集成电路衬底，散热性绝缘衬底
	介电性	$BaTiO_3$（致密烧结体）	大容量电容器
	压电性	$Pb(Zr_xTi_{1-x})O_3$（极化致密烧结体）	振荡元件，滤波器
		ZnO（定向薄膜）	表面波延元件
	热电性	$Pb(Zr_xTi_{1-x})O_3$（极化致密烧结体）	红外检测元件
	铁电性	PLZT（致密透明烧结体）	图象记忆元件
	离子导电性	$\beta\text{-}Al_2O_3$（致密烧结体）	钠硫电池
		稳定 ZrO_2（致密烧结体）	氧量敏感元件
	半导体	$LaCrO_3$，SiC	电阻发热体
		$BaTiO_3$（控制显微结构体）	正温度系数热敏电阻
		SnO_2（多孔烧结体）	气体敏感元件
		ZnO（烧结体）	变阻器
	软磁性	$Zn_{1-x}Mn_xFe_2O_4$（致密烧结体）	记忆运算元件，磁芯，磁带
	硬磁性	$SrO\cdot6Fe_2O_3$（致密烧结体）	磁铁

9.2 陶瓷材料制作工艺

陶瓷种类繁多，应用状态也多不相同，有使用块材的（如常用的工程陶瓷），还有很多是以薄膜的形式利用（这多数是功能陶瓷膜），因此各自生产制作过程会各不相同。

9.2.1 大块陶瓷材料的制作

大块陶瓷材料的生产制作一般都使用粉末烧结方法，生产过程要经历三个阶段，即制粉，成型和烧结。

1. 制粉

陶瓷粉末制备的方法很多，主要包括机械研磨法和化学法。

(1) 机械研磨法：即传统陶瓷粉料的制作方法，即选择所需组分或其前驱体配料后，用机械法粉碎并混合后，焙烧反应得到所需物相，再用球磨法将粉料细化，而得到所需原料。该方法易于实现工业化生产，但粉粒细度有限，且分布不均，同时研磨或球磨过程中还会给粉体引来新的杂质。

(2) 化学法：即通过化学反应过程（液相，气相或固相反应）使组分均匀混合，且粉料粒度均匀，纯度高，还可得到微米，亚微米甚至纳米级的超细粉料，可以大大提高陶瓷的性能。该方法包括液相沉淀法（如 *sol-gel* 溶胶-凝胶法等）；气相法（CVD法）和固相法（高温自蔓延合成法）。其中液相法主要用于氧化物粉体制备；而气相法则主要用于非氧化物陶瓷粉料制备。

2. 成型

陶瓷成型就是将粉料直接或间接地转变成具有一定形状，体积和强度的型体，也称素坯。成型方法很多，主要有可塑法、注浆法和压制法。

(1) 可塑法：又称塑性料团成型法，是将粉料与一定水份或塑化剂混合均匀化，使之成为具有良好的塑性的料团，再用手工或机械成型。

(2) 注浆法：即浆料成型法，是将原料粉配制成胶状浆料注入模具中成型，还可将其分为注浆成型和热压注浆成型。

(3) 压制法：是粉料直接成型的方法，其与粉末冶金的成型方法完全一致，其又分作干压法和冷等静压法两种。

3. 烧结

烧结是将成型后的生坯体加热到高温（有时还须同时加压）并保持一定时间，通过固相或部分液相物质原子的扩散迁移或反应过程，消除坯料中的孔隙并使材料致密化，同时形成特定的显微组织结构的过程。这一些过程与材料最终的组织结构和性能有关，因此是十分重要的一个步骤。根据烧结时加压情况可将烧结过程分为常压或无压烧结、热压烧结及热等静压成型烧结。

常压烧结就是在大气中烧结，不需抽真空或加保护性气份，因此过程简单，成本低；但烧结体致密化慢，致密度低，且一般只适于氧化物陶瓷的烧结。热压烧结粉体致密化进程快，气孔率低，同时可降低烧结温度；但由于压力具有方向性，会导致致密度，组织和性能的各向异性，且成本较高。热等静压将成型和烧结一体化，且综合了冷等静压成型、热压和无压烧结的优点，是许多新型陶瓷的最为有效的成型烧结方法。

9.2.2 陶瓷薄膜的制作方法

陶瓷材料的高硬度，高化学稳定性等性能常常可用丁某些材料的表面防护层，而许多功能陶瓷在应用时也常常是以薄膜的形式出现的。当然，将大块陶瓷进行机械磨削或化学腐蚀抛光的方法也可以获得陶瓷膜，但实际上应用陶瓷薄膜时其主要制作方法是一些表面处理技术。这主要包括：

1. 液相法

通过化学或电化学方法在特定基体上形成陶瓷薄膜。常用的电化学方法有阳极化方法——即在电解质（如水溶液）中加电场，金属阳极表面被氧化得到氧化物膜（如 Al 合金表面的各种氧化膜）；电泳沉积法——将陶瓷粉末制成乳化液，使粉末表面带有一定的电荷，当在乳液中加电场后，带电的粉末就可以被沉积到阴极或阳极表面并得到陶瓷膜；电镀法得到具有红外等光学性质的硫化物膜。化学方法包括化学氧化法——即将金属或某一基体材料置于具有氧化性的溶液中，基体表面被氧化并形成氧化陶瓷膜；溶胶－凝胶方法——根据某些金属醇盐或金属无机盐的水解作用，改变或控制环境条件，使之在基体表面发生溶胶—凝胶转化，形成一层氧化物薄膜的方法，可获得氧化物增透膜，反射膜以及一些功能陶瓷薄膜，如压电薄膜等。

上述方法中，阳极氧化法、化学氧化法和溶胶—凝胶法一般只能获得氧化物陶瓷膜，而电镀法和电泳沉积法则还可以用于其它类型的陶瓷膜的制作。

2. 气相法

主要是各种化学气相沉积法、离子注入法。气相法对获得碳化物、氮化物、硼化物及硫化物的功能陶瓷膜更具有优势，在生产中已有成功的应用。

3. 固相法

该法主要是利用热喷涂或浆料上釉并烧结的方式在基体上获得一较厚的陶瓷层。

9.3 陶瓷材料的性能特点

由于陶瓷材料原子结合主要是离子键和共价键，因此陶瓷材料总的性能特点是强度高、硬度大、熔点高、化学稳定性好、线膨胀系数小，且多为绝缘体；相应地其塑性韧性和可加工性较差。在这里主要介绍陶瓷材料一些主要的性能特点。

9.3.1 陶瓷材料的机械性能

1. 强度

如图 9-1 是几不同类型材料的在室温下拉伸曲线。可见陶瓷材料弹性模量较大，即刚性好；但陶瓷在断裂前无明显塑性变形。因此陶瓷质脆，作为结构材料使用时安全性差。从组织上看，质脆陶瓷除了与其自身原子共价键或离子键合时错位难以滑移运动有关外，还由于粉末烧结的陶瓷内部存在的孔洞缺陷的影响作用，因此减少烧结缺陷如孔洞、玻璃相等都会使陶瓷的力学性能大大改善；另外细化晶粒时对陶瓷材料的强度提高仍然符合 *Hall-Petch* 规律。

陶瓷材料的抗压强度比抗拉强度高得多，比值为 10:1 左右，而铸铁材料只能达到 3:1，这可充分利用之。

陶瓷材料的高温强度比金属高得多，且当温度升到 $0.5T_m$（T_m 为熔点）以上时陶瓷材料也可发生塑性变形，此时其对既存缺陷的敏感性降低；虽然高温度时陶瓷材料强度有一定程度的下降，但其塑性韧性却大大提高，加之陶瓷材料优异抗氧化性，其可能成为未来高速高温燃气发动机的主要结构材料。

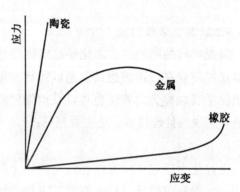

图 9-1 常用三类工程材料的拉伸曲线示意图

2. 硬度

高硬度、高耐磨性是陶瓷材料主要的优良特性之一，由于硬度是局部变形抗力标志，因此硬度对陶瓷烧结气孔等缺陷敏感性低；另由于陶瓷塑变程度小，使其硬度与弹性模大体上呈直线关系。陶瓷硬度随温度升高而降低的程度较强度下降的要快。

3. 脆性与陶瓷增韧

从上述的拉伸变形断裂过程特征表明，陶瓷是脆性的材料。其直观性能的表征为抗机械冲击和热冲击性能差。脆性的本质是与陶瓷材料内原子为共价键或离子键合特征有关的。在许多应用领域，陶瓷的脆性限制了其特性的发挥和应用，因此陶瓷韧化便成为世界瞩目的陶瓷材料研究和开发的中心课题，改善陶瓷脆性主要有三方面的途经：

(1) 增加陶瓷烧结致密度，降低气孔所占份数及气孔尺寸，尽量减少脆性玻璃相数量，并细化晶粒。

(2) 通过陶瓷的相变增韧：同金属一样某些陶瓷材料也存在相变和同素异构转变，如 ZrO_2 从高温液相冷却过程中将发生如下相变：液相（L）→立方相（c）→正方相（t）→单斜相（m），其中 $t \to m$ 转变属于马氏体型相变，相变时产生(3~5)%的体积膨胀。将这种相变用于某些复相陶瓷中或将 ZrO_2 等粒子加至其他材料中，相变产生的体积效应和形状效应会吸收较大能量，从而使材料表现出现很高的韧性。这种增韧效果还可同时提高陶瓷材料的强度，具有补强效应。

(3) 纤维增韧：利用一些纤维（长纤维或短纤维）的高强度和高模数特性，使之均匀分布于陶瓷基体中，生成一种陶瓷基复合材料。当材料受到外载作用时，纤维可以承担一部分的负荷，减轻了陶瓷本身的负担，同时纤维还可阻止或抑制裂纹扩展，大大减小了陶瓷材料的脆性，起到了增韧效果。

9.3.2 陶瓷材料的其它性能简介

1. 陶瓷热性能

陶瓷熔点高，而且有很好的高温强度和抗氧化性，是有前途的高温材料，用于制造陶瓷发动机，不仅重量轻体积小，且热效率大大提高；陶瓷热传导性差，抗熔融金属侵蚀性好，可用作坩埚热容器；陶瓷线膨胀数低，但抗热震性能差。

2. 陶瓷的电性能

由于陶瓷中组成原子的键合的特点，即共价键和离子键的饱和性，使大部分的陶瓷是好的绝缘材料；但由于杂质，某些组元等一系列成分因素的作用及一些环境因素的影响，有些陶瓷可以作半导体或压电材料，或热电材料或环境敏感材料等。

陶瓷材料还有一些特殊的光学性能，磁性能，生物相容性甚至超导性能等；而陶瓷薄膜的力学性能除与其结构因素有关外，还应服从薄膜的力学性能规律以及其独特的光，电，磁等物理化学性能。利用之将可开发出各种各样的功能材料，有着广泛的应用前景。

9.4 常用工业陶瓷及其应用

9.4.1 普通陶瓷

普通陶瓷就是用天然原料制成的粘土类陶瓷，它是以粘土（$Al_2O_3 \cdot 2SiO_2 \cdot 2H_2O$）、长石（$K_2O \cdot Al_2O_3 \cdot 6SiO_2$、$Na_2O \cdot Al_2O_3 \cdot 6SiO_2$）和石英（$SiO_2$）经配料，成型烧结而成。这类陶瓷质硬，不导电，易于加工成型；但其内部含有较多玻璃相，高温下易软化，耐高温及绝缘性不及特种陶瓷。表 9-2 是普通陶瓷的性能表。其成本低，产量大，广泛用于工作温度低于 200°C 的酸碱介质、容器、反应塔、管道、供电系统的绝缘子和纺织机械中导纱零件等。

9.4.2 特种陶瓷

1. 氧化铝陶瓷

这是以 Al_2O_3 为主要成分的陶瓷，另含有少量的 SiO_2。根据 Al_2O_3 含量不同又分为 75 瓷（含 75%Al_2O_3）、95 瓷（含 95%Al_2O_3）和 99 瓷（含 99%Al_2O_3），后两者又称刚玉瓷，其性能见表 9-3，可见氧化铝陶瓷中 Al_2O_3 含量越高玻璃相含量越少，气孔越少，其性能也越好，但此时技术变得复杂，成本升高。

氧化铝陶瓷耐高温性好，在氧化性气氛中，可用到 1950°C，且耐蚀性好。故可用作高温器皿，如熔炼铁钴镍等的坩埚及耐热用品等。

氧化铝有高硬度及高温强度，可用作高速切削及难切削材料加工的刃具(760°C 时 HRA87，1200°C 时 HRA80)；还可作耐磨轴承、模具及活塞、化工用泵和阀门等。同时氧化铝瓷有很好的绝缘性能、内燃机火花塞基本都是用氧化铝瓷作的。

氧化铝瓷的缺点是脆性大，不能承受冲击载荷，抗热震性差，不适合用于有温度急变场合。

表 9-2 普通陶瓷的性能

名称	耐酸耐温陶瓷	耐酸陶瓷	工业瓷
相对密度	2.1~2.2	2.2~2.3	2.3~2.4
气孔率(%)	<12	<5	<3
吸水率(%)	<6	<3	<1.5
*耐热冲击性（℃）	450	200	200
抗拉强度(MPa)	7~8	8~12	26~36
抗弯强度(MPa)	30~50	40~60	65~85
抗压强度(MPa)	120~140	80~120	460~660
冲击强度(MPa)	—	$(1~1.5)\times10^3$	$(1.5~3)\times10^3$
弹性模量(MPa)	—	450~600	650~800

*注：热冲击性是使试样从高温（如 200℃ 或 450℃）激冷到室温（20℃）并反复 2~4 次不出现裂纹下测得的。

表 9-3 氧化铝瓷的性能

编号	Al_2O_3 含量(wt%)	相对密度	硬度(莫氏)	抗压强度(MPa)	抗拉强度(MPa)
85 瓷	85	3.45	9	1800	150
96 瓷	96	3.72	9	2000	180
99 瓷	99	3.90	9	2500	250

2. 其他氧化物陶瓷

BeO、CaO、ZrO_2、CeO_2、MgO 等氧化物陶瓷熔点高，均在 2000℃ 附近，甚至更高，且还具有一系列特殊的优异性能。MgO 是典型的碱性耐火材料，用于冶炼高纯度铁及其合金、铜、铝、镁以及熔化高纯铀、钍及其合金。BeO 陶瓷在还原性气中特别稳定，其导热性极好（与铝相近），故抗热冲击性能好，可用作高频电炉坩埚和高温绝缘子等电子元件，以及用于激光管、晶体管散热片、集成电路基片等；铍的吸收中子截面小，故氧化铍还是核反应堆的中子减速剂和反射材料；但氧化铍粉末及蒸气有剧毒，生产和应用中应注意。ZrO_2 高强且耐热性好，导热率高，高温下是良好的隔热材料；另外 ZrO_2 室温下是绝缘体，但在 1000℃ 以上变为导体，是优异的固体电解质材料，用于离子导电材料（电极），传感及敏感元件及 1800℃ 以上的高温发热体，还可用于熔炼 Pt、Pd、Rh 等合金的坩埚。

3. 非氧化物工程陶瓷

常用的非氧化物陶瓷主要有碳化物陶瓷，如 SiC、B_4C；氮化物陶瓷，如 Si_3N_4、BN 等，它们也具有各自的优异性能。

氮化硅（Si_3N_4）陶瓷稳定性极好，除氢氟酸外能耐各种酸碱腐蚀，也可抵抗熔融有色金属的侵蚀；氮化硅硬度很高，摩擦系数小（只有 0.1~0.2，相当于油润滑的金属表面），耐磨性减摩性好（自润滑性好），是很好的耐磨材料；同时 Si_3N_4 还有很好的抗热震性，故氮化硅陶瓷可用作腐蚀介质下的机械零件，密封环，高温轴承，燃气轮机叶片，冶金容器和管道以及精加工刀具等。近年来在 Si_3N_4 中加入一定量的 Al_2O_3，形成 Si-Al-O-N 系陶瓷，即赛伦（*Sialon*）瓷，其可用常压烧结，是目前强度最高的陶瓷，并具有优异的化学稳定性、热稳定性和耐磨性。

碳化硅（SiC）陶瓷的最大特点是高温强度高，在 1400℃ 时抗弯强度仍达 (500~600)MPa；且其导热性好，仅次于 BeO 陶瓷，热稳定性耐蚀性耐磨性也很好。主要可用于制作火箭尾喷管的喷嘴、炉管、热电偶套管，以及高温轴承、高温热交换器、密封圈和核燃料的包封材料等。

氮化硼包括六方结构和立方结构两种陶瓷。六方氮化硼结构与石墨相似，性能也比较接近，故又称"白石墨"，其具有良好的耐热导热性（导热性与不锈钢类似）和高温介电强度，是理想的散热和高温绝缘材料；另外六方氮化硼化学稳定性好，具有极好的自润滑性，同时由于硬度较低，可进行机械加工，作成各种结构的零件。六方氮化硼瓷一般用作熔炼半导体材料坩埚和高温容器，半导体散热绝缘件，高温润滑轴承和玻璃成型模具等。立方氮化硼为立方结构，结构紧密，其硬度与金刚石接近，是优良的耐磨材料，常用于制作刀具。

陶瓷的品种很多，其所具有的性能也是十分广泛的，在所有的工业领域都有这一类材料的应用天地，随着材料的发展，其应用必将越来越广泛。上述介绍是常用的一些结构陶瓷材料，结构陶瓷仍在不断发展；而功能陶瓷（尤其是功能性陶瓷薄膜）的品种和应用也是十分广泛的，发挥作用也越来越重要；由于性能各异，品种繁多，此处不一一介绍。

学习要求：
1. 熟悉陶瓷材料的结构和性能特点。
2. 熟悉陶瓷材料的制造和加工过程。
3. 了解常用陶瓷材料及其主要用途。

小结：

除金属材料外的其它无机非金属材料都属于陶瓷材料的范畴，由于其原子主要以共价或离子键结合，因此陶瓷材料的主要力学性能特点是强硬而脆，同时具有很高的耐腐蚀性和高温性能（高温力学性能和抗氧化性能）；通过陶瓷相变和材料复合化可大大提高陶瓷的韧性。因此陶瓷材料在机械工程中主要应用于耐磨耐蚀和高温零部件。陶瓷材料还有大量的功能性。

陶瓷材料的加工过程与金属不同，主要是成型（素坯或粉末）烧结法或表面处理法。

本章还介绍了机械工程中常用的陶瓷材料（如氧化铝，碳化硅，氮化硅，氮化硼等）的组成，性能和主要用途。

重要概念：
陶瓷，烧结，相变增韧

课堂讨论：
1. 陶瓷材料一般是脆性的；且其抗拉强度远低于理论强度，也比其抗压强度低许多，说明其原因。至少提出三种改进陶瓷材料的韧性的方法。
2. 为什么陶瓷材料的拉伸试验数据比金属的分散？
3. 餐具瓷表面釉的膨胀系数一般应低于基体陶瓷的膨胀系数。说明这样做的原因。

习题：
1. 现代陶瓷材料有哪些力学性能特点？举例说明其主要应用在领域。
2. 陶瓷的结晶度对其性能有什么影响？对其烧结过程有什么影响？
3. 车床用的陶瓷（Al_2O_3）刀具在安装方式上与高速钢不同。为什么？
4. 75 瓷，95 瓷和 99 瓷的组成，结构和性能有什么不同？
5. 列举五种非氧化物陶瓷材料，并说明其性能和主要用途。
6. 制作陶瓷薄膜时，是否也需要烧结过程？

第十章　高分子材料

10.1　概述

现代材料科学和工程的发展已进入了人工合成材料新时期，而人工合成高分子材料则有了一个多世纪的发展历史，因此其对材料的发展有着深刻而长远的影响。自 1872 年最早发现酚醛树脂，并将其成功用于电气和仪器仪表等工业中以来，高分子材料由于其独特的性能特点而得到了迅速的发展和广泛的应用。到目前为止，已发展成塑料、橡胶、合成纤维三大合成结构材料以及油漆，胶粘剂等组成的庞大的材料群体，其发展较传统材料更为迅速，应用更快，效率更高。

何谓高分子材料呢？它是指以高分子化合物为主要成分的所有材料，而一般来说高分子化合物的分子量应在 1000 以上，有的可达几万到几十万。实际上，高分子化合物应包括作为生命和食物基础的生物大分子（包括蛋白质、*DNA*、生物纤维素、生物胶等）和工程聚合物两大类，而工程聚合物又包括人工合成的（塑料、纤维和橡胶等）和天然的（橡胶、毛及纤维素等）材料。这里要讲述的材料，主要包括大多数应用于机械、电子、化工和建筑等工业中的人工合成塑料、橡胶和有机纤维等高分子材料。

10.1.1　高分子化合物的组成

高分子化合物的分子量虽然很大，但其化学组成却相对简单。首先，组成高分子化合物的元素主要是 C、H、O、N、Si、S、P 等少数几种元素；其次所有的高分子却是由一种或几种简单的结构单元通过共价键连接并不断重复而形成。以聚乙烯为例，它是由许多乙烯小分子连接起来形成大分子链其中只包含 C 和 H 两种元素，即：

$$nCH_2 = CH_2 \rightarrow \sim CH_2\text{-}CH_2 \sim CH_2\text{-}CH_2 \sim CH_2\text{-}CH_2 \sim \rightarrow CH_2\text{-}CH_{2n} \qquad (10\text{-}1)$$

组成聚合物的低分子化合物（如乙烯，氯乙烯等）称为单体，高分子链中重要的结构单元称为链节，一条高分子链中所含的链节数目（n）称为聚合度。很显然，高分子的分子量（M）是链节的分子量（M_0）与聚合度（n）的乘积：

$$M = n \times M_0 \qquad (10\text{-}2)$$

实际上高分子材料则是由大量的分子链聚集而成，各个大分子链的长短并不一致，而是按统计规律分布的，因此高分子材料的分子量也是按统计规律分布，我们平时所用分子量实际为平均的分子量。

10.1.2　高分子化合物的合成

高分子化合物的合成方法有两种，即加成聚合反应（又称加聚反应）和缩合聚合反应（简称缩聚反应）。

1. 加聚反应

加聚反应是指含有双键的单体在一定的外界条件下（光、热或引发剂）双键打开，并通过共价键互相链接而形成大分子链的反应。由一种单体加聚而成的高分子叫均聚物，如聚乙烯、聚氯乙烯等；由两种或两种以上的单体聚合而成的则称为共聚物，如最著名的 ABS 树脂就是由丙烯腈（A）、丁二烯（B）和苯乙烯（S）三种单体加聚而成的共聚物。目前有 80% 的高分子材料是通过加聚反应得到的。

2. 缩聚反应

由两种或两种以上具有特殊官能团的低分子化合物聚合时在生成高分子化合物的同时，还有水、氨气、卤化氢、或醇等低分子副产物析出，并逐步合成为一种大分子链的反应称缩聚反应。其产物叫缩聚物，缩聚反应是由若干个聚合反应逐步完成的，如果条件不满足可能会停留在某一个中间阶段。由于缩聚过程中总有小分子析出，故缩聚高聚物链节的化学组成和结构与其单体并不完全相同，许多常用的高聚物如酚醛树脂、环氧树脂、聚酰胺、有机硅树脂等都是由缩聚反应制得。

10.2 高分子材料的分类及命名

10.2.1 高分子材料的分类

1. 按性能和用途分类

(1) 塑料：在常温下有一定形状，强度较高，受力后能发生一定变形的聚合物。按塑料热性能又分为热塑性和热固性塑料。

(2) 橡胶：在常温下具有很高弹性，即受到很小载荷即可发生很大变形甚至达原长的十余倍，而去除外力后又可恢复原状的聚合物。

(3) 纤维：在室温下材料的轴向强度很大，受力后变形很小，且在一定温度范围内力学性能变化不大的聚合物。

塑料、橡胶和纤维这三大合成材料之间其实也没有严格的界限，严格区分也很难，有时同一种高分子化合物可用不同的方法加工成不同种类的产品。如典型的聚氯乙烯塑料也可抽丝成为纤维（氯纶）。我们还常常将聚合后未加工成型的聚合物为树脂，以区分加工后的塑料或纤维制品，如电木未固化前称为酚醛树脂，涤纶纤维未抽丝前称为涤纶树脂。

除上述三类外，胶粘剂、涂料等都是以树脂形式不加工而直接使用的高分子化合物。

2. 按聚合反应的类型分类

(1) 加聚物：单体经加聚合成的高聚物，链节结构的化学式与单体分子式相同，如前述的聚乙烯，聚氯乙烯等。

(2) 缩聚物：单体经缩聚合成的高聚物。缩聚反应与加聚反应不同，聚合过程有小分子副产物析出，链节的化学结构和单体的化学结构不完全相同，如酚醛树脂，是由苯酚和甲醛聚合，缩去水分子形成的聚合物。

3. 按聚合物的热行为分类

(1) 热塑性聚合物：加热后软化，冷却后又硬化成型，这一过程随温度变化可以反复进行。聚乙烯、聚氯乙烯等烯类聚合物都属于此类。

(2) 热固性聚合物：这类聚合物的原料经混合并受光热或其它外界环境因素的作用下发生化学变化而固化成型，但成型后再受热也不会软化变形，如酚醛树脂，环氧树脂等均属这类材料。

4. 按聚合物主链上的化学组成分类

(1) 碳链聚合物：主链由碳原子一种元素所组成，如–C–C–C–C–C–。

(2) 杂链聚合物：主链中除碳外还有其它元素，如还含有 O, N, S, P 等。

(3) 元素有机聚合物：主链由氧和其它元素组成，如–O–Si–O–Si–O–。

10.2.2 高分子材料的命名

常用的高分子材料名称大多数采用习惯命名法，对加聚高分子材料一般在原料单体名称前加"聚"字，如聚乙烯、聚氯乙烯等。对缩聚高分子材料一般是在原料名称后加"树脂"二字，如酚醛树脂、脲醛树脂（尿素和甲醛聚合物）等。

实际上有很多高分子材料在工程中常采用商品名称，它没有统一的命名原则，对同一材料可能各国的名称都不相同。尤其纤维和橡胶材料的名称使用商品名称的更多，如聚己内酰胺称尼龙 6，或锦纶或卡普隆；聚乙烯醇缩甲醛称维尼纶；聚丙烯腈（人造羊毛）称腈纶或奥纶；聚对苯二甲酸乙二酯称涤纶或的确良；丁二烯和苯乙烯共聚物称丁苯橡胶等。有时为了简化，高分子材料还往往用英文名称的缩写表示，如聚乙烯用 PE、聚氯乙烯用 PVC 等。

10.3 高分子材料的性能特点

10.3.1 高分子材料的力学性能特点

1. 高分子材料的三种力学状态

高分子材料中大分子链多为共价键，链间或为交连态或为 *Van de Walls* 力键合，使其当环境温度变化时呈现不同的物理力学状态，这对该类材料的加工成形和使用都有着十分重要的意义。

(1) 线性非晶态高聚物的三种物理力学状态：在恒定负荷的作用下，线性非晶态高聚物的温度——形变关系曲线如图 10-1 所示，曲线可分作三个区，分别表示三种物理力学状态：

① 玻璃态：当温度较低时，分子热运动能力弱，分子链甚至链节都处于刚性状态，其力学性能与低非晶分子固体材料类似。在外载作用下只能发生一定的弹性变形（像玻璃），这种状态称为玻璃态。高聚物呈现玻璃态的最高温度（T_g）称为玻璃化温度，不同高分子材料的 T_g 不同。一般来说，以塑料形式使用的状态一般为高分子材料的玻璃态。显然塑料的 T_g 高于室温，如聚氯乙烯的 T_g 为 87℃，尼龙的 T_g 为 50℃，有机玻璃的 T_g 为 100℃。

② 高弹态：图 10–1 中 $T_g \sim T_f$ 温度之间使用的高聚物处于高弹态。在这一区域，分子热运动能量增加，链段可进行内旋转，但分子链间不能移动，因此高聚物受力时能够产生很大的弹性变形（变形量可达 100~1000%），但弹性模量很小，外力去除后，形变可恢复，但回复不是瞬时进行的，而是要经过一定的时间完

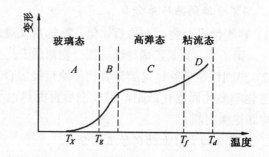

图 10–1 线性非晶态高聚物的变形—温度曲线

T_x—脆化温度；T_g—玻璃化温度；T_f—粘流温度；T_d—分解温度

成。高分子材料的高弹态又称橡胶态，它为高分子材料所独有。因此室温下处于高弹态的材料都叫橡胶。

③ 粘流态：温度高于 T_f 时，整个分子链及其各链段均能运动起来，聚合物成为可流动的粘稠状液体，称为粘流态。它是线型高聚物流变加工成型的工作状态，在室温下处于粘流态高分子材料又称流动性树脂。

(2) 线性晶态高聚物的物理学状态：高分子材料实际只能有部分结晶，即其总是由结晶区和非晶区两部分构成或均为非晶态。非晶区相当于非晶态聚合物，存在上述三态。而结晶区则有固定的熔点 T_m，使用温度低于 T_m 时，该区域为硬结晶态；温度高于 T_m 时则晶区熔融成为粘流态；在温度 $T_g \sim T_m$ 之间，非晶区处于高弹态，柔顺性好，而结晶区仍保持在硬态。因此具有一定结晶度的高分子材料既具有一定柔顺(韧)性，又有一定的刚硬性，称这种状态为"皮革"态。显然也可通过控制室温结晶度来改变聚合物性能。

(3) 体型高分子材料的物理力学状态：体型非晶态高聚物大分子链互相交连具有网状结构，其交连点密度对聚合物的物理状态具有重要影响。若交连点密度较小，交连点间链段长，柔性较好，在外力作用下链段可以伸展而产生高弹性变形，其仍具有高弹态，如轻度硫化的橡胶；若交连点密度较大，交连点之间的链段短，运动受到约束大大加强，弹性变形小，失去高弹态，如过度硫化的橡胶；当交连点密度很大，$T_g = T_f$，高弹态完全消失，高分子只有玻璃态，如酚醛塑料等。聚合物的交连也是其强化的重要方法之一。

高分子材料的物理力学状态除受化学成分、分子链结构、分子量、结晶度等内在结构因素影向外，对应力、湿度、环境介质，以及加载速率和方式等外界条件也很敏感，因此使用高分子材料时对环境因素应予以足够的重视。

2. 高分子材料的力学性能特点

与其他材料相比（如金属材料、陶瓷材料），高分子材料的力学性能具有如下特点：

(1) 低强度和高比强度：高分子材料的强度很低，如塑料抗拉强度 σ_b 在 (30~100)MPa 之间；而橡胶的 σ_b 则更低，只有 25MPa 左右。但由于高分子材料的密度很低，故其比强度较高，这在许多应用中有着重要意义。

(2) 高弹性和低弹性模数：高分子材料弹性模量很低，塑料的弹性模量只有金属的十分之一，由于其使用状态为玻璃态，故其弹性也较低；橡胶弹性模量更低，为金属材料的千分之一左右，但其具有很优秀的弹性性能。

(3) 粘弹性：高分子材料在外力作用下发生高弹性变形和粘性流动，其变形与时间有关，即具有粘弹性；使用中表现为有显著的蠕变，应力松弛和内耗的发生。蠕变反应了材料在一定外力作用下保持的尺寸稳定性状态；应力松弛是指在应变保持不变时应力随时间延长的衰减现象，这一过程中高分子材料内部构象已经发生了变化；而内耗则是在交变应力的作用下高分子材料内部应力和应变间的滞后现象，它会大大降低外载的使用效率。产生粘弹性的原因就是大分子的变形和构象变化速度慢而滞后于外界条件而引起。

(4) 高耐磨性：高分子材料虽然硬度较低，但由于其为大分子结构，故其抗磨和耐撕裂性好，耐磨性却优于金属；塑料摩擦系数小，甚至还有自润滑性能，而橡胶虽然摩擦系数较大，但由于其好的粘弹性，故也很耐磨。

10.3.2 高分子材料的其它性能特点

1. 高绝缘性

由于高分子材料内部主要是以共价键或分子键结合，无离子和自由电子，故其导电能力很低，介电常数小，介电损耗低，耐电弧性好。

2. 膨胀性

高分子材料中分子链柔性大，其线膨胀系数是金属材料的 3~10 倍，因此加热时它有明显的体积和尺寸变化。

3. 导热性低

高分子材料是由分子链缠绕交联形成，内部无自由的电子、原子和分子，故导热性很差，比金属材料低两个或三个数量级。

4. 热稳定性差

加热时高分子的分子链易发生链段运动或整个链的移动，导致材料软化，熔化甚至分解；使塑料高温下难以保持高的强度和硬度，而橡胶则不能有高的弹性。

5. 高化学稳定性

高分子材料在大多数的酸碱盐的水溶液中具有优异的耐腐蚀性能，这是由于高分子材料为共价化合物，其中无自由电子、原子等活性粒子，不易受腐蚀；同时大分子间互相缠绕，起到了一个整体防护之作用。但高分子在某些有机溶剂中会被溶解腐蚀或溶剂渗入而"溶胀"，使材料性能破坏而腐蚀。

6. 高分子材料使用过程中的化学反应

(1) 分子的交连反应：为改变某种聚合物的性质，常常加入含有某些官能团的大分子或小分子的化合物作为聚合物改性剂；或通过辐射等物理方法是使高分子从线型结构转变为体型结构，使其机械性能、耐热性和化学稳定性增加，这种高分子结构的变化称为交联反应。这种变化可以是生产过程中进行，如橡胶的硫化；也可以现场操作实现成型密封或防护等功能，如树脂的固化等。

(2) 大分子的裂解反应：高分子材料在使用时，由于外界因素的作用其大分子链可能会发生断裂，使分子量下降，材料性能发生改变，这叫裂解反应。引起裂解的因素很多，如光、热、氧、机械作用、化学作用、生物作用、超声波作用等。

(3) 高分子材料的老化及防止：高分子材料在长期放置或使用过程中受到外界的物理化学及生物机械等因素的作用后，逐渐失去弹性出现龟裂变硬变脆或发粘软化等现象称为聚合物的老化。老化是一个复杂的化学变化过程，目前认为主要的原因是大分子的交联或裂解。若以大分子交联为主，则材料会变硬、脆且失去弹性，出现龟裂等；而出现裂解，则表现为材料失去刚性、发粘变软等。

防止高分子材料的老化常常是通过高分子材料改性，添加防老剂或进行表面涂层处理以防止或降低环境因素对其不利影响等。

10.4 工程塑料

10.4.1 塑料的组成

如上所述，塑料是高分子材料在一定温度区间内以玻璃态状态使用时的总称。因此塑料材料在一定温度下可变为橡胶态而加工成型；而在另外的一些条件下又可变为纤维材料。但工程上所用的塑料，其成分都是以各种各样的树脂为基础可加入其他添加剂制成的，其大致组成如下：

1. 树脂

树脂是塑料的主要成分，它决定塑料的主要性能并且其他添加剂的加入及作用的发挥都是以树脂为中心作用的，故绝大多数塑料都以相应的树脂来命名的。

2. 添加剂

工程塑料中的添加剂都是以改善材料的某种性能而加入的。添加剂的作用和类型主要包括：

(1) 改善塑料工艺性能：如增塑剂、固化剂、发泡剂和催化剂等。其中增塑剂是改善高分子材料柔顺性，使其易于成型；固化剂则是促进塑料受热交连反应使其由线型结构变为体型结构，使其尽快达到形状尺寸和性能的最终稳定化作用（如环氧树脂加入乙二胺即为此类）；而催化剂也是加速成型过程中的材料的结构转变过程；发泡剂则是为了获得比表面积大的泡沫高分子材料而加入的。

（2）改善使用性能：如增塑剂、稳定剂、填料、滑润剂、着色剂、阻燃剂、静电剂等等，主要用于改善塑料的某些使用性能而加入。如增塑剂改善韧性；填料则提高强度，改善某些特殊性能并降低成本；稳定剂则是防止使用过程中的老化作用；着色剂，阻燃剂也都有着各自的使用性能需求而加入的。

10.4.2 塑料的分类

1. 按热性能分类

（1）热塑性塑料：该类材料加热后软化或熔化，冷却后硬化成型，且这一过程可反复进行。常用的材料有：聚乙烯、聚丙烯、ABS塑料等。

（2）热固性塑料：材料成型后，受热不变形软化，但当加热至一定温度则会分解。故只可一次成型或使用。如环氧树脂等材料。

2. 按使用性能分

（1）工程塑料：可用作工程结构或机械零件的一类塑料，它们一般有较好的稳定的机械性能，耐热耐蚀性较好，且尺寸稳定性好。如ABS、尼龙、聚甲醛等。

（2）通用塑料：主要用于日常生活用品的塑料。其产量大，成本低，用途广，占塑料总产量的3/4以上。

（3）特种塑料：具有某些特殊的物理化学性能的塑料如耐高温，耐蚀，光学等性能塑料。其产量少，成本高，只用于特殊场合。如聚四氟乙烯（PTFE）的润滑耐蚀和电绝缘性；有机硅树脂的耐温性（可在 200~300°C 长期使用）。

塑料原料通常的状态可为粉末，颗粒或液体。使用这些状态的原料，热塑性塑料可以用注射、挤出、吹塑等技术制成管、棒、板和不同厚度的薄膜，泡沫或其他各种状态的零件；而热固性塑料则可以用模压、层压、浇铸等技术制成层压板、管、棒以及各种形状的零件。

10.4.3 常见工程塑料的性能特点和用途

1. 聚烯烃塑料

聚烯烃塑料的原料来源于石油天然气，原料丰富，因此一直是塑料工业中产量最大的品种，用途也十分广泛。

（1）聚乙烯（PE）：聚乙烯合成方法有低压法，中压法和高压法三种，性能见表10-1。

聚乙烯产品相对密度小（0.91~0.97），耐低温、耐蚀、电绝缘性好。高压聚乙烯质软，主要用于制造薄膜；低压聚乙烯质硬，可用于制造一些零件。

聚乙烯产品缺点是：强度、刚度、硬度低；蠕变大，耐热性差，且容易老化。但若通过辐射处理，使分子链间适当交联，其性能会得到一定的改善。

（2）聚氯乙烯（PVC）：是最早使用的塑料产品之一，应用十分广泛。它是由乙烯气体和氯化氢合成氯乙烯再聚合而成。较高温度的加工和使用时会有少量的分解，产物为氯化氢及氯乙烯（有毒），因此产品中常加入增塑剂和碱性稳定剂抑制其分解。

增塑剂用量不同可将其制成硬质品（板、管）和软质品（薄膜、日用品）。

PVC 使用温度一般在(-15~55)℃。其突出的优点是耐化学腐蚀，不燃烧且成本低，易于加工；但其耐热性差，抗冲击强度低，还有一定的毒性。当然若用共聚和混合法改进，也可制成用于食品和药品包装的无毒聚氯乙烯产品。

(3) 聚苯乙烯（PS）：该类塑料的产量仅次于上述两者（PE、PVC）。PS 具有良好的加工性能；其薄膜有优良的电绝缘性，常用于电器零件；其发泡材料相对密度低达 0.33，是良好的隔音、隔热和防震材料，广泛用于仪器包装和隔热。其中还可加入各种颜色的填料制成色彩鲜艳的制品，用于制造玩具及日常用品。

聚苯乙烯的最大缺点是脆性大、耐热性差，但常将聚苯乙烯与丁二烯、丙烯腈、异丁烯、氯乙烯等共聚使用，使材料的冲击性能、耐热耐蚀性大大提高，而可用于耐油的机械零件、仪表盘、罩、接线盒和开关按钮等。

表 10-1 聚乙烯三种生产方法及性能比较

	合成方法	高压法	中压法	低压法
聚合条件	压力，MPa	100 以上	3~4	0.1~0.5
	温度，℃	180~200	125~150	60 以上
	催化剂	微量 O_2 或有机化合物	CrO_3，MoO_3 等	$Al(C_2H_5)_2 + TiCl_4$
	溶剂	苯或不用	烷烃或芳烃	烷烃
聚合物性能	结晶度，%	64	93	87
	密度，g/cm³	0.910~0.925	0.955~0.970	0.941~0.960
	抗拉强度，MPa	7~15	29	21~37
	软化温度，℃	14	135	120~130
	使用范围	薄膜、包装材料、电绝缘材料	桶、管、电线绝缘层或包皮	桶、管、塑料部件、电线绝缘层或包皮

(4) 聚丙烯（PP）：聚丙烯相对密度小（0.9~0.91），是塑料中最轻的。其力学性能如强度、刚度、硬度、弹性模数等都优于低压聚乙烯（PE）；它还具有优良的耐热性，在无外力作用时，加热至 150℃ 不变形，因此它是常用塑料中唯一能经受高温消毒的产品；还有优秀的电绝缘性。其主要的缺点是：粘合性、染色性和印刷性差；低温易脆化、易燃，且在光热作用下易变质。

PP 具有好的综合机械性能，故常用来制各种机械零件、化工管道、容器；其无毒及可消毒性，可用于药品的包装。

PVC，PS 及 PP 三大类烯烃塑料的性能比较见表 10-2。

2. ABS 塑料

ABS 塑料是由丙烯腈、丁二烯和苯乙烯三种组元共聚而成，三组元单体可以任意比例混合，由此制成各种品级的树脂性能见表 10-3。由于 ABS 为三元共聚物，丙烯腈使材料耐蚀性和硬度提高，丁二烯提高其柔顺性，而苯乙烯则使具有良好的热塑性加工性，因此 ABS 是"坚韧、质硬且刚性"的材料，是最早被人类认识和使用的"高分子合金"。

表10-2　PVC、PS 及 PP 的性能比较

名称	聚氯乙烯	聚苯乙烯	聚丙烯
缩写	PVC	PS	PP
密度, g/cm^3	1.30~1.45	1.02~1.11	0.90~0.91
抗拉强度, MPa	35~36	42~56	30~39
延伸率, %	20~40	1.0~3.7	100~200
抗压强度, MPa	56~91	98	39~56
耐热温度, ℃	60~80	80	149~160
吸水率, %/24h	0.07~0.4	0.03~0.1	0.03~0.04

ABS 由于其低的成本和良好的综合性能，且易于加工成型和电镀防护，因此在机械，电器和汽车等工业有着广泛的应用。

3. 聚酰胺(PA)

聚酰胺的商品名称是尼龙或绵纶，是目前机械工业中应用比较广泛的一种工程热塑性塑料。尼龙的品种很多，常用的见表 10-4，其中尼龙 1010 是我国独创，使用原料是蓖麻油。

聚酰胺的机械强度高，耐磨，自润滑性好，而且耐油耐蚀消音减震，已大量用于制造小型零件，代替有色金属及其合金；芳香尼龙具有良好的耐磨耐热耐辐射性和电绝缘性，在 95%相对湿度下不受影响，而且可在 200℃ 长期工作使用，可用于制造高温下工作的耐磨零件，H 级绝缘材料及宇宙服等。

大多数尼龙易吸水，导致性能和尺寸的改变，这在使用时应予以注意。

表10-3　ABS 塑料性能表

级别	超高冲击型	高强度冲击型	低温冲击型	耐热型
密度, g/cm^3	1.05	1.07	1.07	1.06~1.08
抗拉强度, MPa	35	63	21~28	53~56
抗拉弹性模数, MPa	1800	2900	700~1800	2500
抗压强度, MPa	-	-	18~39	70
抗弯强度, MPa	62	97	25~46	84
吸水率, %/24h	0.3	0.3	0.2	0.2

4. 聚甲醛(POM)

POM 是没有侧链，高密度高结晶性的线型聚合物，性能比尼龙好，其按分子链结构特点又分为均聚甲醛和共聚甲醛，性能见表 10-5。聚甲醛性能较好，但热稳定性和

耐候性差、大气中易老化、遇火燃烧。但目前仍广泛用于汽车、机床、化工、仪表等工业中。

表 10-4　各种尼龙性能

级别	尼龙6	尼龙66	尼龙610	尼龙1010
密度, g/cm³	1.13~1.15	1.14~1.15	1.08~1.09	1.04~1.06
抗拉强度, MPa	54~78	57~83	47~60	52~55
弹性模量, MPa	830~2600	1400~3300	1200~2300	1600
抗压强度, MPa	60~90	90~120	70~90	55
抗弯强度, MPa	70~100	100~110	70~100	82~89
延伸率, %	150~250	60~200	100~240	100~250
熔点, ℃	215~223	265	210~223	200~210
吸水率, %/24h	1.9~2.0	1.5	0.5	0.39

表 10-5　聚甲醛的性能

名称	均聚甲醛	共聚甲醛
密度, g/cm3	1.43	1.41
抗拉强度, MPa	70	62
弹性模数, MPa	2900	2800
抗压强度, MPa	125	110
抗弯强度, MPa	980	910
延伸率, %	15	12
熔点, ℃	175	165
结晶度, %	75~85	70~75
吸水率, %/24h	0.25	0.22

表 10-6　聚碳酸酯的性能

性能	数值
抗拉强度, MPa	66~70
弹性模数, MPa	2200~2500
抗压强度, MPa	83~88
抗弯强度, MPa	106
延伸率, %	~100
熔点, ℃	220~230
使用温度, ℃	—100~140

5. 聚碳酸酯（PC）

PC 是一种新型热塑性塑料，品种较多。工程上用的是芳香族聚碳酸酯，产量仅次于尼龙。PC 性能指标见表 10-6。PC 的化学稳定性很好，能抵抗日光雨水和气温变化的影响；它透明度高，成型收缩小，因此制件尺寸精度高。广泛用于机械、仪表、电讯、交通、航空、照明和医疗机械等工业。如波音 747 飞机上有 2500 个零件要用到聚碳酸酯。

6. 有机玻璃（PMMA）

有机玻璃的化学名称为：聚甲基丙烯酸甲酯，是目前最好的透明有机物，透光率达 92%，超过了普通玻璃；且其力学性能好 σ_b 可达(60~70)MPa，冲击韧性比普通玻璃高(7~8)倍（厚度为 3~6mm 时），不易破碎，耐紫外线和防老化性能好，同时相对密度低（1.18）易于加工成型。但其硬度低，耐磨擦性，耐有机溶剂腐蚀性，耐热性，导热性差，使用温度不能超过 180℃。主要用于制造各种窗体，罩及光学镜片和防弹玻璃等部分零件。

7. 聚四氟乙烯（PTFE）

聚四氟乙烯是含氟塑料的一种，具有极好的耐高低温性和耐磨蚀等性能。*PTFE* 几乎不受任何化学药品的腐蚀，即使在高温下在强酸强碱及强氧化环境中也都稳定，故有"塑料王"之称；其熔点为 327℃，能在(–195~+250)℃ 范围内保持性能的长期稳定性；其摩擦系数小，只有 0.04，具有极好的自润滑；且具有憎水憎油和不粘性；在极潮湿的环境中也保持良好的电绝缘性。但其强度硬度较低，冷流性大，加工成型性较差，只能用冷压烧结方法成型。在高于 390℃ 时分解出剧毒气体，应予注意。*PTFE* 的优良性能使其在电子，国防，涂料等领域的应用日益广泛。

8. 其它热塑性塑料

常用的热塑性塑料还有：聚酰亚胺（PI）、聚苯醚（PPO）、聚砜（PSF）和氯化聚醚等。

聚酰亚胺是含氮的环形结构的耐热性树脂，其强度硬度较高，使用温度可达 260℃；但加工性较差，脆性大，成本高。主要用于特殊条件下工作的精密零件，如喷气发动机供燃料系统的零件，耐高温高真空用自润滑轴承及电气设备，是航空航天工业中常用的高分子材料。

聚苯醚是线性非晶态工程塑料，综合性能好，使用温度宽（-190℃~190℃），耐磨性电绝缘性和耐水蒸气性能好。主要用作在较高温度下工作的齿轮、轴承、凸轮、泵叶轮、鼓风机叶片、化工管道、阀门和外科医疗器械等。

聚砜是含硫的透明树脂，其耐热性抗潜变性突出，长期使用温度可达(150~174)℃，脆化温度-100℃。广泛用于电器、机械、交通和医疗领域。

氯化聚醚的主要特点是耐化学腐蚀性极好，仅次于 PTFE。但加工性好，成本低，尺寸稳定性好。主要用于制作 120℃ 以下腐蚀介质中工作的零件或管道以及精密机械零件等。

表 10–7　其它几种塑料的性能表

名称	聚砜	聚四氟乙烯	氯化聚醚	聚苯醚	聚酰亚胺
密度，g/cm³	1.24	2.1~2.2	1.4	1.06	1.4~1.6
抗拉强度，MPa	85	14~15	44~65	66	94
弹性模数，MPa	2500~2800	400	2460~2610	2600~2800	12866
抗压强度，MPa	87~95	42	85~90	116	170
抗弯强度，MPa	105~125	11~14	55~85	98~132	83
延伸率，%	20~100	250~315	60~100	30~80	6~8
吸水率，%/24h	0.12~0.22	<0.005	0.01	0.07	0.2~0.3

9. 热固性塑料

热固性塑料也很多，是树脂经固化处理后获得的。所谓固化处理就是树脂中加入固化剂并压制成型，使其由线型聚合物变为体型聚合物的过程。用得最多的热固性塑料主要是酚醛塑料和环氧塑料。酚醛塑料有优异的耐热、绝缘、化学稳定和尺寸稳定性，较高的强度硬度和耐磨性，其抗潜变性能优于许多热塑性工程塑料，广泛用于机械电子、航空、船舶工业和仪表工业中，如高频绝缘件、耐酸耐碱耐霉菌件及水润滑轴承；其缺点是质脆、耐光性差、色彩单调（只能制成棕黑色）。环氧塑料强度高，且耐热性耐腐蚀性及加工成型性优良，对很多材料有好的胶接性能，主要用于制作塑料模，电气、电子元件和线圈的密封和固定等领域，还可用于修复机件；但其价格昂贵。常用的还有氨基塑料如脲醛塑料和三聚氰胺塑料等；有机硅塑料及聚氨脂塑料等。主要的热固性塑料性能特点和应用见表 10-8。

表 10-8 主要热固性塑料的性能

名称	酚醛	脲醛	三聚氰胺	环氧	有机硅	聚氨脂
耐热温度, ℃	100~150	100	140~145	130	200~300	-
抗拉强度, MPa	32~63	38~91	38~49	15~70	32	12~70
弹性模数, MPa	5600~35000	7000~10000	13600	21280	11000	700~7000
抗压强度, MPa	80~210	175~310	210	54~210	137	140
抗弯强度, MPa	50~100	70~100	45~60	42~100	25~70	5~31
成型收缩率, %	0.3~1.0	0.4~0.6	0.2~0.8	0.05~1.0	0.5~1.0	0~2.0
吸水率, %/24h	0.01~1.2	0.4~0.8	0.08~0.14	0.03~0.20	$2.5mg/cm^2$	0.02~1.5

10.5 合成橡胶与合成纤维

10.5.1 橡胶

橡胶是以高分子化合物为基础的具有显著高弹性的材料，它与塑料的区别是在很广的温度范围内（-50~150℃）处于高弹态，保持明显的高弹性。

1. 橡胶的组成

工业用橡胶是由生胶（或纯橡胶）和橡胶配合剂组成。生胶（或纯橡胶）是橡胶制品的主要成分，也是形成橡胶特性的主要原因，其来源可以是合成的也可是天然的，但生胶性能随温度和环境变化很大，如高温发粘，低温变脆且极易为溶剂溶解，因此必须加入各种不同的橡胶配合剂，以提高橡胶制品的使用性能和加工工艺性能。橡胶中常加入的配合剂有硫化剂、硫化促进剂、防老剂、填充剂、发泡剂和着色剂、补强剂等。

2. 橡胶的性能特点

橡胶的最大特点是高弹性，且弹性模数很低，只有 1MPa 而外加作用下变形量则可达(100~1000)%，且易于恢复；橡胶有储能、耐磨、隔音、绝缘等性能。广泛用于制造密封件、减震件、轮胎、电线等。

3. 常用橡胶材料

橡胶品种很多，主要有天然橡胶和合成橡胶两类。合成橡胶按用途及使用量分为通用橡胶和特种橡胶，前者主要用作轮胎、运输带、胶管、胶板、垫片、密封装置

表 10-9 常用橡胶的性能和用途

名称	代号	抗拉强度 MPa	延伸率, %	使用温度 ℃	特性	用途
天然橡胶	NR	25~30	650~900	−50~120	高强绝缘防震	通用制品轮胎
丁苯橡胶	SBR	15~20	500~800	−50~140	耐磨	通用制品胶板胶布轮胎
顺丁橡胶	BR	18~25	450~800	120	耐磨耐寒	轮胎运输带
氯丁橡胶	CR	25~27	800~1000	−35~130	耐酸碱阻燃	管道电缆轮胎
丁腈橡胶	NBR	15~30	300~800	−35~175	耐油水气密	油管耐油垫圈
乙丙橡胶	EPDM	10~25	400~800	150	耐水气密	汽车零件绝缘体
聚氨脂胶	VR	20~35	300~800	80	高强耐磨	胶辊耐磨件
硅橡胶		4~10	50~500	−70~275	耐热绝缘	耐高温零件
氟橡胶	FPM	20~22	100~500	−50~300	耐油碱真空	化工设备衬里密封件
聚硫橡胶		9~15	100~700	80~130	耐油耐碱	水龙头衬垫管子

表 10-10 六种主要合成纤维及用途

化学名称		聚酯纤维	聚酰胺纤维	聚丙烯腈	聚乙烯醇缩醛	聚烯烃	含氯纤维
商品名称		涤纶 (的确良)	锦纶(人造毛)	维纶	丙纶	氯纶	氟纶芳纶
产量(占合成纤维%)		>40	30	20	1	5	1
强度	干态	优	优	优	中	优	优
	湿态	中	中	中	中	优	中
密度		1.38	1.14	1.14~1.17	1.26~1.3	0.91	1.39
吸湿率		0.4~0.5	3.5~5	1.2~2.0	4.5~5	0	0
软化温度, ℃		238~240	180	190~230	220~230	140~150	60~90
耐磨性		优	最优	差	优	优	中
耐日光性		优	差	最优	优	差	中
耐酸性		优	中	优	中	优	优
耐碱性		中	优	优	优	优	优
特点		挺阔不皱,耐冲击,耐疲劳	结实耐磨	蓬松耐晒	成本低	轻,坚固	耐磨不易燃
工业应用举例		高级帘子布,渔网,缆绳帆布	2/3 用于工业帘子布,渔网,降落伞,运输带	制作碳纤维及石墨纤维原料	2/3 用于工业帆布,过滤布,渔具,缆绳	军用被服绳索,渔网,水龙带,合成纸	导火索皮,口罩,帐幕,劳保用品

等；后者则主要是为在高温、低温、酸碱油和辐射等特殊介质下工作的制品而设计。表 10-9 是常用橡胶性能和用途。

10.5.2 合成纤维

凡能保持长度比本身直径大 100 倍的均匀条状或丝状的高分子材料均称为纤维，包括天然和化学纤维两大类。化学纤维又分为人造纤维和合成纤维，人造纤维是用自然界的纤维加工制成的，如所谓人造丝、人造棉的粘胶纤维和硝化纤维，醋酸纤维等；而合成纤维则是以石油、煤、天然气等为原料制成，其品种十分繁多，且产量直线上升，差不多每年都以 20%的速率增长。合成纤维具有强度高，耐磨保暖不霉烂等优点，除广泛用作衣料等生活用品外，在工农业，国防等部门也有很多应用。如汽车、飞机的轮胎帘线、渔网、索桥、船缆、降落伞及绝缘布等。

表 10-10 列出了产品最多的六大纤维品种及其性能和应用。

学习要求：

1. 熟悉高分子材料（塑料，橡胶，纤维）的结构和主要性能特点。
2. 了解高分子材料的分类依据。
3. 了解常用高分子材料的主要用途。

小结：

聚合物的分子很大，有很高的分子量，但其组成却相对简单。结构上聚合物为某些简单的单体（链节）重复连接而成，元素组成上主要为碳、氢、氮、氧和硫、磷、硅等。根据聚合物分子在空间排列分布特征，其又可分为线型聚合物和体型聚合物。高分子材料一般都是部分结晶的，有一定的结晶度。

高分子材料具有玻璃态、高弹态和粘流态三种物理状态。塑料材料一般处于玻璃态，橡胶则处于高弹态。高分子材料一般具有低强度、高弹性和低弹性模数、高耐磨性和粘弹性等力学性能特点；还具有高的绝缘性和高化学稳定性，但其导热性和耐热性低，使用过程中易于老化。

本章还重点介绍了常用的塑料、橡胶和纤维材料及其主要性能和用途。

重要概念：

单体，共聚物，缩聚物，线型高分子，体型高分子，聚合度，聚合物的结晶，结晶度，玻璃化温度，塑料，橡胶，纤维，热塑性，热固性，老化，交联，裂解，树脂，固化剂，增塑剂，ABS 塑料

课堂讨论：

1. 提出几种方案以提高高分子材料的强度或改善其塑性韧性。
2. 试分析若用全塑料制成的零件的优缺点。
3. 举出介于金属与陶瓷之间和陶瓷与聚合物之间的材料。
4. 为什么陶瓷比金属易于获得非晶态，而聚合物中却含有大量的非晶态？
5. 橡胶在液氮温度以下非常脆。说明其原因。

习题：

1. 解释高分子材料的老化并说明防护措施。
2. 举出四种常用的热塑性塑料和两种热固性塑料，说明其主要的性能和用途。

3．热塑性塑料和热固性塑料的碎片能重复应用吗？

4．*ABS* 塑料的组成及特点。若 *ABS* 塑料各组成部分质量相等，计算每种链节的比例。

5．T_g 的准确值取决于冷却速度，为什么？

6．用热塑性塑料和热固性塑料制造零件，应采用什么技术方法？

7．比较金属，陶瓷和高分子材料耐磨的主要原因，并指出它们分别适合哪一种磨损场合？

8．说明橡胶和纤维的主要特性和用途。

第十一章 复合材料

11.1 概述

11.1.1 复合材料的定义

复合材料是由两种或两种以上性质不同的材料组合起来的一种多相固体材料，它不仅保留了组成材料各自的优点而且还具有单一材料所没有的优异性能。

虽然在自然界和人类发展中，复合材料并不是一个陌生的领域，自然界中的树木，建筑中的混凝土和人体的骨骼等都是复合材料，但现代复合材料则是在充分利用材料科学理论和材料制作工艺发展的基础上发展起来的一类新型材料，在不同的材料之间进行复合（金属之间、非金属之间、金属与非金属之间），既保持各组分的性能又有组合的新功能，充分发挥了材料的性能潜力，获得了使统材料达不到的材料的多功能性，成为改善材料性能的新手段，也为现代尖端工业的发展提供了技术和物质基础。如现代航天航空、能源、海洋工程等工业的发展要求材料有良好的综合性能，低密度、高强度、高模数、高韧性，以及高疲劳性能并要求耐高温、高压、高真空、辐射等极端条件下稳定工作，只有通过复合技术才能得到满足条件的材料；而现代通讯，信息和数字化技术发展，对于导电导热换能（压电、光电转换）以及生物等特殊物理性能的需求，单一的传统材料及传统制作工艺不能满足新的需求，急需研制开发新一代多功能复合材料。

工程复合材料的组成是人为选定的，通常可将其划分为基体材料和增强体。其基体材料大多为连续的，除保持自身特性外，还有粘结或连接和支承增强体的作用；而增强体主要是用于工程结构可承受外载或发挥其他特定物理化学功能的作用。

11.1.2 复合材料的分类

按下列不同的分类方法，可将其分作不同的类别。

1. 材料的主要作用

可将其分为结构复合材料和功能复合材料两大类。前者主要是用于工程结构，以承受各类不同环境条件下的复合外载荷的材料，主要是其有优良的力学性能；后者则为具有各种独特物理化学性能的材料，它们具有优异的功能性。如结构复合材料又含有各种不同基体的复合材料，它们部分或完全弥补了原各类基体材料的性能缺陷，加强了结构件的环境适应能力；而功能复合材料则通过复合效应增强了基体材料的各种物理功能性，如换能、阻尼、吸波、电磁、超导、屏蔽、光学、摩擦润滑等各种功能。

2. 基体材料

按复合材料基体的不同可分为树脂基（*Resin Matrix Composite*）、金属基（*Metal Matrix Composite*）、陶瓷基（*Ceramic Matrix Composite*）及碳一碳基复合材料。

3. 增强体特性

按复合材料中增强体的种类和形态不同其可分为纤维增强复合材料、颗粒增强复合材料、层状复合材料和填充骨架型复合材料。其中纤维增强复合材料又分为长纤维、短纤维和晶须增强型复合材料。

11.2 复合材料的性能特点和增强机制

复合材料中能够对其性能和结构起决定作用的，除了基体和增强体外还包括基体与增强体间的过渡界面。基体将增强体固定粘附起来，并使其均匀分布，从而能充分利用增强体特性，并保持基体材料原有的性能，基体还可以保护增强体免受环境物理化学损伤，其作用是至为重要的；增强体则可大大强化基体材料的功能，使复合材料达到基体难以达到的特性，对结构材料，它还可能是外载的主要承担者；而基体与增强体的界面结合既要有一定的相容性，以保证材料一定的连结性和连续性，又不能发生较强的反应以改变基体和增强体的性能。因此基体、增强体及其界面应是互相配合，协同性好，才能达到最好的复合效果，复合材料的性能特点也正是建立在这一原则基础上的。

11.2.1 复合材料性能特点

1. 性能的可设计性

由于复合材料体系完全是人为确定，因此可根据材料的基本特性，材料间的相互作用和使用性能要求，人为设计并选择基体材料类型，增强体材料类型及其数量形态和在材料中的分布方式，同时还可以设计和改变材料基体和增强体的界面状态；由它们的复合效应可以获得常规材料难以提供的某一性能或综合性能。因此从理论上说可以获得一类材料，其能将两种以上不同材料的完全不同的优秀性能系于一身，满足更为复杂恶劣和极端使用条件的要求。

2. 力学性能特点

应该说不同复合材料是没有统一的力学性能特点，因为其性能是根据使用需求而设计确定的，其力学性能特点应该与复合材料的体系及加工工艺有关。但就常用的工程复合材料而言，与其相应的基体材料相比较，其主要有如下的力学性能特点：

(1) 比强度比模数高：这主要是由于增强体一般为高强度、高模数而比重小的材料，从而大大增加了复合材料的比强度比模数。如碳纤维增强环氧树脂比强度是钢的七倍，比模数则比钢大三倍。

(2) 耐疲劳性能好：复合材料内部的增强体能大大提高材料的屈服强度和强度极限，并具有阻碍裂纹扩展及改变裂纹扩展路经的效果，因此其疲劳抗力高；对脆性的陶瓷基复合材料这种效果还会大大提高其韧性，是陶瓷韧化的重要方法之一。

(3) 高温性能好：复合材料增强体一般高温下仍会保持高的强度和模量，使复合材料较其所用的基体材料具有更高的高温强度和蠕变抗力。如 Al 合金在 400℃ 时强度从室温的 500MPa 降至(30~50)MPa，弹性模量几乎降为零；如使用碳纤维或硼纤维增强后 400℃ 时材料的强度和模量与室温的相差不大。

(4) 许多复合材料还同时具有好的耐磨减摩性，抗冲蚀性等性能，使复合材料成为航天航空等高技术领域乃至生物海洋工程需求的理想的新材料。表 11-1 是各复合材料性能与常用的金属材料的性能对比。

表 11-1 常用金属材料与复合材料的性能对比

材料	密度 g/cm³	抗拉强度 MPa	拉伸模数 GPa	比强度 ×10⁶/cm	比模数 ×10⁸/cm	膨胀系数 ×10⁻⁶/℃
碳纤维/环氧	1.6	1 800	128	11.3	8.0	0.2
芳纶/环氧	1.4	1 500	80	10.7	5.7	1.8
硼纤维/环氧	2.1	1 600	220	7.6	10.5	4.0
碳化硅/环氧	2.0	1 500	130	7.5	6.5	2.6
石墨纤维/铝	2.2	800	231	3.6	10.5	2.0
钢	7.8	1 400	210	1.4	2.7	12
铝合金	2.8	500	77	1.7	2.8	23
钛合金	4.5	1 000	110	2.2	2.4	9.0

3. 物理性能特点

除力学性能外，根据不同的增强体的特性及其与基体复合工艺的多样性，经过设计的复合材料还可以具有各种需要的优异的物理性能：如低密度（增强体的密度一般较低）、膨胀系数小（甚至可达到零膨胀）、导热导电性好、阻尼性好、吸波性好、耐烧蚀抗辐照等性能优异。因此基于不同的复合材料性能，目前已开发出了压电复合材料、导电及超导材料、磁性材料、耐磨减摩材料、吸波材料、隐形材料和各种敏感材料，成为功能材料中十分重要的新成员，同时复合化的方式也是功能材料领域的重要的研究和开发方向，这无疑具有重大的社会和经济效益。

4. 工艺性能

复合材料的成型及加工工艺因材料种类不同而各有差别，但一般来说相对于其所用的基体材料而言，成型加工工艺并不复杂。例如长纤维增强的树脂基、金属基和陶瓷基复合材料可整体成型，大大减少结构件中装配零件数，提高了产品的质量和使用可靠性；而短纤维或颗粒增强复合材料，则完全可按传统的工艺制备（如可用铸造法、也可用粉末冶金法制备）并可进行二次加工成型，适应性强。

11.2.2 复合材料的复合机制

1. 粒子增强型复合材料的复合机制

这类复合材料按颗粒的粒径大小和数量可分为：散布强化型复合材料和颗粒增强复合材料。

(1) 散布强化复合材料：一般加入增强颗粒粒径在$(0.1\sim0.01)\mu m$ 之间，加入量也在$(1\sim15)\%$之间。增强颗粒可以是一种或几种，但应是均匀散布地分布于基体材料内部。这些散布粒子将阻碍导致基体塑性变形的差排的运动（金属基）或分子链的运动（树脂基），提高了变形抗力。同时由于所加入的散布粒子大都是高熔点高硬度且高稳定的氧化物碳化物或氮化物等，故粒子还会大大提高材料的高温强度和蠕变抗力；对于陶瓷基复合材料其粒子则会起到细化晶粒，使裂纹转向与分叉作用，从而提高陶瓷强度和韧性。当然粒子的强化效果与粒子粒径、形态、体积分数比和分布状态等直接相关。

(2) 颗粒增强复合材料：这类材料是用金属或高分子聚合物把具有耐热，硬度高但不耐冲击的金属氧化物碳化物或氮化物等粒子粘结起来形成的材料。它具有基体材料的脆性小耐冲击的优点，又具有陶瓷的高硬度高耐热性特点，复合效果显著；其所用粒子粒径较大，一般为$(1\sim50)\mu m$，体积分数在 20%以上。因此复合材料的使用性能主要决定于粒子的性质，此时粒子的强化作用并不显著，但却大大提高了材料耐磨性和综合力学性能，这种方式主要用作耐磨减摩的材料，如硬质合金、粘接砂轮材料等。

2. 纤维增强复合材料的复合机制

(1) 短纤维及晶须增强复合材料：其强化机制与散布强化复合材料的强化机制类似，但由于纤维明显具有方向性，因此在复合材料制作时，如果纤维或晶须在材料内的分布也具有一定方向性，则其强化效果必然也是各向异性的。短纤维（或晶须）对陶瓷的强化和韧化作用比颗粒增强体的作用更有效更明显，纤维增加了基体与增强体的界面面积，具有更为强烈的裂纹偏转和阻止裂纹扩展效果。

(2) 长纤维增强复合材料：这类复合材料的增强效果主要取决于纤维的特性，基体只起到传递力的作用，材料力学性能还与纤维和基体性能、纤维体积分数、纤维与基体的界面结合强度及纤维的排列分布方式和断裂形式有关。纤维增强效果是按以下原则设计的：

① 承受负荷的主要是纤维增强体，故选用纤维的强度和模数要远远高于基体；

② 基体与纤维应有一定的相容性和浸润性，保证将基体所受力传递到纤维上；但二者结合强度太低，纤维起不到作用，相反则会导致材料变脆；

③ 纤维排列方向与构件受力方向一致；

④ 纤维与基体热膨胀系数相近，且保证制造和使用时二者界面上不发生使力学性能下降的化学反应；

⑤ 一般纤维体积比越高，长径比大（*L/d* 大）时强化效果越好。

11.3 复合材料简介

11.3.1 颗粒增强复合材料

颗粒增强复合材料中有一类材料所含颗粒粒径较粗，体积比多。常用的有金属陶瓷和砂轮，而典型的金属陶瓷即硬质合金在上一章已经述及，此处不再详论。其主要应用于高硬度高耐磨的工具和耐磨零件。

另一类即弥散强化复合材料，这类材料大多数是金属基复合材料。其所选用的增强体颗粒尺寸一般很小，直径在(0.01~0.1)μm 间，并且大都是硬质颗粒，可以是金属也可是非金属，最常用的是氧化物碳化物等耐热性及化学稳定性好且与基体不发生化学反应的颗粒。该类复合材料大多是金属基复合材料，基体材料可以是不同性能的纯金属及各种合金。目前常用有 Al、Mg、Ti、Cu 及其合金或金属间化合物，典型的代表有 SAP 复合材料、SiC_P/Al 复合材料、TD-Ni 复合材料及散布无氧铜复合材料。

SAP 是烧结的铝粉末，即是其内有 Al_2O_3 质点弥散强化基体 Al 或 Al 合金；由于弥散的 Al_2O_3 熔点高，硬而稳定，使该材料高温力学性能很好，具有高的高温屈服强度和蠕变抗力，这在电力工业和航空航天工业有广泛应用。而 TD-Ni 则是在镍基中加入(1~2)%Th（钍），在压紧烧结时，扩散至材料中的氧形成细小弥散的 ThO_2，使材料高温强度大大提高。TD-Ni 主要应用在原子能工业等部门。弥散无氧铜材料是在粉末冶金铜粉中加入 1%左右的金属 Al，在烧结时形成内氧化的极细小弥散的 Al_2O_3，强化效果十分明显，500℃ 时其长期工作屈服强度仍可达 500MPa，且对纯铜的导电性影响甚小，是高频电子仪器（如大功率行波管）中必不可少的导电结构材料。

碳化硅颗粒增强铝基复合材料（SiC_P/Al）是少有的几种实现了大规模产业化生产的金属基复合材料之一。这种材料密度与铝相近；而比强度与钛合金相近，比铝合金高，比模量却远远高于铝合金，与钛合金接近；其还有良好的耐磨性和高温性能（使用温度可高达(300~350)℃）。其已用于制造大功率汽车发动机的柴油机的活塞、连杆、刹车片等；以及制造火箭、导弹构件、红外及激光制导系统构件。此外超细碳化硅颗粒增强的铝基复合材料还是一种理想的精密仪表中高尺寸稳定性材料，如精密电子封装材料。

最近引人关注还有颗粒增强钛基或金属间化合物基的高温型金属基复合材料，如粉末冶金的 TiC/Ti-6Al-4V（TC4）复合材料的强度，模量和蠕变抗力明显高于基体合金 TC4，可用于制造导弹壳体、导弹尾翼和发动机零部件等。

适当的颗粒加入陶瓷材料中也具有增强作用——提高高温强度和高温蠕变性能，同时颗粒还有一定的增韧作用。这类复合材料的制作技术与陶瓷基体的基本一致，简单易行。如用 SiC、TiC 颗粒增强的 Al_2O_3、Si_3N_4 陶瓷材料，当颗粒含量为 5%时其强度和韧性都达到最大值，具有很好的强韧化效果。这种材料已被用于制作陶瓷刀具。而将具有相变特性的 ZrO_2 粒子加入普通陶瓷或各种特种陶瓷（Al_2O_3、Si_3N_4、莫莱石）中，可以利用相变松弛裂纹应力集中而起到很好的相变强韧化效果。

对高分子材料，加入颗粒虽然也能在一定程度上强化基体，但一般来说这种颗粒主要是提高材料的其它功能，如耐磨减摩性、导电性和磁性能等。如环氧塑料中加入银（Ag）或氧化亚铜（Cu_2O）或石墨颗粒后材料具有较好的导电性，可用于相应零部件的导电、防雷电或电磁屏蔽等。

11.3.2 纤维增强复合材料

1. 增强纤维材料

用于复合材料的增强纤维的种类很多，根据其直径大小及结构性能特点又可将其分为纤维和晶须两类。目前用作增强体的纤维大多数直径为几至几十微米的多晶或非晶材料，根据其长度不同又可分为长纤维和短纤维。目前已发展并应用的纤维主要有玻璃纤维、碳纤维、硼纤维、碳化硅纤维、氮化硅纤维、氧化铝纤维和芳纶纤维等，其中玻璃纤维、碳纤维及芳纶纤维是树脂基复合材料用得最多的增强体；而硼纤维、碳纤维、碳化硅及氧化铝纤维则常常用作金属基和陶瓷基复合材料的增强体。作为增强体的纤维可以是一种，也可以是两种或两种以上的混合纤维加入到复合材料中。

晶须是在人工控制条件下以单晶形式生成的一种短纤维，其直径很小（约 $1\mu m$），以致内部缺陷极少，使其强度接近完整晶体的理论强度。晶须的长径比很大，使复合材料具有很高的性能潜力。已开发的晶须有很多，但具有实用价值作为增强体的有石墨、碳化硅、氧化铝、氮化硅、氮化钛和氮化硼等。晶须主要用作金属材料及陶瓷材料的增强体，表 11–2 是常用晶须及纤维的性能。

2. 纤维增强树脂基复合材料

一般来说纤维增强树脂基复合材料的力学性能主要由纤维的特性决定，化学性能耐热性等则是由树脂和纤维共同决定的。按增强纤维的不同，主要有以下几类：

(1) 玻璃纤维–树脂复合材料（即玻璃钢）：玻璃钢成本低，工艺简单，应用很广，其按所用基体又分为两类：

① 热塑性玻璃钢：它是由(20~40)%的玻璃纤维和(60~80)%的基体材料（如尼龙、ABS 塑料等）组成，具有高强度高冲击韧性，良好的低温性能及低热膨胀系数，这类玻璃钢的性能见表 11–3。

② 热固性玻璃钢：它是由(60~70)%的玻璃纤维(或者玻璃布)和(30~40)%的基体材料

(如环氧树脂，聚脂树脂等)组成，其主要特点是密度小、强度高，比强度超过一般高强度钢和铝合金及钛合金，耐磨性、绝缘性和绝热性好，吸水性低，易于加工成型；但是这类材料弹性模量低，只有结构钢的 1/5~1/10，刚性差，耐热性比热塑性玻璃钢好但仍不够高，只能在 300℃ 以下工作。为提高它的性能，可对基体进行化学改性，如环氧树脂和酚醛树脂混溶后做基体的环氧-酚醛玻璃钢热稳定性好，强度更高。这类玻璃钢的性能见表 11-4。

表 11-2　常用晶须及纤维的性能

材料	密度, g/cm^3	纤维直径, μm	抗拉强度, GPa	拉伸模数, GPa	延伸率, %
E-玻璃纤维	2.5~2.6	9	3.5	69~72	4.8
S-玻璃纤维	2.48	9	4.8	85	5.3
硼纤维	2.4~2.6	100~200	2.8~4.3	365~440	1.0
高模量碳纤维	1.81	7	2.5	390	0.38
高强度碳纤维	1.76	7	3.5	230	1.8
Nicalon 碳化硅纤维	2.55	10~15	2.45~2.94	176~196	0.6
Dupont 氧化铝纤维	3.95	20	1.38~2.1	379	0.4
高比模量芳纶纤维	1.44	12	2.9	135	2.5
石墨晶须	2.25	0.5~2.5	20	1000	-
碳化硅晶须	3.15	0.1~1.2	20	480	-
氮化硅晶须	3.2	0.1~2	7	380	-
氧化铝晶须	3.9	0.1~2.5	14~28	700~2 400	-

表 11-3　热塑性玻璃钢的性能

基体材料	尼龙 66	ABS	聚苯乙烯	聚碳酸脂
密度, g/cm^3	1.37	1.28	1.28	1.43
抗拉强度, MPa	182	101.5	94.5	129.5
弯曲模量, MPa	9100	7700	9100	8400
膨胀系数, 10^{-5}/℃	3.24	2.88	3.42	2.34

表 11-4　热固性玻璃钢的性能

基体材料	聚脂	环氧	酚醛
密度, g/cm^3	1.7~1.9	1.28~2.0	1.6~1.85
抗拉强度, MPa	180~350	70.3~298.5	70~280
弯曲模量, MPa	21000~25000	18000~30000	10000~27000
膨胀系数, 10^{-5}/℃	210~350	70~470	270~1100

(2) 碳纤维-树脂复合材料：碳纤维增强树脂复合材料由碳纤维与聚酯、酚醛、环氧、聚四氟乙烯等树脂组成，其性能优于玻璃钢，具有密度小，强度高，弹性模量高（因此比强度和比模量高），并具有优良的抗疲劳性能和耐冲击性能，良好的自润滑性，减摩耐磨性，耐蚀和耐热性；但碳纤维与基体的结合力低（必须经过适当的表面处理才能与基体共混成型）。这类材料主要应用于航空航天、机械制造、汽车工业及化学工业。

(3) 硼纤维-树脂复合材料：由硼纤维和环氧、聚酰亚胺等树脂组成，具有高的比强度和比模量，良好的耐热性。如硼纤维-环氧树脂复合材料的弹性模量分别为铝或钛合金的三倍或两倍，而比模量则为铝或钛合金的四倍；其缺点是向异性明显，加工困难，成本太高。主要用于航空航天和军事工业。

(4) 碳化硅纤维-树脂复合材料：碳化硅与环氧树脂组成的复合材料，具有高的比强度和比模量，抗拉强度接近碳纤维-环氧树脂复合材料，而抗压强度为其两倍，是一类很有发展前途的新材料，主要用于航空航天工业。

(5) 聚芳酰胺（即各种牌号的 *Kevlar* 纤维）有机纤维-树脂复合材料：它是由 *Kevlar* 纤维与环氧、聚乙烯、聚碳酸酯、聚酯等树脂组成，其中最常用的是 Kevlar 纤维与环氧树脂组成的复合材料，其主要性能特点是抗拉强度较高，与碳纤维-环氧树脂复合材料相似；但其延性好，可与金属相当；耐冲击性超过碳纤维增强塑料；有优良的疲劳抗力和减震性，其疲劳抗力高于玻璃钢和铝合金，减震能力为钢的八倍，为玻璃钢的(4~5)倍。用于制造飞机机身、雷达天线罩、轻型舰船等。

3. 纤维增强金属（或合金）基复合材料

(1) 长纤维增强金属基复合材料：由高强度高模量的较脆长纤维和具有较好韧性的低屈服强度的金属或合金组成，这类材料与纤维增强树脂基复合材料类似，其中承载主要是由高强度高模量的纤维来完成，而基体金属则主要固结纤维和传递载荷的作用。其性能决定于组成材料的组元和含量，相互作用及制备工艺。常用的纤维有：硼纤维、碳（石墨）纤维、碳化硅纤维等；常用的基体有铝及其合金、钛及其合金、铜及其合金、镍合金及银、铅等。

在上述长纤维增强金属基复合材料体系中，以铝基复合材料的研究和发展最为迅速，技术也比较成熟，应用最广。其中硼纤维增强铝基（B/Al）复合材料，是最早应用的一类金属基复合材料。生产中为提高硼纤维的稳定性，材料制备过程中常在纤维的表面涂上一层 SiC 膜；所用基体也因复合材料的制造方法不同而异，例如：采用扩散粘结工艺时，常选用变形铝合金；而采用液态金属浸润工艺时，则用铸造合金。B/Al 复合材料具有很高的比强度和比模量，优异的耐疲劳性能及良好的耐蚀性能，其构件可安全地在 300℃ 或更高的温度下服役。长纤维增强铝基复合材料中，碳纤维增强铝基复合材料由于生产中借助于碳纤维表面沉积改性技术有效地改善了碳纤维与液态铝浸润性并控制了铝与纤维的界面反应，制备出了高性能复合材料并成功地将其应用于航天结构件。

近年来为充分利用基体材料的特点，也研究和发展了纤维增强镁基复合材料，高温金属基复合材料如钨丝增强镍基、钨丝增强铜基等长纤维增强金属基复合材料。

长纤维增强金属基复合材料的主要应用领域是航天航空，先进武器和汽车领域，同时在电子、纺织、体育等领域也具有广泛的应用潜力。其中，铝基、镁基复合材料主要用作高性能的结构材料；而钛基耐热合金及金属间化合物基复合材料主要用于制造发动机零件；铜基和铅基复合材料作为特殊导体和电极材料，在电子行业和能源工业中具有广泛的应用前景。当然，长纤维增强金属基复合材料目前还存在着制备工艺复杂，成本高的缺点，因此其制备工艺的改进和完善仍将是未来一段时间内的工作重点。

(2) 短纤维及晶须增强金属基复合材料：这类复合材料除具有高比强度比模量，耐高温，耐磨及热膨胀系数小的特点外，更重要的是其可以采用常规设备制备并可二次加工，可以减少甚至消除材料的各向异性。目前发展的短纤维或晶须增强金属基复合材料主要有铝基、镁基、钛基等几类复合材料。其中，除氧化铝短纤维增强铝基复合材料外，以碳化硅晶须增强铝基（SiC$_w$/Al）复合材料的发展为最快。

氧化铝短纤维增强铝基复合材料是较早研制和应用的一类短纤维增强铝基复合材料，现已在汽车制造等行业获得广泛应用。碳化硅晶须增强铝基复合材料是针对航天航空等高技术领域的实际需求而开发的一类先进的复合材料，可采用多种工艺方法（如粉末冶金法、挤压铸造法）进行制备；根据不同的使用要求，可选用纯铝，铸铝（如 ZL109），锻铝（如 6061，相当于 LD2），硬 铝（如 2024，相当于 LY12），超硬铝（如 7075，相当于 LC4）及铝锂合金等多种铝合金作为基体。SiCw/Al 复合材料具有良好的综合性能，如比强度比模量高、热膨胀系数低等特点（见表 11-5），在 (200~300)℃ 下，其抗拉强度还能保持基体合金室温下的强度水平。

短纤维或晶须增强金属基复合材料具有良好的机械性能，物理性能及可二次成型加工等特点，但其成本较高，塑性韧性较低。因此其一般用于航空航天航海和军事等部门。晶须增强金属基复合材料已用于制造飞机的支架，加强筋，挡板和推杆，导弹上的光学仪器平台，惯导器件等。随着短纤维或晶须成本的下降，这类材料在汽车，运动器材等领域也将有着广阔的应用前景。

表 11-5　SiCW/Al 复合材料与其基体材料性能比较

材料体系	性能	相对性能提高
17vol%SiC（W）/ZL109Al	耐磨性	16 倍
17vol%SiC（W）/ZL109Al	弹性模量	37%
20vol%SiC（W）/6061Al	疲劳强度	1 倍
15~20vol%SiC(W)/6061Al	断裂韧性	7.5 倍
22vol%SiC（W）/6061Al	弹性模量	53%
20vol%SiC（W）/6061Al	膨胀系数	降低 50~75%

4. 纤维增强陶瓷基复合材料

纤维/陶瓷复合材料中的纤维与在聚合物或金属中作用有类似的一方面——即能起到强化陶瓷作用，但其更重要的作用是增加陶瓷材料的韧性，因此陶瓷/纤维复合材料中的纤维具有"增韧补强"作用。这种机制几乎可以从根本上解决陶瓷材料的脆性问题，因此纤维-陶瓷复合材料日益受到人们的重视。

目前用于增强陶瓷材料的长纤维主要是碳纤维或石墨纤维，它能大幅度的提高冲击韧性和热震性，降低陶瓷的脆性，而陶瓷基体则保证纤维在高温下不氧化烧蚀，使材料的综合力学性能大大提高。如碳纤维-Si_3N_4复合材料可在 1400℃ 长期工作，用于制造飞机发动机叶片；碳纤维-石英陶瓷的冲击韧性比烧结石英大 40 倍，抗弯强度大(5~12)倍，能承受(1200~1500)℃ 的高温气流冲蚀，可用于宇航飞行器的防热部件上。

与金属基复合材料类似，短纤维或晶须增韧陶瓷材料除具有长纤维的主要增强性能的作用外，还具有易于制造加工的特点，发展迅速。目前常用的晶须有 SiC_w、Si_3N_{4w}、Al_2O_{3w}、$Al_2O_3 \cdot B_2O_{3w}$ 等，陶瓷基体包括各种氧化物、氮化物及碳化物陶瓷。

11.3.3 其它类型的复合材料

1. 叠层或夹层复合材料

叠层或夹层复合材料是由两层或两层以上的不同材料组合而成，其目的是充分利用各组成部分的最佳性能，这样不但可减轻结构的质量，提高其刚度和强度，还可获得各种各样的特殊功能，如耐磨耐蚀、绝热隔音等。

如最简单的叠层材料有控温的双金属片（利用了不同金属材料的热膨胀系数差）；用于耐蚀耐热的不锈钢/普通钢的复合钢板材料。而最典型的夹层材料是航空航天结构件中常用的蜂窝夹层结构材料，其基本结构形式是在两层面板之间夹一层蜂窝芯，面板与蜂窝芯是采用粘结剂或钎焊连接在一起的（图 11-1）。常用面板材料有纯铝或铝合金、钛合金、不锈钢、高温合金、高分子复合材料；夹芯材料有泡沫塑料、波纹板、铝或铝合金蜂窝、纤维增强树脂蜂窝等。

2. 功能复合材料

这类材料主要是对一些功能材料进行复合化使其具有多种特殊的物理化学功能，以解决许多功能材料环境适应性差的缺点。目前主要发展了压电型功能复合材料，吸收屏蔽（隐身）型复合材料，自控发热功能复合材料，导电（磁）功能复合材料，密封功能复合材料等。如碳纤维-铜复合材料除具有一定的力学性能外，还具有优秀的导电导热性、低膨胀系数、低摩擦系数和低磨损率等，可用作特殊电动机的电刷材料，代替 Ag、Cu 制造集成电路的散热板，还用作电力机车或电气机车导电弓架上的滑块以代替金属或碳滑块材料。

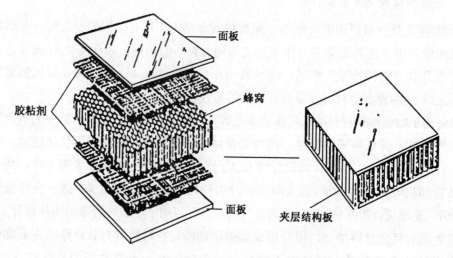

图 11-1 蜂窝夹层复合材料结构示意图

学习要求:

1. 了解复合材料的分类和复合材料的复合机制。
2. 了解不同类型的复合材料的强化原理。
3. 了解常用复合材料的性能和主要用途。

小结:

采用某种可能的工艺将两种或两种以上的组织结构,物理及化学性质完全不同的物质结合在一起,就可以形成一类新的复合材料,它代表了工程材料的一个发展方向。复合材料可分为金属基、陶瓷基和聚合物基材料,按增强体不同又可分为颗粒和纤维(长纤维,短纤维)增强复合材料。复合化大大提高了材料的力学,物理和化学性能。本章重点阐述了常用的增强体的性能,常用的金属基、陶瓷基和聚合物基复合材料的性能和主要用途。

重要概念:

复合材料,增强体,晶须,玻璃钢

课堂讨论:

1. 总结复合材料的增强原理。举例说明。
2. 简述影响复合材料广泛应用的因素,提出适当的措施以扩大其应用。

习题:

1. 陶瓷基复合材料常由于复合化后其韧性也大大提高。解释之。

2. 在玻璃纤维增强聚苯乙烯棒中含玻璃纤维 80%，而且皆为纵向排列。已知玻璃弹性模数为 70000MPa，聚苯乙烯的弹性模量为 1260MPa，求棒的纵向弹性模量。

3. 举例日常应用的复合材料并指出其复合强化机制。

4. 说明下列复合材料的性能特点及用途，并分析复合材料与其相应的基体材料在结构和性能上的差异：

   (1) 钢/钛复合板；(2) 钢/铝/铝锡合金(20%Sn)三层复合板；(3) 玻璃钢；(4) 钢/PTFE复合管；(5) 钢/硬质合金镶嵌模具；(6) 6061Al/SiC$_w$；(7) Al$_2$O$_3$/SiC$_w$；(8) Cu/石墨

第十二章 材料的环境损伤效应与性能退化

产品在制造、检验、服役和回收过程中所遇到的环境多种多样。例如，航天器在研制、发射、入轨和返回过程中要经历如下阶段的环境，地面存储环境、发射环境、轨道环境（空间环境）、返回环境。其中空间环境可分为自然环境和人工诱导环境。自然环境因素有真空、高低温、地球大气、地球磁场、地球电离层、太阳电磁辐射、地球辐射带、太阳宇宙线、银河宇宙线、微流星体及地球阴影所导致的热循环等。人工诱导环境涉及轨道碎片及天基核爆炸辐射等。据世界各国不完全统计，大约有 50%以上的航天器故障或事故与空间环境有关。这些环境因素对航天器造成的环境损伤效应各不相同，还存在不同的综合效应，表现为材料及器件的性能逐步退化。在附录九中给出了 400 公里主要辐射环境参数的计算结果。

12.1 真空环境效应

航天器运行的轨道越高，真空度也越高。低地球轨道上真空度随高度的变化见表 12-1。航天器始终运行在高真空环境中。

表 12-1　低地球轨道上真空度随高度的变化

高度,km	100	200	300	400	500
大气压力，Pa	3.17×10^{-2}	5.05×10^{-5}	2.97×10^{-6}	3.04×10^{-7}	4.98×10^{-8}
高度,km	600	700	800	900	1000
大气压力，Pa	1.87×10^{-8}	1.04×10^{-8}	6.75×10^{-6}	4.68×10^{-9}	3.39×10^{-9}

真空环境可能对材料及结构产生如下影响：

12.1.1 压力差效应

发生在 1×10^5 Pa 到 1×10^{-1} Pa 的粗真空范围。当结构的密闭腔（密封容器）进入稀薄气体层后，腔的内外差会增加约 1×10^5 Pa，可能会使密闭腔受力状态发生改变，导致密闭腔变形。

12.1.2 真空放电效应

当真空度下降到 1×10^{-2} Pa 或更低过程中，分开一定距离的两个金属材料表面，在受到具有一定能量的带电粒子轰击时，会从金属表面激发出次级电子，这些次级电子还不断与两个金属面间发生来回多次碰撞，而产生放电现象，称微放电。电子元器件（如射频空腔、波导管等）可能由于微放电而使其性能下降，甚至产生永久性失效。

12.1.3 真空热辐射效应

真空环境下传热的主要方式是辐射和接触传热，因此，与地面常压情况相比，真空会影响机构的热分布和热平衡。

12.1.4 真空出气和质损效应

原先在材料表面吸附的气体分子、一些小分子物质在真空条件下从表面脱附；材料在真空条件下还可能发生分解、蒸发和升华。这些效应会造成材料组份的变化，引起材料质量损失和污染。

12.1.5 真空粘着和冷焊效应

通常发生在压力为 1×10^{-7} Pa 以下的超高真空环境下。在真空条件下，固体表面的吸附膜可能被部分清除，从而形成清洁的材料表面，在一定压力负荷和温度条件下表面之间可能会发生不同程度的粘合现象，称为冷焊。防止冷焊的措施是选用配偶材料，或者涂覆固体润滑膜。

12.1.6 真空泄漏效应

真空泄漏可能使航天员呼吸困难，也可能引起燃料泄漏。

12.2 热环境效应

宇宙空间的能量密度为 1×10^{-5} W/m²，相当于温度为 3K 的黑体发出的能量，航天器的热辐射全部被其吸收，没有二次反射，这一环境称为冷黑，也称为热沉环境。它是影响组件温度分布和热平衡的主要因素之一。

在不同的温度状态和温度历程，材料可能表现出不同的行为。

12.2.1 低温效应

通常，材料的性能都有明显的温度依赖性，即材料的性能是温度的函数。一般情况下，随着温度的降低，材料的强度、硬度提高，而塑性和韧性下降。

金属材料在某一低温下可能发生塑性和韧性急剧下降的现象，称为冷脆转变。一般高强度钢和具有体心立方晶格的金属和合金易发生冷脆转变。

有些具有面心立方晶格的合金，其加工硬化指数 n 随着温度的下降而增大，使得合金变形的均匀性增强，所以其塑性随着温度的下降还可能升高（参见表 12-2）。

表 12-2 不同时效态 2A12 合金的拉伸性能

热处理状态	测试温度	拉伸性能		
		UTS	0.2YS	El.
	K	Mpa	Mpa	%
欠时效 (190℃2h)	77	544	440	14.5
	100	510	407	12.5
	150	490	399	12.4
	300	448	364	11.3
峰时效 (190℃12h)	77	577	460	10.9
	100	514	409	10.0
	150	516	402	8.9
	300	495	368	8.6
过时效 (190℃168h)	77	523	372	11.2
	100	483	365	10.7
	150	467	337	9.1
	300	420	314	7.6

若 T_m 是金属的熔点温度，当在 $0.25T_m$ 以下温度发生蠕变，称为低温蠕变。若承受较大载荷时，金属材料在低温下可能发生蠕变，导致尺寸效应或出现应力松弛（参见表 12-3）。

表 12-3 Ti-6Al-2Cb-Ta-0.8Mo 合金低温蠕变性能

试验温度	蠕变应力	加载时间	蠕变量
℃	Mpa	h	%
	620	772	0.31
0	660	1010	0.56
	720	1013	2.98
	590	1009	0.35
25	620	1008	0.51
	690	1007	4.59
	480	1006	0.11
50	590	1011	0.52
	620	1007	2.49

温度变化引起的热胀冷缩可能对有相对配合的活动部件产生影响。例如传动齿轮、轴承等若配合间隙不合理，在低温下可能引起传动阻力增大，甚至卡死。

12.2.2 热循环效应

交变的温度环境会在材料内部产生交变的热应力与热应变。材料长期处于交变的热应力与热应变作用下，可能引发组织损伤，并在组织损伤累积到一定程度时导致性能下降。表 12-4 给出了-190 至 350℃周期为 6 分钟的热循环对 TC4 合金拉伸性能的影响。

表 12-4 热循环对 TC4 合金拉伸性能的影响

热处理状态	热循环周次	拉伸性能			
		UTS	0.2YS	El.	RA.
		Mpa	Mpa	%	%
950℃保温15分，水冷	0	1096	950	17.2	31.2
	100	1277	1167	11.4	18.1
	1000	1281	1198	10.3	17.9
	3000	1111	1048	9.5	16.4
950℃保温15分，水冷540℃时效60小时	0	1235	1163	7.5	12.4
	100	1234	1161	6.0	11.6
	1000	1236	1163	5.4	9.3
	3000	1088	1037	5.0	9.0

在热循环作用下，还可能产生循环蠕变，表现出明显的尺寸效应和应力松弛。

12.3 原子氧剥蚀与带电粒子辐照损伤效应

12.3.1 原子氧剥蚀效应

氧原子是太阳光中的紫外线部分与氧分子作用，使其分解而形成的。氧原子是一种强氧化剂，具有很强的腐蚀作用，航天器以约 8km/s 速度在其中运动，相当于将航天器浸泡于高温（60 000 K）的氧原子气氛中，其表面将被强烈地腐蚀。即原子氧能使材料产生强烈的氧化与剥蚀效应，而且太阳紫外辐照与原子氧的协合效应还可能进一步加剧这一过程和损伤程度。例如，航天器桁架结构采用石墨-环氧树脂复合材料管，管材壁厚通常为 1 250 μm。当航天器飞行时，这种材料管的垂直且朝向飞行方向的面受到原子氧撞击的束流密度最大。在 1 个太阳周期（11 年）内其厚度损失约为 360 μm。

12.3.2 带电粒子辐照损伤

高能带电粒子对航天器用材料和电子元器件可能产生多种形式损伤。

1.电离效应 入射粒子的能量通过使被照射物质的原子电离而被吸收，这种形式损伤称为电离效应。

2.位移效应 使被高能粒子击中的原子位置移动而脱离原来所处的晶格中的位置，这种损伤形式称为位移效应。

3.充电效应 高能带电粒子撞击材料表面会产生二次电子，使航天器带电，但由于数量相对来说较少，在航天器充电过程中的作用较小。

低轨道航天器处于电离层中。电子和质子在多数情况下具有相近的温度，但由于电子的质量相对较小，因此，电子具有的热运动速度比质子高得多，单位时间，落到航天器表面的电子比质子多，会逐渐积累负电荷。

太阳光照射到航天器表面，能量大于材料电离电位的光子将产生光电子，光电子的离去将使航天器表面带正电。由于光电子数量很多，将有效地抑制负电位的上升。因此，在航天器处于地影中时或者在航天器的背阳面有可能被充到较高电位。

12.4 空间粉尘撞击砂蚀效应

空间粉尘及碎片是人类空间活动的产物，它包括完成任务的火箭箭体和卫星本体、火箭的喷射物、在执行航天任务过程中的抛弃物、空间物体之间的碰撞产生的粉尘及碎块等，是空间环境的主要污染源。目前可被地面观测设备观测并测定其轨道的空间物体超过 9 000 个，其中只有 6%是仍在工作的航天器，其余为空间碎片。随着航天事业的发展，空间碎片与日俱增，滞空时间相当漫长，碎片之间相互碰撞或爆炸又产生新的、体积更小的空间粉尘，据估计直径大于 1 cm 的空间碎片数量超过了 11 万个，大于

1 mm 的空间碎片超过了 3 500 万个。例如，安装在礼炮号和和平号空间站上的太空粒子（MIBS）撞击检测设备从 1971 年服役到 2000 年共检测到 4 000 余次的撞击。空间碎片的存在对航天器和航天任务的影响日益加重，特别是加大了对载人航天器的潜在危害。

空间碎片与轨道上运行的航天器发生碰撞造成的破坏程度取决于空间碎片的质量和速度。计算和探测结果表明，在低地球轨道发生碰撞的平均速度为 9 km/s，峰值达到 14 km/s。直径在 0.1 cm 以下的碎片对航天器的主要影响是使表面凹陷和磨损；0.1 cm 到 1 cm 的空间碎片会影响航天器结构；大于 1 cm 的碎片会造成航天器的严重损坏。

用静电式粉尘加速器模拟空间微米级陨石粒子，研究了不同撞击速度下航天器外表面 ZrO_2 涂层的损伤形式。结果表明，ZrO_2 热控涂层在空间微陨石的撞击下，涂层表面形成砂蚀损伤，导致光学性能发生变化。热控涂层表面破坏程度及形式与碰撞速度有关，ZrO_2 涂层表面砂蚀损伤是导致涂层光学性能变化的原因。ZrO_2 涂层吸收发射比由碰撞前的 0.23 变为碰撞后的 0.75，涂层性质由太阳吸收体向绝对反射体转变。可见，空间微粉尘可能对对接面产生砂蚀损伤，导致其表面粗糙度增加，涂层的光学性能退化。

第十三章　机械零件失效形式和失效分析方法

机械产品丧失其原有功能的现象称为失效。机械产品指机械零件（组件、部件）、装置、设备、装备或系统。机械产品失效包括三种情况：完全不能继续服役，如断裂或扭曲；虽然还能运行，但已部分失去其原有的功能，如零件因磨损而达不到原有的精度；产品失去安全工作能力，如锅炉的安全阀和火车的紧急制动器失灵等。失效分析就是找出产品失效的原因，确定失效的模式或机埋，研究采取补救措施和预防的技术活动和管理活动。

13.1　机械零件失效形式

机械零件的失效形式归纳起来可分为畸变失效、断裂失效和表面损伤失效三大类型。

13.1.1 畸变失效

畸变失效是指零件在服役中产生变形而在某种程度上减弱了其规定的功能。这种畸变可以是塑性的，也可以是弹性的或弹塑性的。零件受力或者温度的作用产生弹性变形，如细长拉杆受轴向压应力，产生相当大的侧向弯曲变形而丧失工作能力，称为弹性畸变失效。零件受静载荷或动载荷作用发生屈服后，产生明显的塑性变形，造成零件形状或位置的相对变化，超出公差范围，导致零件无法工作而失效，称为塑性畸变失效。

13.1.2 断裂失效

断裂失效包括延性断裂失效、脆性断裂失效、环境介质引起的脆性断裂（应力腐蚀、氢脆、液态金属脆化、辐照脆化、腐蚀疲劳等）、疲劳断裂（低周疲劳、高周疲劳、热疲劳、表面疲劳、撞击疲劳、腐蚀疲劳、微动疲劳等）、蠕变断裂失效等。

13.1.3 表面损伤失效

表面损伤失效主要包括磨损失效和腐蚀失效两大类。磨损失效包括：粘着磨损、磨粒磨损、腐蚀磨损、表面疲劳磨损、冲蚀磨损、变形磨损、撞击磨损、微动磨损等。腐蚀失效包括：化学腐蚀、电化学腐蚀、物理腐蚀、电偶腐蚀、点蚀、缝隙腐蚀、晶间腐蚀、剥蚀、腐蚀疲劳、应力作用下的腐蚀（应力腐蚀、氢脆、腐蚀疲劳、磨损腐蚀等）。

13.1.4 失效分析的思路与实施步骤

1.失效分析思路

常用的失效分析思路有两类，一类是残骸分析法；另一类是安全系统工程分析方法。

残骸分析方法是对受损伤的机械零件的畸变、断裂和表面损伤进行失效分析。这种方法是材料工作者常用的分析方法，它是以服役条件、失效形式和失效的抗力指标为线索，以物理和化学方法为主进行零件的失效分析。首先了解零件的服役条件，分析受力状态，根据零件的损伤残骸特征判断失效形式。通过宏观分析搞清断口特征、磨损表面、磨屑形态或腐蚀表面形貌，以此判断零件的失效原因。然后借助光学显微镜、扫描电镜、能谱仪、X光衍射仪、甚至透射电镜观察分析微观组织及断口，以进一步证实宏观分析的判断。从而搞清楚零件失效原因及失效机制。需要时还要从零件残骸上截取试样进行材料的化学成份分析、以及力学性能及硬度测试等。

安全系统工程分析方法有多种，其中最常见的有失效树分析法（Fault Tree Analysis，简称 FTA）、特征因素图分析法、失效模式影响致命性分析法（Failure Mode Effect and Criticality Analysis，简称 FMECA）。

失效树分析方法是在系统设计过程中通过对可能造成系统失效的各种因素（包括软件、硬件、环境和人为因素等）进行分析，用逻辑符号连接画出逻辑框图（失效树），从而确定系统失效原因的各种可能组合方式或发生概率，以便采取相应的纠正措施，提高系统可靠性的一种方法。失效树分析法不仅可以进行定性的逻辑推理分析，而且还可以定量地计算复杂系统的失效概率及其它可靠性参数，为改善和评估系统的可靠性提供定量的数据。

特征因素图分析法就是将已表现出来的失效或异常现象（即表现出来的结果作特征）和引起这些现象的那些因素用"鱼骨"结构把它们联系起来，通过分析找出造成这些现象的直接原因。

失效模式影响致命性分析法旨在发现设计中的薄弱环节和失效隐患。要求出每一种潜在失效因素的发生概率和它们对系统或部件的规定功能产生的影响和严重程度。分析结果用作评审设计方案的依据，试验规划的验收标准和建立失效诊断程序的依据。

2. 失效分析的实施步骤

1) 保护失效现场；　2) 侦察失效现场和收集背景资料；　3) 制定失效分析计划；4) 执行失效分析计划；　5) 综合评定分析结果；　6) 研究补救措施和预防措施；　7) 起草失效分析报告：题目、任务来源（任务下达者及下达日期、任务内容简述、分析目的），各项试验过程及结果，分析结果与效原因，补救措施和预防措施或建议，附件（原始记录、图片等），分析人员签名、日期；　8) 评审失效分析报告；　9) 提出失效分析报告；10) 反馈给有关部门。

13.2　金属断口分析技术

不同的材料和受力状态，不同的时间和温度场，以及不同的环境条件下产生的断裂，在断口上都会表现出不同的特征花样。这些花样记录了裂纹的起源、扩展路径以及内外因素对裂纹扩展的影响。断口分析就是要通过对断口上花样的分析找出断裂的原因及影响因素，分析研究断口形貌特征、断裂过程和断裂机理之间的关系。断口分析对研究新材料也是一个十分重要的手段，通过断口分析可以提供有关材料组成、组织结构、杂质含量对断裂特性的影响，从而为研究新材料提供信息。

13.2.1　断裂的分类

断裂的分类方法很多，由于研究的侧重点不同，分类方法也不同。下面介绍几种常见的断裂分类方法，这些分类是相辅相成的。

1.按宏观塑性变形量的大小分类

根据材料或结构件断裂处宏观塑性变形量的大小，断裂可分为脆性断裂和延性断裂。

(1)脆性断裂：材料断裂时不发生或发生较小的宏观塑性变形的断裂。用肉眼或放大镜观察不到宏观可见的形变量，断口相对比较平齐。通常金属材料的塑性变形量小于2~5％的断裂均称为脆性断裂。脆性断裂是一种突发的断裂，断裂前很难发现预兆，在断裂失效事故中，脆性断裂是最危险的事故之一。在脆性断裂方式中，除低应力脆断、应力腐蚀断裂等，还包括疲劳断裂。

低应力脆断是指在弹性应力范畴，在许用应力条件下，一次加载引起的断裂事故。环境介质条件下的脆断，例如应力腐蚀开裂、氢脆、液态金属脆、碱脆、辐照脆等也是一种低应力脆断。但这类脆断事故的发展过程与疲劳断裂相似，断裂过程包括了时间因素，有裂纹形成和发展的时间过程，都不是受载后立即发生断裂，属滞后破坏断裂范畴。

(2)延性断裂：是指在发生较大塑性变形之后的断裂，试样受力后先发生弹性变形，当应力达到屈服极限后发生均匀塑性变形，应力达到强度极限时发生局部颈缩，最后断裂。延性断裂是一个缓慢的断裂过程，在断裂过程中发生明显的宏观塑性变形，需要消耗相当多的能量。由于断裂前明显的塑性变形便于发现，因而危险性较脆性断裂小。

2.按裂纹扩展途径的不同分类

按裂纹扩展途径的不同，可把断裂分为穿晶断裂和沿晶断裂，也有二者兼而有之的混合型断裂。

多晶金属的断裂若是以裂纹穿过晶粒内部的途径发生的，称为穿晶断裂。穿晶断裂可能是延性的，也可能是脆性的。若断裂是穿过晶体沿解理面断开，并无明显的塑性变形时为脆性断裂。若穿晶断裂时出现明显的塑性变形则为延性断裂。若断裂是以裂纹沿着晶界扩展的方式发生的，称为沿晶断裂，晶界上存在脆性相，焊接热裂纹、蠕变断裂、应力腐蚀一般都呈沿晶断裂特征。沿晶断裂多数属脆性断裂，但也有延性的。

3.按微观断裂机制分类

按微观断裂机制分类可把断裂分为韧窝断裂、解理断裂、准解理断裂、疲劳断裂、腐蚀断裂、氢脆断裂、蠕变断裂、液态金属脆化。

4.按断裂方式

按断面所受的外力类型不同可分为正断断裂、切断断裂及混合断裂等三种类型。

（1）正断断裂：金属材料受正应力作用所引起的断裂，宏观断面取向与最大正应力相垂直。

（2）切断断裂：金属材料受切应力作用所引起的断裂，宏观断面取向与最大切应力方向相一致，而与最大正应力方向约成 45° 角。

（3）混合断裂：是正断断裂与切断断裂的混合断裂方式，断口呈杯锥状。通常情况下，混合断裂是最常见类型。

13.2.2 断口宏观分析技术

宏观分析　指用肉眼、放大镜或体视显微镜观察分析断口。宏观分析是断裂分析的基础，通过宏观分析可以确定断裂的性质、受力状态、裂纹源位置、裂纹扩展方向及对材料性能作出估价。

根据断口表面粗糙度及反光情况可以大致判断断裂性质。一般解理断裂断口表面光滑平整，断口颜色光亮有金属光泽。韧窝断口表面呈纤维状粗糙不平，表面颜色灰暗，无金属光泽。疲劳断口上通常有贝壳线，疲劳源处光滑细腻，脆性材料瞬断区为结晶状，韧性材料为纤维状和剪切唇断口。脆性沿晶断口为结晶状和反光的小刻面。应力腐蚀断口表面无金属光泽。

观察断口上有无塑性变形、剪切唇、毛刺及台阶能够判断零件受力情况。脆性断口在断口附近没有宏观塑性变形迹象，断口源区边缘无剪切唇，断口与正应力垂直。剪切断口附近有明显的塑性变形，断口平面与拉伸轴线大约成 45°角，断口沿最大剪切应力平面扩展。

材料性能估价：根据拉伸断口上纤维区、放射区和剪切唇三区比例可以粗略估价材料性能。纤维区比例大材料的塑性韧性较好，放射区比例大材料的塑性降低，脆性增大。又如冲击断口上若无放射区说明材料的塑性、韧性较好。若放射区比例大则材料脆性大。

另外还要观察断口表面是否有氧化色及有无腐蚀的痕迹，据此判断零件工作温度、工作环境。宏观分析是以后进行各项失效分析的基础,是整个断裂分析能否成功的关键。通过正确的宏观分析就能基本判断出零件断裂原因,提出设想,有目的地进行微观分析,从微观分析中找出证据,搞清断裂的原因及断裂机理。

13.2.3 宏观断口分析的依据

(1)断口附近是否有塑性变形

观察断口附近是否有可见塑性变形。断裂前如有宏观塑性变形则为延性断裂;断口附近无宏观塑性变形则为脆性断裂。

(2)断口上的花样

疲劳断口上有肉眼可见的贝壳线;如断口上有放射状的撕裂棱或人字纹花样,是脆性材料或快速加载的断裂特征;宏观断口呈现纤维状或长毛绒状则是延性断裂的特征。

(3)断口的反光情况

在阳光下转动断口,如看到有闪光小平面,则此闪光小平面就是穿晶解理的断裂平面。这是由于这种平面是沿着晶体上的某一特定晶面开裂的,不同的晶粒有角度不同的小平面,转动时便有闪光,这是典型的脆性断裂断口。

岩石状断口表面粗糙,在阳光下不反光,颜色暗黑,这类断口实质是沿晶界的断口,所看到的是晶粒表面,这也是一种典型的脆性断口。

光滑拉伸试样纤维区位于断口中央,呈粗糙的纤维状,反光能力较差,为暗灰色,这是延性断裂断口的特征。

(4)断口的边缘情况

从断口的边缘情况可以判断裂纹源位置;依据断口上唇边的情况可以判断零件的应力状态;根据唇边的大小可以判断材料塑性的大小。

(5)断口颜色

根据零件上有无氧化的色彩,可以判断零件的工作温度高低;有无腐蚀产物,可以判断零件的环境气氛。

13.2.4 裂纹源位置的判别

进行零件断裂分析时首要工作是从断裂碎片中查出最初断裂部分,然后在其上找出裂纹源逐步展开断裂分析,分析产生断裂的原因和断裂性质。可根据下列特征寻找裂纹源。

(1) T 型法:如果在一个零件上有两条相交的裂纹构成 T 型,如图 13-1 所示,在通常情况下横穿裂纹 A 为首先开裂。因为在同一零件上后产生的裂纹不可能穿越原有裂纹扩展,裂纹扩展方向平行于 A 裂纹。裂源位置在 a 或 b,裂源区的裂纹较宽、较深。图中 A 为主裂纹,B 为二次裂纹,a 或 b 为裂纹源。

(2) 分叉法:零件断裂过程中常常产生许多分叉,通常情况下裂纹分叉的方向为裂纹扩展方向，扩展的反方向指向裂源位置。裂源在主裂纹上，一般情况下主裂纹宽而长，见图 13-2。

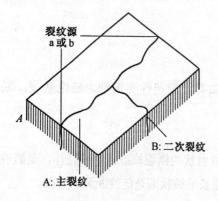

图 13-1 T 型法判别主裂纹示意图

图 13-2 分叉法示意

　　T 型法与分叉法通常用于判别脆性断裂的主裂纹及裂纹源。

　　(3) 变形法：延性断裂的零件在断裂过程中发生变形后碎成几块，将碎片拼合后变形量大的部份为主裂纹，裂纹源在主裂纹所形成的断口上，见图 13-3 所示。图中 A 为主裂纹，B，C 为二次裂纹。

　　(4) 由环境因素而引起断裂的零件，例如应力腐蚀、氢脆、腐蚀疲劳、蠕变等由于断口氧化或腐蚀产生氧化膜或腐蚀层。裂纹源位于腐蚀或氧化最严重部位的表面或次表面。原因是这个部位开裂时间长受环境因素影响大。

　　(5) 按断口拼合后缝隙大小确定裂纹源：将断裂的两部分拼合，缝隙大的部位为裂纹源见图 13-4 所示。

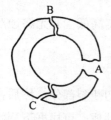

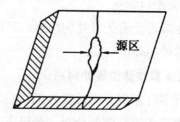

图 13-3　变形法示意图

图 13-4　按缝隙大小确定裂纹源

　　(6) 如断口上有放射条纹，则放射条纹的收敛处为裂纹源，见图 13-5 所示。如在断口上有人字纹，无应力集中时人字纹尖端指向裂纹源。有应力集中时人字纹尖端逆指向裂纹源。见图 13-6 所示和图 13-7 所示。

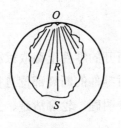
(a) 圆形构件断口

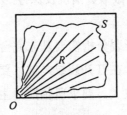
(b) 矩形构件断口

图 13-5　放射条纹收敛处为裂纹源

图 13-6 人字纹尖端指向裂纹源

虚线-裂纹前端轮廓线
实线-人字纹

图 13-7 人字纹尖端逆指向裂纹源

(7) 如断口上有粗糙的纤维状区域，裂纹源一般位于纤维区中央。

(8) 若断口上有疲劳弧线，裂源位于疲劳弧线收敛处平滑区内。若有台阶则为多源疲劳断裂。图 13-8 所示。

(9) 高压容器爆炸时，最后断裂区为锯齿状。见图 13-9 所示。

(10) 根据剪切唇位置判别裂纹源：裂纹扩展到最后断裂时，最后断裂部位或多或少有剪切唇，裂纹源位置位于剪切唇的反方向。

在断裂分析中要具体问题具体分析，切不可生搬硬套。

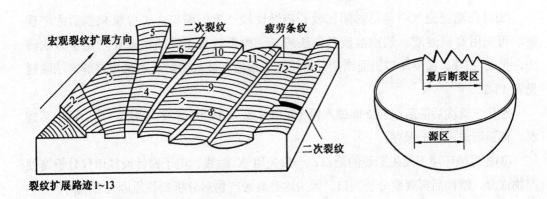

图 13-8 疲劳断口裂纹源区　　　　　图 13-9 高压容器爆炸断口示意图

13.2.5 断口试样的截取、清洗及保存

1. 断口试样的截取

为了进行零件的断裂分析需要从未完全断开的零件上截取试样。在截取过程中不得损伤断口和裂纹源。在打开裂纹之前，要对零件的断裂部位进行拍照。照片要包括零件全貌及宏观细节放大。要求所拍照片主题明确、轮廓清楚、立体感强、没有多余的阴影。

在分析判断裂源位置及裂纹扩展方向后，一般都是沿着裂纹扩展方向将裂纹打开形成断口。如果已知零件开裂原因可用同类型更大应力打开裂纹。若不清楚引起开裂的应力可采用三点弯曲打开裂纹。

若在宏观外形上无法确定裂纹源或裂纹扩展方向时，通常在破断部位背后刨削或车削，监视进刀深度就能准确的发现裂纹前缘。

从较大尺寸零件上切取断口时，切口与断口应保持一定距离以防加工热量影响断口显微组织与断口色泽。切口缝隙要小，选择的冷却剂不应污染或腐蚀断口。

如果原始断口损伤或腐蚀影响分析时，最好是在液氮温度下用冲击方法打开次生裂缝，因为次生裂缝没遭腐蚀或浸蚀较轻微。次生裂缝上常保存有形貌的精细结构可供断口分析。

2. 断口的清洗

如果断口由于各种原因被污染、损伤、腐蚀会给分析带来困难为此必须清洗断口。不同污染情况的断口应用不同方法清洗。

(1)对油污染的断口先用汽油洗去油腻，再把断口放入盛有丙酮、石油醚或三氯甲烷等有机溶液的玻璃皿中，将玻璃皿放入超声波振荡器中进行超声清洗。如果没有超声波清洗机可用软毛刷蘸上有机溶剂清洗。

(2)对在潮湿空气中暴露时间比较长锈蚀比较严重的断口，去除氧化膜后才能观察。可先用有机溶液、超声波或复型法清洗。如果效果不好的话就要用化学方法清洗，见表 13-1。如果断口表面锈层很厚用化学溶液不能去除时，可采用电解方法除锈见表 13-2。

经化学清洗后的断口应立即放入稀 Na_2CO_3 或 $NaHCO_3$ 溶液中清洗，然后再用蒸馏水、酒精清洗、吹干保存。

(3)在腐蚀环境下发生断裂的断口，一般先用 X 射线、电子探针或能谱仪分析腐蚀产物成分、结构后再观察分析断口。因为这些腐蚀产物对分析断裂原因是有利的。

无论化学或电化学清洗断口都或多或少损坏断口形貌，一般只能最后使用。

事故断口分析中不急于清除表面覆盖物，必须认真分析复盖物确认对分析无价值后再清洗。

表 13-1 常用断口化学清洗液

配 方		使用温度	清洗时间	使用范围	备 注
铬干	1.5%	55~95℃	2 分钟以上	碳钢及合金钢断口上的铁锈	对基体不腐蚀
磷酸	8.5%				
水	>65%				
氢氧化钠	20%	煮沸	每 3 分钟拿出，清洗后观察除尽为止	耐热钢不锈钢	对基体不腐蚀
高锰酸钾	10~15%				
水	65~75%				
NaOH	20%	沸腾	5 分钟	碳钢、合金钢、耐热钢、不锈钢	
锌粉	200g/L				
水	80%				
浓 H_3PO_4	15%	室温~50℃	清除为止	去除钢表面氧化铁皮，水质沉淀物，垢皮	不腐蚀金属基体
有机缓蚀剂	15%				
（噻唑 5%，如若丁 10%）					
HNO₃	70%	25~50℃	2~10 分钟	铝、铝合金	用毛笔轻轻擦洗
CrO₃	2%				
H₃PO₄	5%				
水	23%				
铬干	80g	室温	2~10 分钟	铝合金断口	对基体腐蚀极小
H₃PO₄	200g				
水	1000g				
HCl	10~20%	25℃	清洗净止	镍、镍合金铜、铜合金	
水	80~90%				
H₂SO₄	10%	25℃	清洗净止	镍、镍合金铜、铜合金	用毛笔擦洗
水	90%				
CrO₃	15%	沸腾	15 分钟	镁及镁合金	
AgCrO₄	1%				
水	84%				

表 13-2 清洗断口表面用电解液

配 方		电流/A	电压/V	阳极	阴极	温度/℃	时间/min
NaCl	500g	0.5~1	15	石墨或铝	试样	25	5
NaOH	500g						
H₂O	4000g						
H₂SO₄	50%	0.1~0.2	10~20	石墨或铝	试样	75	5~10
加有机缓蚀剂如若丁 2g/L							
H₂O	50%						

3. 断口的保存

拿到断口后最好立即观察，如因为时间、条件的限制来不及观察的话，为保持断口的新鲜要妥善保存断口。不同情况可采取不同方法。

(1) 在大气中的新鲜断口应立即放入干燥器内或置于其它干燥、无尘的场所保存以避免断口受潮氧化。

(2) 不要用手触摸断口表面或匹配对接断面以免产生人为的损伤。

(3) 为防止断口生锈或腐蚀可在其表面涂抹一层保护材料如醋酸纤维素丙酮溶液、环氧树脂或防锈漆，但涂抹材料不能腐蚀断口。

(4) 清洗后的断口要浸泡在无水酒精溶液中或存放在干燥器中。

(5) 从大块断口上取试样要采取保护措施。如用醋酸纤维素丙酮溶液涂在断口上待干后切剖。用钢锯切割时要避免锯屑或其它赃物落在断口表面。

(6) 如发现断口上有细小外来物，为防止丢失可用 AC 纸将其固定。

13.2.6 断口微观分析技术

1. 光学显微镜断口分析

在宏观分析后一般用光学显微镜观察材料的显微组织及裂纹形态特征、走向及裂纹始末端情况及裂纹两侧显微硬度变化、夹杂物分布和裂纹内的氧化物或腐蚀产物形态等内容。

为搞清断口走向与组织的关系经常在光学显微镜下观察与断口对应的显微组织。将断口保护好后在与其垂直或成一定角度的剖面上制取金相试样。也可用光学显微镜观察断口复型。

2. 透射电镜断口分析

透射电镜与扫描电镜近年来在断口分中得到了广泛的应用。

透射电镜在断口分析中的应用主要是：

(1)塑料－碳二级复型用来观察断口形态，它能给出扫描电镜所不能分辨的细节并可以在更高的倍率下观察这些细节。例如在扫描电镜下很难观察到 18NC6 钢中的疲劳条纹，如做塑料－碳二级复型在透射电镜下观察就可以得到清晰的条纹图像。图 13-10 为 18NCl6 钢尾输出锥齿轮疲劳断口塑料－碳二级复型照片。

(2)断口萃取复型：利用 AC 纸将断口上夹杂物或第二相质点萃取下来做电子衍射分析确定这些质点的晶体结构，如结合能谱分析所给出的质点成分就能更有利于确定结构。

(3)为搞清断裂的原因有时需要从断口上切取金属薄膜进行透射电镜分析。研究引起断裂的质点形态、大小及分布以及与母相间位向关系。图 13-11 为 12CrlMoV 钢解理

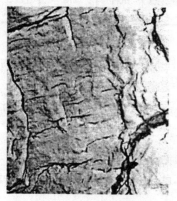

图 13-10 18NCl6 钢锥齿输疲劳条纹

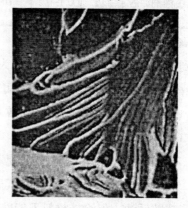

图 13-11 12CrlMoV 钢解理断口

断口，图 13-12 为从该断口上切取金属薄膜的透射电镜照片及衍射谱。经分析产生解理断裂的原因是在(001)面上片状钒的氮化物析出所致。

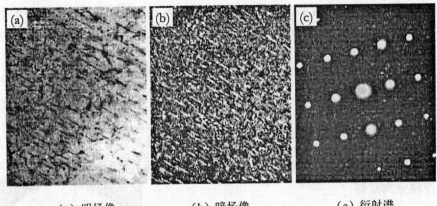

（a）明场像　　　　　（b）暗场像　　　　　（c）衍射谱

图 13-12　12Cr1MoV 钢薄膜电镜分析

3. 扫描电镜由于放大倍率连续可调（从 20 倍~上万倍）、景深大、立体感强，不需要另外制备样品，在断口分析中得到了广泛的应用。

（1）利用扫描电镜观察断口形貌。

（2）观察与断口成一定角度的剖面组织，研究断口形貌与显微组织之间的对应关系、裂纹走向、断裂机理。图 13-13(a、b)为双相钢断口剖面照片。从照片 13-13(a)中看到在较高△K 时解理断裂主要发生在铁素体相内。在低△K 和高△K 时(图 13-13(b)，疲劳裂纹绕过马氏体，始终在铁素体相内扩展。

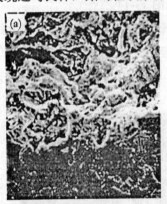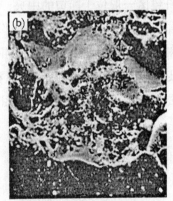

图 13-13　双相钢断口剖面

（3）配有能谱或波谱的扫描电镜上可进行断口上夹杂物、第二相或微区成份分析。

（4）在配有动态拉伸台的扫描电镜上可以观察拍照拉伸样品裂纹萌生、扩展直至断裂全过程。

4. 采用与金相浸蚀剂相同的腐蚀试剂浅腐蚀断口表面可同时显示断口形貌与显微组织。

5. 利用位向腐蚀坑技术即利用晶体材料腐蚀后的几何形状与晶面指数之间的关系研究晶体取向，分析断裂机理或断裂过程

6. 断口定量分析研究断口上各种形貌特征的分布、大小及数量之间的关系。

7. 利用扫描电镜立体对技术能够观察到具有立体形貌的特征。

13.3 延性与脆性断裂

13.3.1 延性断裂

在断裂之前发生明显的宏观塑性变形的断裂叫做延性断裂。在工程结构材料中延性断裂反映为过载断裂。延性断裂有两种类型，一种是韧窝—微孔聚集型断裂，另一种是滑移分离断裂。

1. 韧窝断裂

钢铁材料在外力作用下因强烈滑移位错堆积，在变形大的区域产生许多显微空洞。或因夹杂物破碎，夹杂物和基体金属界面的破碎而形成许多微小孔洞。孔洞在外力作用下不断长大、聚集形成裂纹直至最终分离，把这种断裂方式称为微孔聚集型断裂，其断口称韧窝断口。

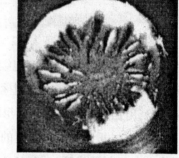

图 13-14　8740 钢拉伸断口纤维区

韧窝断口的宏观形貌特征是具有纤维状和剪切唇等标记。在光滑圆试样的拉伸断口中，纤维区一般位于断口的中央，粗糙不平，见图 13-14。

纤维区是由无数纤维状"小峰"组成，"小峰"的小斜面和拉伸轴线大约成 45°角。单相金属、普通碳钢、珠光体钢拉伸断口一般都具有这种特征，高强度马氏体钢纤维区还具有圆环状花样特征。纵截面呈现比较规则的锯齿状，是一种环形的剪切脊。冲击断口上也存在纤维区，见图 13-15。

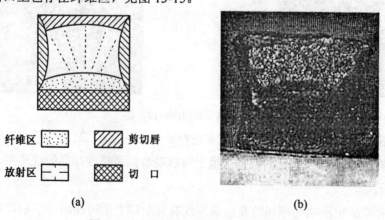

纤维区 ⬚　　剪切唇 ▨

放射区 ⊟　　切　口 ▩

(a)　　　　　　　　　　　　　　(b)

图 13-15 冲击断口示意图(a)及纤维区(b)

延性断裂微观断口形貌主要是韧窝。韧窝就是一些大小不等的圆形或椭圆形凹坑。在凹坑内经常可看到夹杂物或第二相粒子。韧窝的形状主要取决于受力状态，有等轴韧窝、剪切韧窝和撕裂韧窝三种。等轴韧窝是圆形微坑，是在拉伸正应力作用下形成的。应力在整个断面上分布均匀，显维孔洞沿空间三个方向均匀拉长，形成等轴韧窝，见图 13-16。剪切韧窝呈抛物线形（见图 13-17），在剪切应力作用下显微孔洞沿剪切方向被拉长，剪切韧窝在两个相匹配的断口表面上方向相反。剪切韧窝通常出现在拉伸或冲击断口的剪切唇部位。撕裂韧窝也是被拉长的韧窝，呈抛物线形状，是在撕裂应力作用下形成的。撕裂时材料受到力矩作用，显微孔洞各部分所受应力不同，韧窝沿着受力较大的方向被拉长。常见于尖锐裂纹的前端及平面应变条件下低能撕裂的断口。

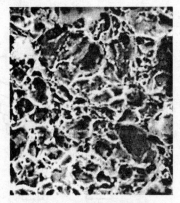

图 13-16 等轴韧窝(SEM)　　　　　图 13-17 剪切韧窝（TEM 复型）

沿晶韧窝是在断裂过程中沿晶界发生了一定的塑性变形，在晶界上形成的韧窝。常出现在过热断裂的沿晶断口上。

另外，韧窝形状和大小还受夹杂物形状的影响，例如长条、棒状或带状夹杂物生成长条状韧窝。

实际断裂零件中，零件局部区域受力状态复杂，在断口上可能出现各种不同形状的韧窝，例如在钢中经常可以看到大韧窝之间布满小韧窝，或者等轴韧窝与抛物线韧窝交替分布。韧窝大小、深浅及数量取决于材料断裂时夹杂物或第二相粒子的大小、间距、数量及材料的塑性和试验温度。如果夹杂物或第二相粒子多，材料的塑性较差则断口上形成的韧窝尺寸较小也较浅。反之则韧窝较大较深。成核的密度大、间距小，则韧窝的尺寸小。在材料的塑性及其它试验条件相同的情况下，第二相粒子大，韧窝也大；粒子小，韧窝也小。韧窝的深度主要受材料塑性变形能力的影响。材料的塑性变形能力大，韧窝深度大，反之韧窝深度小。温度与应变速率也影响韧窝的大小及深浅。温度低材料的塑性差，韧窝尺寸小，深度浅。应变速率大，韧窝大小及深浅均变小。

在断口分析中，不能在微观上看到有韧窝就断定为延性断裂。因为实际零件受力状态复杂，宏观上是脆性断裂的断口，局部区域也可能有塑性变形，显示出韧窝形态。在具体分析时要把宏观与微观结合起来，再下结论。

13.3.2 滑移分离

延性断裂的另一种类型是滑移分离断裂。由于材料在切应力作用下沿滑移面和滑移方向滑移，而使金属断裂称滑移分离。金属的晶体结构不同，其滑移面与滑移方向也不同。滑移面与该面上的一个滑移方向组成一个滑移系，材料的滑移系越多，表明材料的塑性越好。一般来说，滑移系多的立方晶系金属比六方晶系金属塑性好。但是塑性好坏还与滑移面原子密度和滑移方向数目有关。例如，α-Fe 有 48 个滑移系既 $\{110\}_6 <111>_2 + \{112\}_{12} <111>_1 + \{123\}_{24} <111>_1 = 48$ 个，比铜、铝多，但其滑移面上的原子密度和滑移方向数目比铜、铝等面心立方金属少，因而其塑性不如铜、铝。

1.滑移形式

晶体材料虽然有许多滑移系，但是在外力作用下并非所有滑移系均参与滑移，只有外力在某一滑移系中的分切应力达到一定临界值的那个滑移系才会被启动。材料在外力作用下受力状态复杂，在不同的情况下会出现一个或几个滑移系同时被启动的情况，因此会出现各种不同形式的滑移。例如一次滑移、二次滑移、交滑移、波纹状滑移、滑移碎化、滑移带扭折等，见图 13-18~13-21。

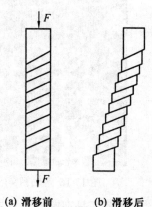

(a) 滑移前　　　(b) 滑移后

图 13-18　一次滑移—单晶材料拉伸时在一组平行晶面的特定晶向上滑移

滑移碎化：多晶体材料中晶粒滑移受阻产生形变硬化，形变应力场又促进相邻晶粒滑移。受阻晶粒又开动更多滑移系滑移，由此产生多重滑移引起滑移碎化。

滑移带扭折：滑移部分晶体相对于基体旋转一定角度，使滑移区的滑移线成 S 形称滑移带扭折。

2. 滑移分离断口形貌

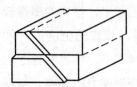

图 13-19 二次滑移—在两个滑移面上两个滑移方向上同时滑移

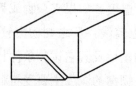

图 13-20 交滑移--两个或两个以上滑移面按一个滑移方向滑移

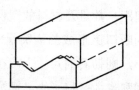

图 13-21 波纹状滑移—多个滑移系同时启动产生的波纹状滑移线

滑移断口的宏观形貌特征是断口平面与拉伸轴线大约成45°角，断口呈锋利的楔型或刀尖型。断口附近有明显的宏观塑性变形的痕迹，断口呈暗灰色。滑移断口的微观形貌特征是蛇形滑移和延伸区。

(1) 蛇形滑移：多晶体金属材料，由于不同位向晶粒之间的相互约束和牵制，不可能仅仅沿着某一个滑移面滑移。而是同时沿着几个相交的滑移面滑移，形成弯曲的条纹,滑移分离后的断口呈蛇行滑移形态，称蛇形滑移。

在纯金属材料中或韧性较好的合金中发生滑移断裂时，在断口中将产生蛇形滑移。波纹花样及延伸区。

(2) 延伸区：在断裂韧性试样的断口上，在介于预制疲劳裂纹区和快速低能量撕裂区之间，存在着一个一定宽度的狭长区域，称为延伸区，如图 13-22 所示。延伸区是疲劳裂纹前沿产生滑移分离的痕迹，延伸区具有一定的宽度和深度，宽度与断裂韧性有对应关系。

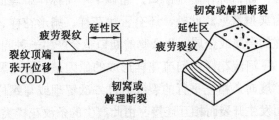

图 13-22 延伸区形成的示意图

13.3.3 脆性断裂

脆性断裂在工程结构中是一种非常危险的断裂。这是由于脆性断裂在断裂前不发生或很少发生宏观可见的塑性变形，断裂之前没有明显的预兆，断裂突然发生。

脆性断裂有以下特点：

(1) 断裂时承受的工作应力较低，通常不超过材料的屈服强度，甚至不超过按常规设计程序确定的许用应力，所以此种断裂又称低应力脆断。

(2) 脆性断裂断口部位在宏观上没有可以察觉到的塑性变形，断口与正应力垂直，断口表面平齐、光亮，断口边缘通常没有剪切唇，断口上常有人字纹或放射状花样。

(3) 脆性断裂起源于材料内部一定尺寸的微裂纹，当裂纹在给定的作用应力下扩展到一定临界尺寸时，就会突发断裂。

(4) 脆性断裂常常发生在较低温度。

(5) 有相当部分脆性断裂是存在动载荷时发生的。

环境条件下的脆性断裂，实际上也是一种低应力脆断。例如，应力腐蚀断裂、氢脆开裂、液态金属脆、碱脆、辐照脆化等。疲劳断裂应力远比静载下材料的抗拉强度低，甚至比屈服强度低得多，且无论脆性材料还是塑性材料，都是在没有出现明显塑性变形情况下突发断裂，也是一种低应力脆性断裂。

脆性断裂断口的宏观形貌特征：断口部位看不到明显的塑性变形，断口形貌可呈现结晶断口、岩石状断口或人字纹、放射状断口的特征。结晶断口相对平整，在阳光下转动观察时可见闪光小平面的反光，闪光小平面是解理面。不同的晶粒解理面角度不同，转动时便有闪光。岩石状断口表面粗糙，在阳光下不反光，故颜色暗黑，通常可看到有些区域组织疏松，一般在铸件或过烧的锻件、回火脆工件中出现的这类断口实质是沿晶断口。放射状断口即断口上的人字纹、放射状花样，是由不在同一平面上的微裂纹急速扩展并相交形成的花样。

脆性断裂断口的微观形貌特征：解理断口、准解理断口和沿晶断口或三者以组合的形式出现。

(1) 解理断口

解理断口是指晶体材料受拉应力作用，沿着某些严格的晶体学平面发生分离的过程，断口称作解理断口，晶体学平面称作解理面。解理断口的微观形貌以河流花样最为典型常见。此外，还有舌状花样、扇形花样、鱼骨状花样和二次裂纹等特征。非常脆的金属或金属间化合物的断口上会产生一种叫做瓦纳线的花样。

河流花样：河流花样形成的原因是，解理裂纹沿晶粒内许多个相互平行的解理面扩展时，相互平行的裂纹通过二次解理或与螺位错相交、撕裂或通过基体和孪晶的界面发生开裂而相互连接，由此产生的条纹花样类似河流，称为河流花样，见图 13-23。河流花样起源于有界面存在的地方：晶界、亚晶界、孪晶界，也可能起源于夹杂物或析出相，或者起源于晶粒内部解理面与螺位错交截处。河流花样在扩展过程中遇到倾斜晶界、扭转晶界和普通大角晶界时，河流形态发生变化。裂纹与小角度倾斜晶界相交时，河流连续地穿过晶界，这是因为小角度倾斜晶界使由同号刃型位错列构成的，以该晶界位为轴，两部分晶体只转动一个很小的角度。因此，河流可以越过它，略加改向扩展。河流花样穿过扭转晶界时将发生河流的激增。扭转晶界又称孪晶界，两侧晶体以晶界为公共界面旋转了一个角度。因此解理裂纹不能简单的穿过晶界，必须重新形核后才能沿新的解理面扩展。由此造成晶界处河流花样激增。裂纹穿过普通大角度晶界时，由于晶界位错密度高、位向差大、会产生大量的河流，晶界两侧河流台阶的高度差大。

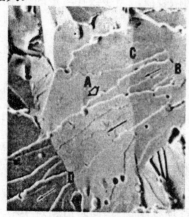

图 13-23 河流花样

图 13-24 舌状花样

舌状花样：是在解理面上出现"舌头"状的断裂特征，见图 13-24。图 13-25 是舌状花样形成机理示意图。解理主裂纹在{100}面上沿着[110]方向有 A 扩展到 B，在 B 处与孪晶相遇，这时它将改变方向沿孪晶与基体的界面{112}[111]方向扩展到 C，当与主裂纹之间的材料发生撕裂时沿 CD 扩展，然后裂纹又回到{100}面上继续扩展。如与主裂纹之间的材料发生二次解理则按图示 CH 方向扩展。舌状花样成对出现，在断口中的一个断面上是凸出的，那么在另一断面上是凹的。舌头表面一般很光滑。在钢铁材料中常见的舌状花样为{100}与{112}，它们之间夹角为 35°16′。另外还有 {112} 与 {100} 夹角为 48°12′，{112} 与 {110} 之间夹角为 125°26′。

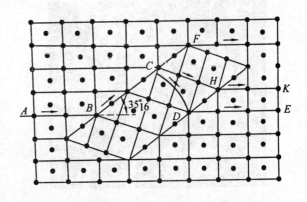

图 13-25 舌状花样形成机理示意图

扇形花样：当解理裂纹起源于晶界附近的晶内时，河流花样以扇形的方式向外扩展形成所谓扇形花样见图 13-26。解理台阶为扇形的肋。根据扇形花样可以判断局部区域裂纹源及裂纹扩展方向。

鱼骨状花样：在体心立方金属材料中例如碳钢、不锈钢有时看到形状类似鱼脊骨的花样。中间脊线是由{100}[100]解理造成的，两侧是{100}[110]和{112}[110]解理所引起的花样，见图 13-27。

图 13-26 扇形花样

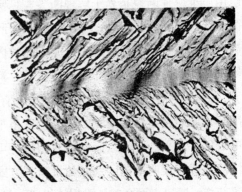

图 13-27 鱼骨状花样

二次裂纹：把断口上的微裂纹叫二次裂纹，见图 13-28。

瓦纳线：在非常脆的金属或金属间化合物的断口上，会产生一种叫作瓦纳线的花样。瓦纳线是根据第一位描述玻璃材料断裂图像的作者命名。在这些材料中，不能产生塑性变形，而是在弹性范围断裂，开裂方式与晶体结构无关。见图 13-29。

图 13-28 二次裂纹

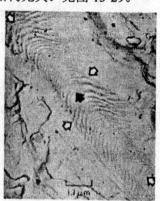

图 13-29 瓦纳线

(2) 准解理断裂

具有回火马氏体组织的碳钢与合金钢中，及贝氏体组织的钢中经常可以看到这样一种断口，断口形态与解理断口相似。断裂沿一定的结晶面扩展，断口上有河流花样，但又具有较大塑性变形产生的撕裂棱。塑性变形量大于解理断裂又小于延性断裂。把这种断口称为准解理断口，它是一种脆性穿晶断口。

准解理断裂属于脆性穿晶断裂，宏观断口形貌比较平整，基本上无宏观塑性变形或有极少的宏观塑性变形。断口大多呈结晶状，小刻面亮但不发光。准解理断口也经常显示有较明显的放射状花样，可以根据放射状花样的走向分析判断断裂起源和准解理主裂纹扩展方向。

由于准解理断裂是界于解理断裂与韧窝断裂之间的一种断裂方式，因此准解理断口微观形貌特征既不同于解理断口也有别于延性韧窝断口。

准解理断裂河流花样通常起源于晶粒内部的孔洞、非金属夹杂物、硬质点及析出物等。河流由内部向小平面的周边扩展，河流较短不连续，汇合特征不明显。在倾斜晶界、扭转晶界和大角度晶界的界面处没有河流的延续或激增的情况，见图 13-30。如果准解理断裂接近解理断裂时，准解理小平面比较平整、河流向一个方向流动并有汇合的表现。小平面之间以撕裂方式相接，可看到明显的撕裂棱，这一特征与解理断口的河流花样有较明显的区别。如果断裂方式接近韧窝断裂时，在断口上也可能看不到河流花样，断口表面全部由撕裂棱组成，见图 13-31。

准解理小平面比回火马氏体尺寸大得多，它相当于淬火前的原始奥氏体晶粒尺度。准解理面的大小取决于材料成份、组织状态和试验条件等。

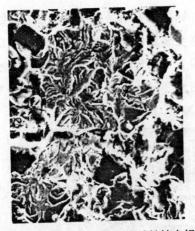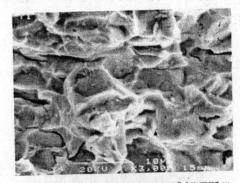

图 13-30 准解理断口（低合金球铁铸态织）　　　　图 13-31 Ti₃Al 960℃ 固溶处理准解理断口

在准解理断口上有时能看到舌状花样，但并不常见。

对准解理断裂的机理尚不十分清楚，可以认为是在马氏体中由于淬火及相变应力可能存在一些高张应力区域，甚至原来就存在微裂纹。此外，定向析出的ε碳化物、孪晶马氏体的中脊等，在受外力作用时都容易裂开成为裂纹源。如图 13-32(a)所示。随着应力的增加小裂纹在准解理面内以台阶的方式扩展形成河流花样图 13-32(b)。由于马氏体中存在大量位错及孪晶，点阵严重扭曲，同一晶粒内部马氏体片之间的空间位向有一定差异；裂纹在晶粒内部扩展比较困难。裂纹在点阵严重扭曲的晶粒内部扩展时，彼此相邻的边界处发生较大的塑性变形以撕裂的方式连接，形成撕裂棱，或形成微孔聚合的韧窝，有时甚至形成韧窝带，见图 13-32(c)。

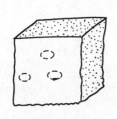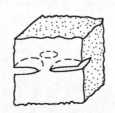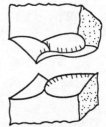

(a) 准解理裂纹的萌生　　　　(b) 准解理裂纹的扩展　　　(c) 通过撕裂的方式连接形成裂棱

图 13-32 准解理裂纹形成机理示意图

在机械零件的断口中，经常遇到的是准解理断口，但较多的是准解理与其它断裂的混合断口。

（3）沿晶断口

若断裂是以沿着晶界扩展的方式发生的，称为沿晶断裂。沿晶断裂分为两类：一类是脆性沿晶断口，呈岩石状，断口表面平滑，干净、无塑性变形的痕迹，见图 13-33。晶界往往是析出相、夹杂物和元素偏析集中的地方，因此晶界强度受到削弱，常引起晶界脆断。例如，合金钢中的磷、锡、砷、锑等元素沿晶界偏析时会导致回火脆性，引起沿晶断裂。应力腐蚀开裂，氢脆和液态金属脆化，常出现脆性沿晶断口。另一类是延性沿晶断口，断裂路径是沿晶的，断裂方式是延性的。在断裂过程中沿晶界产生了一定的塑性变形，但宏观断口察觉不到塑性变形的痕迹，微观断口表面上有大量细小韧窝。过热断口往往属于这一类断口，见图 13-34。

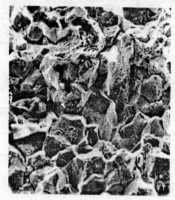 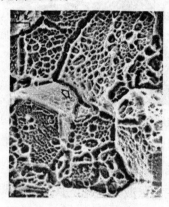

图 13-33 脆性沿晶断口　　　　　　　　　图 13-34 延性沿晶断口

第十四章　工程材料的选用

14.1　选材的一般原则

高质量的机械零件在于合理的设计，正确的选材和恰当的零件的处理加工工艺。所谓合理的设计就是根据零件的工作条件进行必要的强度计算，确定其各部分尺寸，并应考虑零件的结构，使之具有优良的工艺性；正确的选材应该是在满足零件使用性能要求的前提下，具有良好的工艺性和经济性；恰当的零件处理加工工艺是对零件的组织、性能、尺寸精度的分析后，选择合理的加工工艺，尤其是热处理工艺，以保证零件加工和使用性能的需求。而如何正确选材是上述过程的中心问题。

对不同使用条件下工作零件的选材方法不可能有千篇一律的步骤和规律，但正确合理的选材应考虑以下三个基本原则：即材料的使用性能、工艺性能和经济性。三者之间有联系，也有矛盾，选材的任务就是上述原则的合理统一。

14.1.1　关于材料的使用性能

材料的使用性能是用于满足零件工作特性和使用条件的要求。大多数零件在工作时，对材料性能的要求不是单一的，而是多方面的，因此零件选材必须经过分析，分清材料性能要求的主次，首先应满足主要性能的要求，兼顾其它性能，并通过特定的加工工艺（如材料热处理、化学热处理、材料复合化和表面改性工艺等），使零件具有完美的使用性能。

在机械工程中，应根据零件的工作条件首先确定对材料机械性能和其它使用性能的要求，这是材料选用的基本出发点。为便于分析机械零件的工作条件，可将它分为受力状态、负荷性质、工作场（如温度场、电磁场等）、环境介质等几个方面。受力状态有拉压弯扭或混合状态等；负荷性质有静载、冲击、交变和表面摩擦力等；工作温度可分为低温、室温、高温和交变温度；环境介质为与零件接触的介质，如润滑剂、海水、酸碱盐，各类大气环境、空间环境或其它气氛环境等。实际上要更准确地了解零件的使用性能，还必须充分的研究零件的各种失效方式并分清主次，在此基础上找出对零件失效起主导作用的机械性能指标或其它性能指标，而这种指标可以是一个，也可以是多个；甚至选择不同材料和使用不同的加工工艺时，使零件失效的主导指标是变化的。

由上述零件使用条件分析和多年来零件材料的失效研究实践，可以清楚的看出机械产品的设计和选材主要是针对材料断裂、磨损和腐蚀等三大失效原因的综合设计，实际上这三大失效原因几乎完全包含在零件的全部工作条件中。以下就从这三个方面说明在机械工程选材中应当注意的问题。

1. 工程材料的强韧性

一般地说，材料的强度指标是指材料在达到允许的变形和断裂前所能承受的最大外加抗力。由于零件的使用性能要求及使用环境不同，其所供选择的强度指标有很多，如弹性极限、屈服极限、强度极限、疲劳极限、蠕变极限、断裂韧性等，因此要根据零件工作情况、受载状态和相关力学分析以及零件的典型失效分析，确定设计所需的强度指标进行零件设计和选材并由此确定零件的加工工艺。

而现代意义上的材料强度，已经不再是传统的强度，而是指材料失效抗力的综合表征，它不仅包括上述的强度指标外，还包括刚性、延伸率、硬度、冲击韧性及在不同载荷下材料对零件的尺寸效应、表面状态和环境介质的敏感性等指标。因此零件设计和选材时要综合考虑强度和韧性指标，并应注意以下几个方面的问题：

(1) 材料强度与零件强度：零件的强度除与材料自身的因素如材料强度等有关外，还与其结构，加工工艺及使用等因素有关。结构因素表明了零件各部分的形状尺寸，连接配合对材料强度的影响效应；加工工艺因素是指零件在所有的加工程序中导致零件表面状态，内部组织状态改变的影响作用。这些因素有各自的影响作用，同时又是相互影响的，它们决定了零件的瞬时承载能力和长期使用寿命。

上述因素也决定了在手册中给出的材料强度指标的条件性——即设计手册的性能数据一般都是在特定的条件下测定的。工程选材时的数据依据必须要考虑所制造零件使用的条件性，如尺寸效应和环境效应等。如 16Mn 钢当试样直径 $\phi \leq 16mm$ 时，$\sigma_s = 350MPa$，$\sigma_b = 520MPa$，$\delta = 21\%$；而当 $\phi = (17\sim25)mm$ 时，$\sigma_s = 290MPa$，$\sigma_b = 480MPa$，$\delta = 19\%$。尤其是当材料应力状态发生变化时，对强度指标的选择更应慎重，如由平面应变状态变为平面应力状态，材料的应力场强度因子是完全不同的。

(2) 材料强度与材料韧性：在机械工程选材时，仅仅满足强度指标是远远不够的，还必须考虑其韧性指标，即达到强韧性的有机结合。由材料强化理论，我们知道材料的强度和韧性往往是互相矛盾的，即增加材料强度常常是以牺牲其韧性为代价，使材料变脆。在选材时，要寻求强韧性优良的材料，使零件的强韧性有机的结合起来，从而保证其设计和使用的可靠性。

零件的韧性不但与材料的组织结构特性（即材料的组织结构决定了材料的韧性）有关，还受到其结构尺寸、应力状态和环境因素的强烈影响，如零件结构中的台阶、零件不同部位尺寸的变化会引起应力集中而降低韧性；降低温度会引起某些材料的脆化，即材料的冷脆，钢材在冷脆转变温度以下韧性急剧下降，大多数高分子材料在其玻璃转化温度以下也完全脆化；在一些腐蚀介质中零件材料也有可能产生脆化，如氢脆、镉脆等。因此应尽可能选择韧性好的材料，或通过适当的加工处理工序（如细化组织、消除残余应力）提高材料韧性，降低和消除环境脆性，或改变零件结构，改善其表面状态以降低或消除结构脆化。

(3) 工程材料强韧性与其工艺性能：工程材料的强韧性与其工艺过程是密切相关的，设计零件和选材时，必须确定好的强韧化工艺。如低碳结构钢的淬火+低温回火工艺；中碳结构钢的调质处理工艺；Al-Si 铸造铝合金的变质处理；金属材料的形变热处理。除此之外细化材料组织，适当的表面改性处理也可以改善零件韧性，尤其降低环境脆性。

2. 工程材料的磨损与腐蚀

磨损和腐蚀是零件最常见的两种失效形式，但这两种失效都是从零件的表面开始的，是由于零件表面与对偶零件（或物体，如气蚀、冲蚀时的气流、粒子等）的相对运动或零件与介质间的物理化学作用或是两者的综合作用而引起零件材料的物质和性能的损失，从而导致零件失效。零件工作时受到磨损或腐蚀破坏的形式是多种多样的，失效机制也有各自的特点，因此零件选材时仅仅满足其整体使用性能的要求是不够的，还应充分考虑起使用时表面性能的需求。

(1) 材料的耐磨性与其整体性能：零件的磨损失效主要包括磨粒磨损、粘着磨损、腐蚀磨损和疲劳磨损四种形式，不同的磨损形式对材料选择上要求不同。一般来讲，表面的硬度越高，或相同硬度时韧性越好时，材料的耐磨粒磨损性越好，如陶瓷材料较其它材料具有更好的耐磨粒磨损性，高碳的工具钢比低碳结构钢的耐磨性性好；选用相容性差的对磨副材料，增加材料的热稳定性和强韧性，或减小零件摩擦系数及进行润滑处理，或增加零件表面的光洁度，都可以抑制或消除零件的耐粘着磨损，如滑动轴承材料与钢制轴的零件对磨体系，就充分利用了上述选材和工艺规则；增加材料的化学稳定性和强韧性是提高零件的腐蚀磨损性的主要途径，且一般增加材料的化学稳定性更为重要，如用马氏体不锈钢 2Cr13 或 3Cr13 代替普通 T10A 作含有氯和氟等有腐蚀作用（在压制时析出）的塑料模具，虽然硬度有所降低，但耐腐蚀磨损性大大增加，使模具使用寿命大大增加；提高材料的冶金质量和硬度，进行适当的表面强硬化处理并提高零件表面的光洁度，就可提高零件的耐疲劳磨损性，如滚动轴承材料的选择和零件的制作就是这样。

上面所述对提高工程材料的耐磨性设计和材料选择原则与材料的整体性能的要求

在很多情况下是相互矛盾的，如选择齿轮用材料时齿轮整体的强韧性要求与表面高硬度耐磨性的要求在同一种材料中难以满足，还有很多零件都有这样一个矛盾。因此为使零件更好的工作，常常运用材料的表面处理技术。钢制零件的表面处理技术有常用的化学热处理（如渗碳、氮化、碳氮共渗、渗硼等）技术，还包括适用于其它材料的表面处理技术，如电镀、化学镀、热喷涂、PVD、CVD、激光热处理等，这些表面技术可以获得高硬度的耐磨层，还可以获得低摩擦系数的减磨层以及耐腐蚀磨损的表面层。

表面处理技术能够满足零件耐磨的要求，但由于零件表面改性后材料的表面状态发生较大的变化，对零件的一些其它性能产生一定影响，有时甚至是巨大的，这在零件选材和工艺制订时是必须予以重视的。例如，金属零件表面电镀硬铬会降低其疲劳性能，如高强度钢、铝合金镀铬疲劳性能下降可达 50%以上，电镀过程还可能引起零件的氢脆；钢材正确的渗碳处理可提高耐磨性，还可以提高疲劳极限，但会降低材料的耐腐蚀性。了解不同表面技术对零件性能的影响作用后，在设计和选材时，除了要达到零件表面性能的需求外，一方面还应选择对材料整体性能有有利影响或影响小的表面技术；另一方面如果必须选择某一技术，而其表面处理层对材料的整体性能又有不利的影响，这时就应加入另外一些相关工艺步骤以消除表面层的不利影响或者改用其它的表面改性技术。如镀前的喷丸处理可以减小甚至消除镀铬对疲劳性能的不利影响；用氮化层代替渗碳层会具有更好的耐磨耐腐蚀性，且对零件的其它性能没有不利影响。

在注意到零件的耐磨性与其整体性能间的有机结合后，还应注意零件工作时对磨件之间的硬度匹配，如传动齿轮、蜗轮蜗杆、轴与轴承、链条与链轮、导轨与滑块等零件体系，两个接触面之间的硬度匹配，对其磨损及使用寿命有很大的影响。这类零件的选材和工艺制订中应注意材料和硬度的匹配。在生产中，减速箱大小齿轮（钢制）的表面硬度（HRC）比应保持为(1.4~1.7)的关系，这样小齿轮不易出麻点，且大小齿轮的寿命基本相等，汽车后桥主动齿轮表面硬度（HRC64）应高于被动齿轮的硬度（HRC56~59）；轴（钢制）与滑动轴承（各类轴承合金）两种对磨零件选材不同，硬度等性能也不同；蜗轮（铜合金）和蜗杆（钢制）的选材也是充分考虑二者之间的匹配。生产实践还表明相同硬度的同一种材料组成对磨副时零件的耐磨性最差；对不同工作条件和润滑条件的对磨零件体系、对磨零件的选材、表面性能和工艺的确定要通过实验才能确定。

(2) 零件的耐腐蚀性和选材：零件的腐蚀不但与零件材料的成分、显微组织和加工工艺有关，同时也决定于机器中各相关零件的材料组成体系和零件的使用环境。大部分由陶瓷材料和高分子材料制作的零件在一般的条件下都具有较好的耐腐蚀性。在一些强腐蚀环境中应注意陶瓷材料的耐腐蚀性较差，而一些有机溶剂或有机化工环境会造成高分子材料的腐蚀失效。

大部分金属零件的腐蚀都是电化学腐蚀，且腐蚀作用也是首先从零件的表面开始的，因此设计零件和选材时，可以通过三种措施来控制或消除零件的腐蚀失效，即：选择耐腐蚀材料；使用某些表面改性工艺获得表面防护层；通过调整工作环境改变零件的工作状态。

避免腐蚀的最简单的方法就是设计中选择耐腐蚀的材料——这不但是指制作某一个零件用耐蚀材料，如不锈钢、铜合金、钛合金等；还表示在同一环境下工作的机器零件只限于使用一种材料，以防止零件之间形成原电池而腐蚀；在特殊情况下，可以用绝缘材料将不同材料或状态的金属零件分隔开，防止原电池的形成。耐腐蚀材料选定后，正确制订零件的加工工艺也是至关重要的，如 18-8 不锈钢零件，黄铜零件成型加工后应进行去应力退火以防零件应力腐蚀破坏，各类不锈钢零件的正确热处理以避免晶间腐蚀失效等。

零件的表面防护层可以通过物理、化学或电化学的方法改变其表面成分或结构来实现，且这些方法几乎不改变零件的形状尺寸，如磷化、钝化、化学或电化学氧化（常用的有钢的磷化、铜合金的钝化、铝合金的化学氧化和阳极氧化等），化学热处理（如渗 Cr、渗 Al、氮化等）；还常用一些表面处理技术获得各种不同成分和性能特点的表面防护层，但这时可能会在一定程度上改变零件的表面形态和尺寸，所用的技术有喷涂、涂装、热浸镀、电镀、PVD、CVD 等，获得的表面层可以是金属（如镀 Ni、Cu、Ag、Zn、Cr 等纯金属或合金或它们的组合），陶瓷（如搪瓷）或有机物（如油漆、涂料、胶）。表 14-1 是这三大类防护层的比较。需要指出的是：同耐磨防护层一样，耐腐蚀层由于改变了零件的表面状态，也同样可能会影响零件的其它性能，对不同的表面处理层和基体体系，这种影响效果是不同的，应以一定的理论和实验结果为指导。

表 14-1 金属表面防蚀层的比较

类型	举例	优点	缺点
有机	油漆，涂料	可变形弯曲，应用方便，便宜	老化，较软，使用温度限制
金属	惰性金属，电镀，喷涂，浸镀	可变形，不溶于有机溶剂，导电导热	选择好防护层/基体体系
陶瓷	搪瓷，釉，氧化物覆盖层	耐热，较硬，不与基体形成原电池	脆，隔热

改变使用环境是指在构件的工作区人为改变其化学或表面状态从而提高耐蚀性的方法，主要包括缓蚀剂法——将某种化合物（即缓蚀剂）加入到环境溶液中，化合物会吸附到器件的表面或改变表面电化学状态（变为钝态），从而大大减缓零件的腐蚀，如容器、锅炉系统、汽车水箱等体系均可以此法防腐，常用的缓蚀剂有强氧化性含氧酸盐，过渡元素离子的化合物如铬酸盐、磷酸盐、钼酸盐等及稀土化合物，一些有机化合物及表面活性剂，如硫脲、聚乙二醇等；牺牲阳极保护——将某些电极电位低的易腐蚀的牺牲材料与工件连接形成腐蚀体系，外加牺牲材料的优先腐蚀而延缓了工件的腐蚀破坏，如地下管线、船舶和容器的防护时，常连接一些易于更换的 Zn、Mg、Al 或其合金，就是这一目的；外加电压保护法——将工作构件与一外加直流电源连接，工件为阴极，阳极为不溶性惰性材料，这样工件就能受到好的电化学保护而不会腐蚀破坏。

14.1.2　关于材料的工艺性能

工程零部件的质量的优劣不仅决定于工件选材的使用性能，还决定于其工艺性能的好坏，因为制作任何一个合格的机械零件，都要经过一系列的加工过程，故所选用材料加工工艺性能将直接影响到零件的质量，生产效率和成本。材料的工艺性能主要包括冷加工性能如冷变形加工和切削加工性能，热加工性能如铸造性能、焊接性能、锻造性能和热处理性能等。不同零件对各种加工工艺性能的要求是不同的，如很好的铸造性能是制造铸造零件的先决条件；冷成型件要求材料有好的均匀塑性变形性能；作工程构件的材料应具有好的焊接和冷变形性能；而大多数的机器零件对材料工艺上最突出的要求是可切削加工性和热处理工艺性（包括淬锈性、变形规律、氧化和热化学稳定性等）。工程塑料工艺性能主要包括热成型性、脱模性等；陶瓷材料的素坯成型性（主要与粉料的流动性、颗粒粘接强度及成型模具有关）和烧结性能是其重要的工艺性能。

当工艺性能和机械性能相矛盾时，有时要选择工艺性能更好的材料（当然材料的使用性能必须满足零件工作的最低使用性能要求）而舍弃某些机械性能更优越的材料，这对于大批量生产的零件尤为重要，因为在大量生产时，工艺周期长短和加工费用高低，常常是生产的关键。因此，工程选材时工艺性能应从以下几方面加以考虑：

1. 尽量选用工艺简单的材料

例如，冷拔硬化钢料具有良好的强韧性，加工成型后一般不需热处理，且其还有良好的切削加工性；自动加工机床选用易切钢，可以延长刀具寿命，提高生产率，改善零件的表面光洁度；用低碳钢淬火（低碳马氏体）代替中碳钢调质，热处理工艺性大大改善，不易淬火变形和开裂，不易脱碳，其它加工工艺性也可得到改善；在机械制造业中还常常考虑以铁代钢，以铸代锻也简化了工艺，同时还降低成本。

2. 选材材质与其工艺性要求

机械零件用材料的材质不但对其使用性能而且对其工艺性能也有很大的影响。例如钢中杂质硫影响材料锻造工艺性（有热脆性），但硫可改善钢的切削加工性；而磷使钢产生"冷脆"，影响冲压和焊接工艺性，但磷可改善钢的耐大气腐蚀能力；沸腾钢的冲压性能不如镇静钢，故形状复杂的冲压件不能选用沸腾钢；渗碳钢最好是本质细晶钢，否则需要重新加热淬火以细化晶粒、改善性能；普通结构钢的含碳量范围较宽，淬透性变化较大，不宜用作热处理；过热敏感性较大的钢，要求严格控制加热温度和保温时间，大型零件不宜采用这类钢。同样在铝、铜、镁等有色合金中杂质和特定的合金元素对其零件的各加工性能也有很大影响。高分子材料中固化剂、填充剂的性能，数量对其成型性影响很大；陶瓷材料中的杂质对其烧结成型行的影响可能是巨大的，如氧化铝瓷中的 SiO_2、MgO、NaO 等杂质（或添加剂）对其零件的烧结温度、烧结速度和材料的致密度有极大的影响作用。

3. 各加工工艺之间的相互联系和结合

零件制作过程中，各工序的工艺之间是互相联系，相辅相成的。如大多数的钢制零件加工时，其预备热处理会对后面的机械加工，最终热处理等工序产生重要影响。而若生产中要把铸件锻件用焊接的方法联成一体，成为铸—锻—焊件，或是要采用高能表面热处理方法，且将这种工序纳入零件生产自动线，或采用冷塑性变形的方法（冷轧、冷挤、冷冲压、冷滚、冷镦等）取代部分机械加工时，这些加工方法的应用往往要求材料作相应改变，或是充分考虑前后工艺间的相容性，以适应新生产技术的要求。

14.1.3 关于零件选材的经济性

在设计和生产中，可能不止一种材料可以满足零件的使用性能和其加工工艺性能的要求，这时经济性就成为选材的重要依据。经济性涉及到材料本身成本的高低，供应是否充分，零件加工工艺过程的复杂程度，加工成品率和加工效率的高低，甚至机器零件设计使用寿命的长短。因此考虑材料的经济性时，切不可以单价来评价材料的优劣，而应当以综合效益来评价材料经济性的高低。

14.2 关于塑料的选用

作为常用的工程材料，正确选用塑料的关键在于充分了解它的性能特点，这在第十章已经有较详细的了解。从工程选材的角度看，塑料与金属材料在性能上相差悬殊，这时要充分利用塑料的优秀性能，但仍然要注意保持材料的使用性能、工艺性能和经济性的有效统一。

14.2.1 塑料的使用性能与选材

塑料种类繁多，性能各异，有时还具有相当大的差别，但有一些共同的特点，故对塑料材料的选用也有一些共同的规律。

1. 机械性能与选材

与金属材料相比，塑料的强度、刚度（弹性模量）、抗疲劳能力以及冲击韧性都不如金属，但塑料的耐磨性和减震性优越；塑料高温下易软化、低温下易脆化；塑料材料的比重都很小，其比强度不比钢铁差多少；因此单纯的塑料材料在目前还只适宜作一些受力不大且工作温度不过高或过低的零件或构件，如一些小型机械、玩具零件和机器模型等，也可以作一些用于减重的特殊需要的飞机和航天器构件。若采用各种高强度纤维增强制成塑料基复合材料，则能大大提高塑料材料的强度刚度，可用于制作一些重要的零构件，如已经将这类复合材料用于飞机、航天器结构件以替代铝合金和钛合金等，也用于制造大吨位船舶、大跨度桥梁、大型压力容器和高级汽车构件等；但这时材料的成本上升，加工工艺较复杂。

塑料的硬度不高，但耐磨性好，这主要是塑料的摩擦系数很小之故。塑料作为耐磨材料很有前途。现在不少设备上使用尼龙、聚甲醛、聚碳酸酯、聚四氟乙烯、变性塑料等制造轴承、齿轮、导轨等零件，机器使用寿命大为提高。

2. 物理性能与选材

塑料的绝缘、绝热、比重小的优点以及一定的光学性能使其成为某些特殊功能材料，如绝缘材料、光学材料和装饰材料等。但塑料的耐热性远不如金属，故使用温度低、膨胀系数大、尺寸稳定性差，这些特点选用时应充分注意；此外，大多数塑料均有一定程度的吸水性，有受潮湿而膨胀和受干燥而收缩效应，而且这也影响塑料的力学性能和其它物理性能，因此一般用塑料作精密零件时必须慎重。

3. 化学性能与选材

塑料一般都有优异的耐酸碱盐等介质腐蚀的特性，因而可用于代替一些有色金属和不锈钢，或代替一般碳钢以取消防锈措施，可取良好经济效果。目前塑料用作各种管道、阀门、泵、贮槽、容器、反应器以及各种防腐衬里已相当普遍。但有些塑料在特定的有机溶剂中会发生溶涨或腐蚀；塑料在光和氧或辐射的作用下或在反复受热与冷却条件下，其内部结构将发生变化，导致性能上出现"老化"而失效，因此塑料用于制作有一定使用寿命要求的机械零件，在配料中加入适当的防老化剂或采取适当的防护措施是十分重要的。

14.2.2 塑料制品的工艺性和经济性

1. 塑料的工艺性

塑料的成形性能是十分优良的，几乎所有的金属成形加工，塑料都可采用。塑料制品从板材、管材、型材、线材到纤维、薄膜、泡沫以及各种复合材料，几乎应有尽有。而塑料成形所需的温度和压力则比金属成形所需的低得多，工艺简便得多，机械加工量也少得多；但每种不同形状尺寸的塑料零件成形时需要一套专用的工艺设备，这必然对产品的成本造成影响。因此在用塑料取代金属零件时，要全面考虑经济效益问题。一般来说，塑料零件的小批量生产是不经济的。

2. 塑料的经济性

塑料的价格因品种而异，差别很大，有的很便宜，如聚氯乙烯按重量计价，不比铸铁贵多少；有的很昂贵，如尼龙比不锈钢贵。但考虑到塑料比重小，如按体积计价（元/米^3），则大多数常用塑料和铸铁或碳钢的相近；而由于塑料零件的成形工艺简便，加工费用少，能耗少，无需防锈措施，且其加工废料还能回收利用。因此若综合考虑这些因素，塑料可能是比金属更为经济的选材。

若其价格随着科学技术的进步得以大幅度降低，则其应用会得到更大发展。不仅如目前只制造一些受力小的构件或某些特殊用途的重要构件，如减轻自重具有特殊意义的飞机和宇航器构件，而且将普遍用来制造承载大的重要零件和工程构件，如国外开始用这类复合材料制造大吨位船舶、大跨度桥梁、大型压力容器和汽车车身等，反映了工程材料发展的一种动向。

在机械工程中，用塑料取代现有金属零件，一般都要在对零件的结构形状和尺寸作较大修改后，才能收到良好效果，因为塑料的机械性能，工艺性能以及加工过程与金属零件的有很大差别。这一过程的参考依据较少，同时由于塑料材料的品种和性能相差悬殊，因此优化选用塑料会有一定难度，必须对上述各方面的问题进行综合分析和充分的实验，因材施用，否则取代工作就不能收到预期效果甚至可能失败。当然，如果能够用一定的工艺方法把塑料和金属结合起来，取长补短，各尽其能，将获得一些高性能的材料和结构；例如以金属为骨架的塑料/金属嵌镶结构，部分用塑料部分用金属然后加以连接的组合结构，金属表面覆盖塑料或塑料表面覆盖金属的被复结构，已经成为工程中广泛的应用技术和结构。

14.3 关于陶瓷材料的选用

陶瓷材料总的特点是熔点高、密度低、强度硬度高、塑性韧性低、化学稳定性好且资源丰富。目前陶瓷材料由于包含了几乎所有的无机非金属材料，具有丰富的物理化学性能，有着极广阔的应用。虽然选材原则相同，但陶瓷材料的选用仍然具有其自身的特点。

14.3.1 陶瓷材料的使用性能

除少数材料(如可塑性粘土)外，陶瓷材料的机械性能特征是有高的剪切强度，因此其是非延性（脆性）的，但也使其有高的强度硬度和抗压强度，断裂强度低，并具有缺口敏感性，因此在工程中主要用于冲击小且受压缩载荷的场合，如混凝土、砖和其它陶瓷材料；若有弯曲或要求较高强度时则必须增大尺寸或改变材料状态，如钢化玻璃用于玻璃门、汽车窗等。高硬度使陶瓷具有优秀的耐磨性尤其是耐磨粒磨损性，陶瓷用于机械冲击小和要求高耐磨的零件上具有一定的优势。

陶瓷材料的另一个重要的特点是高的耐腐蚀性和高温性能。陶瓷在大多数的碱性，盐和有机物溶液中比金属材料具有更优秀的耐蚀性，很多陶瓷在出氢氟酸以外的其它酸溶液中也有较高的稳定性，同时它还不像高分子材料那样易于老化和耐高温性能差；陶瓷有优良的高温抗氧化性和高温力学性能（结构稳定、强度高、蠕变抗力高、较高温合金更好），因此在冶金、化工、航空航天等领域中，陶瓷材料有着广泛的应用价值，能够取代一些金属和高分子材料。

14.3.2 陶瓷材料的工艺性能

普通粘土类陶瓷由于其成型工艺大多为塑性料团或注浆法成型，因此适合于各种形状物体的制作，但对形状太复杂或尺寸变化大的零件可能会由于素坯强度致密性差而难以加工或由于烧结过程的应力而发生脆裂失效。而大多数的特种陶瓷都是用粉末压制并烧结而成的，一般只能制作形状不太复杂的材料。

陶瓷材料的硬度高，一般不能进行切削加工，因此只有能够烧结成型的形状不太复杂的零件才可以用陶瓷材料制作。

还可以通过表面处理的方法做成各种陶瓷薄膜，这既是制作功能陶瓷的主要工艺方法，同时还可以在许多金属或高分子材料表面获得高性能的陶瓷，是一种复合化的工艺，使结构零件的性能大大提高，具有较普遍的适应性。

参考文献

1　L. H. Van Vlack 著. 夏宗宁译. 材料科学与材料工程基础. 北京: 机械工业出版社, 1984

2　胡赓祥主编. 金属学. 上海: 上海科学技术出版社, 1980

3　刘国勋主编. 金属学原理. 北京: 冶金工业出版社, 1980

4　宋锥锡主编. 金属学. 北京: 冶金工业出版社, 1980

5　崔忠圻主编. 金属学与热处理原理. 北京: 机械工业出版社, 1994

6　曹明盛主编. 物理冶金基础. 北京: 冶金工业出版社, 1985

7　卢光熙主编. 金属学教程. 上海: 上海科学技术出版社, 1985

8　胡德林主编. 金属学原理. 西安: 西北工业大学出版社, 1994

9　李超主编. 金属学原理, 哈尔滨: 哈尔滨工业大学出版社, 1989

10　谢希文主编. 金属学原理. 北京: 航空工业出版社, 1989

11　汪复兴编. 金属物理. 北京: 机械工业出版社, 1981

12　胡汉起编. 金属凝固. 北京: 冶金工业出版社, 1985

13　程天一主编. 快速凝固技术与新型合金. 北京: 宇航出版社, 1992

14　李月珠编. 快速凝固技术和材料. 北京: 国防工业出版社, 1993

15　陆示善编. 相图与相变. 合肥: 中国科技大学出版社, 1990

16　J. Friedei 著. 王煜译. 位错. 北京: 科学出版社, 1980

17　冯端主编. 金属物理. 北京: 科学出版社, 1975

18　哈宽富编. 金属力学性质的微观理论. 北京: 科学出版社, 1983

19　胡光立主编. 钢的热处理. 西安: 西北工业大学出版社, 1993

20　徐祖耀编. 马氏体相变与马氏体. 北京: 科学技术出版社, 1980

21　刘江南主编. 表面工程学. 北京: 兵器工业出版社, 1995

22　赵文轸编. 金属材料表面新技术. 西安: 西安交通大学出版社, 1992

23　郑明新编. 工程材料. 北京: 清华大学出版社. 1993

24　刘永铨主编. 钢的热处理. 北京: 冶金工业出版社, 1981

25　安运铮主编. 热处理工艺学. 北京: 机械工业出版社, 1981

26　赵连城主编. 金属热处理原理. 哈尔滨: 哈尔滨工业大学出版社, 1987

27　刘云旭主编. 金属热处理原理. 北京: 机械工业出版社, 1981

28　约盖勒著. 周倜武译. 工具钢. 北京: 国防工业出版社, 1983

29　肖纪美编. 高速钢的金属学问题. 北京: 冶金工业出版社, 1983

30　肖纪美编. 不锈钢的金属学问题. 北京: 冶金工业出版社, 1983

31　崔昆主编. 钢铁材料及有色金属材料. 北京: 机械工业出版社, 1981

32　王笑天主编. 金属材料学. 北京: 机械工业出版社, 1987

33　李湘洲编. 材料与材料科学. 北京: 科学出版社, 1984

34　邓至谦主编. 金属材料及热处理. 长沙: 中南工业大学出版社, 1989

35　黄培云编. 粉末冶金原理. 北京: 冶金工业出版社, 1982

36　马莒生编. 精密合金及粉末冶金材料. 北京: 机械工业出版社, 1982

37 美国材料工程学会编. 杨柯译. 发展中的材料研究. 沈阳: 沈阳科学技术出版社, 1994

38 王焕庭主编. 机械工程材料. 大连: 大连理工大学出版社, 1991

39 何世禹编. 机械工程材料. 哈尔滨: 哈尔滨工业大学出版社, 1990

40 于春田主编. 金属基复合材料. 北京: 冶金工业出版社, 1995

41 师昌绪编. 新型材料与材料科学. 北京: 科学出版社, 1988

42 颜鸣皋编. 材料科学前沿研究. 北京: 航空工业出版社, 1990

43 周祖福编. 复合材料学. 武汉: 武汉工业大学出版社, 1995

44 石德坷编. 材料科学基础. 西安: 西安交通大学出版社, 1995

45 沈莲编. 机械工程材料与设计选材. 西安: 西安交通大学出版社, 1996

46 马泗春主编. 材料科学基础. 西安: 陕西科学技术出版社, 1998

47 陆文华主编. 铸铁及其熔炼. 北京: 机械工业出版社, 1981

48 姜振雄. 铸铁热处理. 北京: 机械工业出版社, 1978

49 冯晓曾主编. 模具用钢和热处理. 北京: 机械工业出版社, 1984

50 合金钢编写组编. 合金钢. 北京: 机械工业出版社, 1978

51 章守华主编. 合金钢. 北京: 机械工业出版社, 1981

52 R M 布瑞克著. 王健安译. 工程材料的组织与性能. 北京: 机械工业出版社, 1984

53 W F 史密斯著. 张泉译. 工程材料的组织与性能. 北京: 冶金工业出版社, 1983

54 雷廷权主编. 热处理工艺方法 300 种. 北京: 中国农业机械出版社, 1984

55 洪班德主编. 化学热处理. 哈尔滨: 黑龙江人民出版社, 1981

56 夏立芳. 金属热处理工艺学. 哈尔滨: 哈尔滨工业大学出版社, 1986

57 姚忠凯等编译. 钢的组织转变译文集. 北京: 机械工业出版社, 1980

58 邹僖等编. 焊接方法及设备第四分册---钎焊与胶接. 北京: 机械工业出版社, 1981

59 古里亚耶夫著. 赵振果译. 金属学. 北京: 机械工业出版社, 1986

60 金属学编写组编. 金属学. 上海: 上海人民出版社, 1977

61 上海交通大学金相分析编写组编. 金相分析. 北京: 国防工业出版社, 1982

62 李庆春主编. 铸件形成理论基础. 北京: 机械工业出版社, 1982

63 闵乃本编. 晶体生长的物理基础. 上海: 上海科学技术出版社, 1982

64 M C 弗莱明斯著. 关玉龙译. 凝固过程. 北京: 冶金工业出版社, 1981

65 北京农业机械化学院主编. 机械工程材料学. 北京: 农业出版社, 1986

66 赵忠编. 金属材料及热处理. 北京: 机械工业出版社, 1986

67 刘志儒主编. 金属感应热处理. 北京: 机械工业出版社, 1985

68 编审委员会编. 表面处理工艺手册. 上海: 上海科学技术出版社, 1994

69 程饴萱主编. 钢的相变显微组织. 杭州: 浙江大学出版社, 1989

70 左景伊著. 应力腐蚀破裂. 西安: 西安交通大学出版社, 1985

常用元素表

元素名称	符号	原子序数	原子量	熔点，℃	固态密度 g/cm³	晶体结构 (20℃)	原子半径 nm	离子半径 nm
氢	H	1	1.0078	-259.14	-	-	0.046	
氦	He	2	4.003	-272.2	-	-	0.176	
锂	Li	3	6.94	180	0.534	bcc	0.1519	0.068
铍	Be	4	9.01	1289	1.85	hcp	0.114	0.035
硼	B	5	10.81	2103	2.34		0.046	0.025
碳	C	6	12.011	>3500	2.25	hex	0.077	-
氮	N	7	14.007	-210			0.071	
氧	O	8	15.999	-218.4			0.06	0.14
氟	F	9	19.001	-220			0.06	0.133
氖	Ne	10	20.18	-248.7		fcc	0.16	
钠	Na	11	22.99	97.8	0.97	bcc	0.1857	0.097
镁	Mg	12	24.31	649	1.74	hcp	0.161	0.066
铝	Al	13	26.98	660.4	2.7	fcc	0.14315	0.051
硅	Si	13	28.09	1414	2.33		0.1176	0.042
磷	P	15	30.97	44	1.8		0.11	0.035
硫	S	16	32.06	112.8	2.07		0.106	0.184
氯	Cl	17	35.45	-101			0.0905	0.181
氩	Ar	18	39.95	-189.2			0.192	
钾	K	19	39.1	63	0.86	bcc	0.2312	0.133
钙	Ca	20	40.08	840	1.54	fcc	0.1969	0.099
钛	Ti	22	47.9	1672	4.51	hcp	0.146	0.068
铬	Cr	24	52	1863	7.2	bcc	0.1249	0.063
锰	Mn	25	54.94	1246	7.2		0.112	0.08
铁	Fe	26	55.85	1538	7.88	bcc	0.1241	0.074
						fcc	0.1269	0.064
钴	Co	27	58.93	1494	8.9	hcp	0.125	0.072
镍	Ni	28	58.71	1455	8.9	fcc	0.1246	0.069
铜	Cu	29	63.54	1084.5	8.92	fcc	0.1278	0.096
锌	Zn	30	65.37	419.6	7.14	hcp	0.139	0.074
锗	Ge	32	72.59	937	5.35		0.1224	
砷	As	33	74.92	809	5.73		0.125	
氪	Kr	36	83.8	-157		fcc	0.201	
银	Ag	47	107.87	961.9	10.5	fcc	0.1444	0.126
锡	Sn	50	118.69	232	7.3		0.1509	0.071
锑	Sb	51	121.75	630.7	6.7		0.1452	
碘	I	53	126.9	114	4.93		0.135	0.22
氙	Xe	54	131.3	-122	2.7	fcc	0.221	
铯	Cs	55	132.9	28.4	1.9	bcc	0.262	0.167
钨	W	74	183.9	3387	19.4	bcc	0.1367	0.07
金	Au	79	197..0	1064.4	19.32	fcc	0.1441	0.137
汞	Hg	80	200.6	-38.86			0.155	0.11
铅	Pb	82	207.2	327.5	11.34	fcc	0.175	0.12
铀	U	92	238	1133	19		0.138	0.097

常用工程材料的物理性质（20℃）

材料	密度 g/cm³	热传导系数 J/mm·S·℃	线膨胀系数 10⁻⁶/℃	电阻率 Ω·m	平均弹性模数 GPa
工业纯铁	7.88	0.072	11.7	98×10^{-9}	205
20钢	7.86	0.05	11.7	169×10^{-9}	205
45钢	7.85	0.048	11.3	171×10^{-9}	205
T8钢	7.84	0.046	10.8	180×10^{-9}	205
18Cr-8Ni不锈钢	7.93	0.015	9	700×10^{-9}	205
灰口铸铁	7.15		10		140
白口铸铁	7.7		9	660×10^{-9}	205
工业纯铝	2.7	0.22	22.5	29×10^{-9}	70
铝合金	~2.7	0.16	22	$\sim 45 \times 10^{-9}$	70~78
工业纯铜	8.9	0.4	17	17×10^{-9}	110
黄铜(70Cu-30Zn)	8.5	0.12	20	62×10^{-9}	110
青铜(95Cu-5Sn)	8.8	0.08	18	100×10^{-9}	110
纯铅	11.34	0.033	29	206×10^{-9}	14
纯镁	1.74	0.16	25	45×10^{-9}	45
蒙乃尔合金 (70Ni-30Cu)	8.8	0.025	15	482×10^{-9}	180
货币银合金	10.4	0.41	18	18×10^{-9}	75
Al_2O_3	3.8	0.029	9	$> 10^{12}$	350
建筑用砖	2.3	0.0006	9		
耐火砖	2.1	0.0008	4.5	1.4×10^6	
混凝土	2.4	0.001	13		14
硼硅玻璃	2.4	0.001	2.7	$> 10^{15}$	70
石英玻璃	2.2	0.0012	0.5	$> 10^{15}$	70
MgO	3.6		9	10^8	205
SiC	3.17	0.012	4.5	0.025	
TiC	4.5	0.03	7	50×10^{-8}	350
密胺甲醛	1.5	0.0003	27	10^{11}	9
酚甲醛	1.3	0.00016	72	10^{10}	3.5
尿素甲醛	1.5	0.0003	27	10^{10}	10.3
合成橡胶	1.5	0.00012			4~75
硫化橡胶	1.2	0.00012	81	10^{12}	3.5
低密度聚乙烯	0.92	0.00034	180	$10^{13} \sim 10^{16}$	0.1~0.35
高密度聚乙烯	0.96	0.00052	120	$10^{12} \sim 10^{16}$	0.35~1.25
聚苯乙烯	1.05	0.00008	63	10^{16}	2.8
聚四氟乙烯	2.2	0.0002	100	10^{14}	0.35~0.7
尼龙	1.15	0.00025	100	10^{12}	2.8

常用工程材料力学性质

材料	σ_s, MPa	σ_b, MPa	δ	材料	σ_s, MPa	σ_b, MPa	δ
金刚石	50,000	-	0	Al	40	200	0.5
SiC	10,000	-	0	铁素体不锈钢	240~400	500~800	0.15~0.25
Si_3N_4	8,000	-	0	钢筋混凝土	-	410	0.02
WC, NbC	6,000	-	0	低碳钢	220	430	0.18~0.25
SiO_2	7,200	-	0	碱性卤化物	200~350	-	0
Al_2O_3	5,000	-	0	铁	50	200	0.3
BeO, ZrO_2	4,000	-	0	镁合金	80~300	125~380	0.06~0.2
TiC,ZrC,TaC	4,000	-	0	GPRF	-	100~300	-
普通玻璃	3,600	-	0	Au	40	220	0.5
MgO	3,000	-	0	有机玻璃	60~110	110	-
钴及其合金	180~2,000	500~2,500	0.01~0.6	环氧	30~100	30~120	-
低合金钢(淬火回火)	500~1,980	680~2,400	0.02~0.3	超纯金属(面心立方)	1~10	200~400	1~2
压力容器钢	1,500~1,980	1,500~2,000	0.3~0.6	冰	85	-	0
奥氏体不锈钢	286~500	760~1,280	0.45~0.65	纯金属	20~80	200~400	0.5~1.5
硼/环氧复合材料	-	725~1,730	-	聚苯乙烯	34~70	40~70	-
镍合金	200~1,600	400~2,000	0.01~0.6	Ag	55	300	0.6
普通木头(垂直于纹理)	-	4~10	—	普通木头(平行于纹理)	-	35~55	-
W	1,000	1,510	0.01~0.6	铅及铅合金	11~55	14	0.2~0.8
Mo 及 Mo 合金	560~1,450	665~1,650	0.01~0.36	Sn 及 Sn 合金	7~45	14~60	0.3~0.7
Ti 及其合金	180~1,320	300~1,400	0.06~0.3	聚丙烯	19~36	33~36	-
碳钢(淬火回火)	260~1,300	500~1,880	0.2~0.3	聚氨脂	26~31	58	-
Ta 及其合金	330~1,090	400~1,100	0.01~0.4	高密度聚乙烯	20~30	37	-
铸铁	220~1,030	400~1,200	0~0.18	未加固混凝土	20~30	-	0
铜合金	60~960	250~1,000	0.01~0.55	天然橡胶	-	30	5.0
铜	60	400	0.55	低密度聚乙烯	6~20	20	-
Co/WC 硬质合金	400~900	900	0.02	Ni	70	400	0.65
CPRF		640~670		尼龙	49~87	100	-
铝合金	100~627	300~700	0.05~0.3	泡沫聚合物	0.2~10	0.2~10	0.1~1

常见介质中最耐蚀的合金

腐蚀介质	耐蚀材料	腐蚀介质	耐蚀材料
工业大气	纯铝	硝酸（稀）	不锈钢
海洋大气	不锈钢，纯铝	硝酸（浓）	铝
湿蒸汽	不锈钢	硫酸（稀）	铅
海水	镍合金，钛合金	硫酸（浓）	钢
纯蒸馏水	锡	盐酸	镍基合金，高硅铁
(1~20)%碱溶液	低合金钢，不锈钢，镁合金	热氧化性溶液	钛合金

附录五 # 常用静态压痕硬度测量方法比较

硬度实验	压头形状	压痕 对角线或直径	压痕 深度	载荷	测量方法	表面制备	应用范围	备注
布氏	2.5 或 10mm 直径球体	1~5mm	<1mm	钢铁—30kN, 软金属—1kN	显微镜下测压痕直径;换算表上读硬度值	精磨表面	块状金属	使用轻载荷的球形压头,使表面破坏程度最小
洛氏	120º 金刚石锥体,或1.59mm 直径的球体	0.1~1.5 mm	25~350 μm	主载荷:600,1000,1500N 副载荷:10N	从显示屏上直接读取硬度值	通常不需特殊制备表面	块状硬材料	从压痕深度测量看,可用于较薄的材料
表面洛氏	120º 金刚石锥体,或1.59mm 直径的球体	0.1~0.7 mm	10~100 μm	主载荷:150, 300, 450N 副载荷:30N	从显示屏上直接读取硬度值	抛光表面	用于薄试样	载荷和压痕尺寸小
维氏	对顶角为136º 的正棱锥体	10μm~1mm	1~100 μm	10~1200 N, 可低于0.25N	显微镜下测压痕对角线;换算表上读硬度值	光滑清洁的表面(呈镜面)	用于表面层和最薄至1μm的薄试样	对于表面性能变化的灵敏度低于努普硬度
努普	轴向棱边夹角的172.5º和130º的长棱锥体	10μm~1mm	0.3~30 μm	2~40N, 可低于0.01N	显微镜下测压痕长轴对角线;换算表上读硬度值	光滑清洁的表面(呈镜面)	用于表面层和最薄至1μm的薄试样	实验室用于脆性材料或微观结构及组织的研究

金属布氏硬度数值表 <small>(压头直径D=10 mm, F=3 000 kgf)</small>

压痕直径 d/mm	布氏硬度数值 (HB)									
	0	1	2	3	4	5	6	7	8	9
2.40	654	648.8	643	637.5	632	625.5	621	616	611	606
2.50	601	596	591	586.5	582	577.5	573	568.5	564	559.5
2.60	555	551	547	542.5	538	534	530	526	522	518
2.70	514	510	506	502.5	499	495	491	487.5	484	480.5
2.80	477	473.5	470	467	464	460.5	457	453.5	450	447
2.90	444	441	438	436	432	429	426	423.5	421	418
3.00	415	412	409	406.5	404	401	398	395.5	393	390.5
3.10	388	385	382	379.5	377	375	373	370.5	368	365.5
3.20	363	360.5	358	356	354	351.5	349	347	345	343
3.30	341	339	337	335	333	331	329	327	325	323
3.40	321	319	317	315	313	311	309	307.5	306	304
3.50	302	300	298	269.5	295	293	291	289.5	288	286.5
3.60	285	283.5	282	280	278	277.5	275	273.5	272	270.5
3.70	269	267.5	266	264.5	263	261.5	260	258.5	257	256.5
3.80	255	253.5	252	250.5	249	247.5	246	245	244	242.5
3.90	241	240	239	237.5	236	235	234	232.5	231	230
4.00	229	227.5	226	225	224	223	221.5	220.5	219	218
4.10	217	216	215	214	213	212	211	210	209	208
4.20	207	206	205	204	203	202	201	200	199	198
4.30	197	196	195	194	193	192	191	190	189	188
4.40	187	186	185	184.5	184	183	182	181	180	179
4.50	178	177.5	177	176	175	174	173	172.5	172	171
4.60	170	169.5	169	168	167	166.5	166	165	164	163.5
4.70	163	162	161	160.5	160	159	158	157.5	157	156.5
4.80	156	155	154	153.5	153	152	151	150.5	150	149.5
4.90	149	148.5	148	147	146	145.5	145	144.5	144	143
5.00	142	141.5	141	140.5	140	139.5	139	138.5	138	137
5.10	136	135.5	135	134.5	134	133.5	133	132.5	132	131.5
5.20	131	130.5	130	129.5	129	129.5	128	127.5	127	126.5
5.30	126	125.5	125	124.5	124	123.5	123	122.5	122	121.5
5.40	121	120.5	120	119.5	119	118.5	118	117.5	117	116.5
5.50	116	115.5	115	114.4	114	113.5	113	112.5	112	111.5
5.60	111	110.5	110	109.6	109.2	109.1	109	108.5	108	107.5
5.70	107	106.5	106	105.6	105.3	105	104.9	104.6	104.3	103.6
5.80	103	102.5	102	101.6	101.3	101	100.9	100.5	100.2	99.7
5.90	99.2	98.7	98.4	97.6	97.7	97.4	96.9	96.5	96.2	95.8

若使用其它直径的压头时，应将所得压痕直径乘以下表所列系数 M_1 后再查表

D/mm	10	5	2.5	2	1
系数M_1	1	2	4	5	10

若使用其它 F/D^2 值试验时，则表中的硬度数值应分别除以下列附表中的系数 M_2。

F/D^2	30	15	10	5	2.5	1.25	1
系数M_2	1	2	3	6	12	24	30

金属维氏硬度数值表

试验力F=10 kgf

压痕对角线长度,mm	HV10									
	0	0.001	0.002	0.003	0.004	0.005	0.006	0.007	0.008	0.009
0.09	2289.4	2239.3	2190.9	2144.1	2098.7	2054.7	2012.2	1970.9	1930.9	1892.1
0.10	1854.4	1817.9	1782.4	1748.0	1714.5	1682.0	1650.4	1619.7	1589.8	1560.8
0.11	1532.6	1505.1	1478.3	1452.3	1426.9	1402.2	1378.1	1354.7	1331.8	1309.5
0.12	1287.8	1266.6	1245.9	1225.7	1206.0	1186.8	1168.1	1149.7	1131.8	1114.4
0.13	1097.3	1080.6	1064.3	1048.3	1032.7	1017.5	1002.6	988.0	973.7	959.8
0.14	946.1	932.7	919.7	906.8	894.3	882.0	870.0	858.2	846.6	835.3
0.15	824.2	813.3	802.6	792.2	781.9	771.9	762.0	752.3	742.8	733.5
0.16	724.4	715.4	706.6	698.0	689.5	681.1	673.0	664.9	657.0	649.3
0.17	641.7	634.2	626.8	619.6	612.5	605.5	598.0	591.9	585.3	578.8
0.18	572.3	566.0	559.8	553.7	547.7	541.8	536.0	530.3	524.7	519.1
0.19	513.7	508.3	503.0	497.8	492.7	487.7	482.0	477.8	473.0	468.3
0.20	463.6	459.0	454.5	450.0	445.6	441.3	437.0	432.8	428.6	424.5
0.21	420.5	416.5	412.6	408.7	404.9	401.2	397.5	393.8	390.2	386.6
0.22	383.1	379.7	376.3	372.9	369.6	366.3	363.1	359.9	356.7	353.6
0.23	350.5	347.5	344.5	341.6	338.7	335.8	333.0	330.1	327.4	324.6
0.24	321.9	319.3	316.6	314.0	311.5	308.9	306.4	304.0	301.5	299.1
0.25	296.7	294.3	292.0	289.7	287.4	285.2	283.0	280.8	278.6	276.4
0.26	274.3	272.2	270.1	268.1	266.1	264.1	262.1	260.1	258.2	256.3
0.27	254.4	252.5	250.6	248.8	247.0	245.2	243.4	241.7	239.9	238.2
0.28	236.5	234.9	233.2	231.5	229.9	228.3	226.7	225.1	223.6	222.0
0.29	220.5	219.0	217.5	216.0	214.5	213.1	211.7	210.2	208.8	207.4
0.30	206.0	204.7	203.3	202.0	200.7	199.3	198.0	196.8	195.5	194.2
0.31	193.0	191.7	190.5	189.3	188.1	186.9	185.7	184.5	183.4	182.2
0.32	181.1	180.0	178.9	177.7	176.6	175.6	174.5	173.4	172.4	171.3
0.33	170.3	169.3	168.2	167.2	166.2	165.2	164.3	163.3	162.3	161.4
0.34	160.4	159.5	158.5	157.6	156.7	155.8	154.9	154.0	153.1	152.2
0.35	151.4	150.5	149.7	148.8	148.0	147.1	146.3	145.5	144.7	143.0
0.36	143.1	142.3	141.5	140.7	140.0	139.2	138.4	137.7	136.9	136.2
0.37	135.5	134.7	134.0	133.3	132.6	131.9	131.2	130.5	129.8	129.4
0.38	128.4	127.7	127.1	126.4	125.8	125.1	124.5	123.8	123.2	122.5
0.39	121.9	121.3	120.7	120.1	119.5	118.9	118.3	117.7	117.1	116.5
0.40	115.9	115.3	114.7	114.2	113.6	113.1	112.5	111.9	111.4	110.9
0.41	110.3	109.8	109.2	108.7	108.2	107.7	107.2	106.6	106.1	105.6
0.42	105.1	104.6	104.1	103.6	103.2	102.7	102.2	101.7	101.2	100.8
0.43	100.3	99.8	99.4	98.9	98.5	98.0	97.6	97.1	96.7	96.2
0.44	95.8	95.4	94.9	94.5	94.1	93.6	93.2	92.8	92.4	92.0
0.45	91.6	91.2	90.8	90.4	90.0	89.6	89.2	88.8	88.4	88.0
0.46	87.6	87.3	86.9	86.5	86.1	85.8	85.4	85.0	84.7	84.3
0.47	83.9	83.6	83.2	82.9	82.5	82.2	81.8	81.5	81.2	80.8
0.48	80.5	80.2	79.8	79.5	79.2	78.8	78.5	78.2	77.9	77.6
0.49	77.2	76.9	76.6	76.3	76.0	75.7	75.4	75.1	74.8	74.5
0.50	74.2	73.9	73.6	73.3	73.0	72.7	72.4	72.1	71.9	71.6

压痕对角线长度,mm	HV10									
	0	0.001	0.002	0.003	0.004	0.005	0.006	0.007	0.008	0.009
0.51	71.3	71.0	70.7	70.5	70.2	69.9	69.6	69.4	69.1	68.8
0.52	68.6	68.3	68.1	67.8	67.5	67.3	67.0	66.8	66.5	66.3
0.53	66.0	65.8	65.5	65.3	65.0	64.8	64.5	64.3	64.1	63.8
0.54	63.6	63.4	63.1	62.9	62.7	62.4	62.2	62.0	61.8	61.5
0.55	61.3	61.1	60.9	60.6	60.4	60.2	60.0	59.8	59.6	59.3
0.56	59.1	58.9	58.7	58.5	58.3	58.1	57.9	57.7	57.5	57.3
0.57	57.1	56.9	56.7	56.5	56.3	56.1	55.9	55.7	55.5	55.3
0.58	55.1	54.9	54.7	54.6	54.4	54.2	54.0	53.8	53.6	53.5
0.59	53.3	53.1	52.9	52.7	52.6	52.4	52.2	52.0	51.9	51.7
0.60	51.5	51.3	51.2	51.0	50.8	50.7	50.5	50.3	50.2	50.0
0.61	49.8	49.7	49.5	49.3	49.2	49.0	48.9	48.7	48.6	48.4
0.62	48.2	48.1	47.9	47.8	47.6	47.5	47.3	47.2	47.0	46.9
0.63	46.7	46.6	46.4	46.3	46.1	46.0	45.8	45.7	45.6	45.4
0.64	45.3	45.1	45.0	44.9	44.7	44.6	44.4	44.3	44.2	44.0
0.65	43.9	43.8	43.6	43.5	43.4	43.2	43.1	43.0	42.8	42.7
0.66	42.6	42.4	42.3	42.2	42.1	41.9	41.8	41.7	41.6	41.4
0.67	41.3	41.2	41.1	40.9	40.8	40.7	40.6	40.5	40.3	40.2
0.68	40.1	40.0	39.9	39.8	39.6	39.5	39.4	39.3	39.2	39.1
0.69	38.9	38.8	38.7	38.6	38.5	38.4	38.3	38.2	38.1	38.0
0.70	37.8	37.7	37.6	37.5	37.4	37.3	37.2	37.1	37.0	36.9
0.71	36.8	36.7	36.6	36.5	36.4	36.3	36.2	36.1	36.0	35.9
0.72	35.8	35.7	35.6	35.5	35.4	35.3	35.2	35.1	35.0	34.9
0.73	34.8	34.7	34.6	34.5	34.4	34.3	34.2	34.1	34.0	34.0
0.74	33.9	33.8	33.7	33.6	33.5	33.4	33.3	33.2	33.1	33.1
0.75	33.0	32.9	32.8	32.7	32.6	32.5	32.4	32.4	32.3	32.2
0.76	32.1	32.0	31.9	31.9	31.8	31.7	31.6	31.5	31.4	31.4
0.77	31.3	31.2	31.1	31.0	31.0	30.9	30.8	30.7	30.6	30.6
0.78	30.5	30.4	30.3	30.2	30.2	30.1	30.0	29.9	29.9	29.8
0.79	29.7	29.6	29.6	29.5	29.4	29.3	29.3	29.2	29.1	29.0
0.80	29.0	28.9	28.8	28.8	28.7	28.6	28.5	28.5	28.4	28.3
0.81	28.3	28.2	28.1	28.1	28.0	27.9	27.8	27.8	27.7	27.6
0.82	27.6	27.5	27.4	27.4	27.3	27.2	27.2	27.1	27.0	27.0
0.83	26.9	26.9	26.8	26.7	26.7	26.6	26.5	26.5	26.4	26.3
0.84	26.3	26.2	26.2	26.1	26.0	26.0	25.9	25.8	25.8	25.7
0.85	25.7	25.6	25.5	25.5	25.4	25.4	25.3	25.2	25.2	25.1
0.86	25.1	25.0	25.0	24.9	24.8	24.8	24.7	24.7	24.6	24.6
0.87	24.5	24.4	24.4	24.3	24.3	24.2	24.2	24.1	24.1	24.0
0.88	23.9	23.9	23.8	23.8	23.7	23.7	23.6	23.6	23.5	23.5
0.89	23.4	23.4	23.3	23.3	23.2	23.2	23.1	23.0	23.0	22.9
0.90	22.9	22.8	22.8	22.7	22.7	22.6	22.6	22.5	22.5	22.4
0.91	22.4	22.3	22.3	22.2	22.2	22.1	22.1	22.1	22.0	22.0
0.92	21.9	21.9	21.8	21.8	21.7	21.7	21.6	21.6	21.5	21.5
0.93	21.4	21.4	21.3	21.3	21.3	21.2	21.2	21.1	21.1	21.0
0.94	21.0	20.9	20.9	20.9	20.8	20.8	20.7	20.7	20.6	20.6
0.95	20.5	20.5	20.5	20.4	20.4	20.3	20.3	20.2	20.2	20.2

压痕对角线长度,mm	HV10									
0.96	20.1	20.1	20.0	20.0	20.0	19.9	19.9	19.8	19.8	19.7
0.97	19.7	19.7	19.6	19.6	19.5	19.5	19.5	19.4	19.4	19.3
0.98	19.3	19.3	19.2	19.2	19.2	19.1	19.1	19.0	19.0	19.0
0.99	18.9	18.9	18.8	18.8	18.8	18.7	18.7	18.7	18.6	18.6
1.00	18.5	18.5	18.5	18.4	18.4	18.4	18.3	18.3	18.3	18.2
1.01	18.2	18.1	18.1	18.1	18.0	18.0	18.0	17.9	17.9	17.9
1.02	17.8	17.8	17.8	17.7	17.7	17.7	17.6	17.6	17.5	17.5
1.03	17.5	17.4	17.4	17.4	17.3	17.3	17.3	17.2	17.2	17.2
1.04	17.1	17.1	17.1	17.0	17.0	17.0	16.9	16.9	16.9	16.9
1.05	16.8	16.8	16.8	16.7	16.7	16.7	16.6	16.6	16.6	16.5
1.06	16.5	16.5	16.4	16.4	16.4	16.3	16.3	16.3	16.3	16.2
1.07	16.2	16.2	16.1	16.1	16.1	16.0	16.0	16.0	16.0	15.9
1.08	15.9	15.9	15.8	15.8	15.8	15.8	15.7	15.7	15.7	15.6
1.09	15.6	15.6	15.6	15.5	15.5	15.5	15.4	15.4	15.4	15.4
1.10	15.3	15.3	15.3	15.2	15.2	15.2	15.2	15.1	15.1	15.1
1.11	15.1	15.0	15.0	15.0	14.9	14.9	14.9	14.9	14.8	14.8
1.12	14.8	14.8	14.7	14.7	14.7	14.7	14.6	14.6	14.6	14.5
1.13	14.5	14.5	14.5	14.4	14.4	14.4	14.4	14.3	14.3	14.3
1.14	14.3	14.2	14.2	14.2	14.2	14.1	14.1	14.1	14.1	14.0
1.15	14.0	14.0	14.0	13.9	13.9	13.9	13.9	13.9	13.8	13.8
1.16	13.8	13.8	13.7	13.7	13.7	13.7	13.6	13.6	13.6	13.6
1.17	13.5	13.5	13.5	13.5	13.5	13.4	13.4	13.4	13.4	13.3
1.18	13.3	13.3	13.3	13.3	13.2	13.2	13.2	13.2	13.1	13.1
1.19	13.1	13.1	13.1	13.0	13.0	13.0	13.0	12.9	12.9	12.9
1.20	12.9	12.9	12.8	12.8	12.8	12.8	12.7	12.7	12.7	12.7
1.21	12.7	12.6	12.6	12.6	12.6	12.6	12.5	12.5	12.5	12.5
1.22	12.5	12.4	12.4	12.4	12.4	12.4	12.3	12.3	12.3	12.3
1.23	12.3	12.2	12.2	12.2	12.2	12.2	12.1	12.1	12.1	12.1
1.24	12.1	12.0	12.0	12.0	12.0	12.0	11.9	11.9	11.9	11.9
1.25	11.9	11.8	11.8	11.8	11.8	11.8	11.8	11.7	11.7	11.7
1.26	11.7	11.7	11.6	11.6	11.6	11.6	11.6	11.6	11.5	11.5
1.27	11.5	11.5	11.5	11.4	11.4	11.4	11.4	11.4	11.4	11.3
1.28	11.3	11.3	11.3	11.3	11.2	11.2	11.2	11.2	11.2	11.2
1.29	11.1	11.1	11.1	11.1	11.1	11.1	11.0	11.0	11.0	11.0
1.30	11.0	11.0	10.9	10.9	10.9	10.9	10.9	10.9	10.8	10.8
1.31	10.8	10.8	10.8	10.8	10.7	1.7	10.7	10.7	10.7	10.7
1.32	10.6	10.6	10.6	10.6	10.6	10.6	10.5	10.5	10.5	10.5
1.33	10.5	10.5	10.5	10.4	10.4	10.4	10.4	10.4	10.4	10.3
1.34	10.3	10.3	10.3	10.3	10.3	10.3	10.2	10.2	10.2	10.2
1.35	10.2	10.2	10.1	10.1	10.1	10.1	10.1	10.1	10.1	10.0
1.36	10.0	10.0	10.0	10.0	10.0	10.0	10.0	9.9	9.9	9.9
1.37	9.9	9.9	9.9	9.8	9.8	9.8	9.8	9.8	9.8	9.8

若使用其它试验力时，则表中的硬度值应分别乘以下表所列系数 *M*。

试验力/kgf	5	10	20	30	50	100
系数M	0.5	1	2	3	5	10

常用金相浸蚀剂

序号	试剂名称	成分		适用范围	注意事项
1	硝酸酒精溶液	硝酸 酒精	1～5ml 100ml	碳钢及低合金钢	硝酸含量随钢中含碳量的增加酌减,常温下浸蚀数秒钟
2	苦味酸酒精溶液	苦味酸 酒精	2～10g 100ml	钢铁材料晶界及细小组成相	常温下浸蚀数秒至数分钟
3	苦味酸盐酸酒精溶液	苦味酸 盐酸 酒精	2～10g 5ml 100ml	显示淬火态及回火态钢的组织	浸蚀时间较上例约快数秒至一分钟
4	苛性钠苦味酸水溶液	苛性钠 苦味酸 水	25g 2g 100ml	钢铁材料晶界及组成相	加热煮沸数分钟
5	氯化铁盐酸水溶液	氯化铁 盐酸 水	5g 50ml 100ml	显示不锈钢、高镍钢和铜及铜合金组织	常温下浸蚀数秒至数分钟
6	王水甘油溶液	硝酸 盐酸 甘油	10ml 20～30ml 30ml	显示镍铬合金等的沃斯田铁组织	将盐酸与甘油充分混合后再加入硝酸
7	高锰酸钾苛性钠水溶液	高锰酸钾 苛性钠 水	4g 4g 100ml	显示高合金钢中的碳化物、d相等	加热煮沸1～10分钟
8	氨水双氧水溶液	氨水 双氧水	50ml 50ml		随用随配,用棉花揩试
9	氯化铜氨水溶液	氯化铜 氨水	8g 100ml	显示铜及铜合金组织	浸蚀30～60秒
10	硝酸铁水溶液	硝酸铁 水	10g 10ml		用棉花揩试
11	混合酸	氢氟酸 盐酸 硝酸 水	1ml 1.5ml 2.5ml 95ml	显示硬铝组织	浸蚀10～20秒
12	氢氟酸水溶液	氢氟酸 水	0.5ml 99.5ml	铝及铝合金组织	用棉花揩试
13	苛性钠水溶液	苛性钠 水	1g 90ml	铝及铝合金组织	常温下浸蚀数秒至数分钟
14	晶界浸蚀剂	苦味酸 洗衣粉(烷基磺酸钠) 水	3g 0.5g 100ml	合金钢	加热至40～60℃,浸蚀数分钟